Prüfungs-Trainer
Biologie der Tiere

Andreas Held

Prüfungs-Trainer

Biologie der Tiere

ELSEVIER
SPEKTRUM
AKADEMISCHER
VERLAG

Spektrum
AKADEMISCHER VERLAG

Zuschriften und Kritik an:
Elsevier GmbH, Spektrum Akademischer Verlag, Lektorat Biologie,
Merlet Behncke-Braunbeck, Jutta Liebau, Slevogtstr. 3-5, 69126 Heidelberg
m.braunbeck@elsevier.com

Bibliografische Information Der Deutschen Bibliothek
Die Deutsche Bibliothek verzeichnet diese Publikation in der Deutschen Nationalbibliografie; detaillierte bibliografische Daten sind im Internet über http://dnb.ddb.de abrufbar.

1. Auflage 2004

Spektrum Akademischer Verlag ist ein Imprint der Elsevier GmbH.

04 05 06 07 08 5 4 3 2 1 0

Planung und Lektorat: Merlet Behncke-Braunbeck, Jutta Liebau
Herstellung: Elke Littmann
Satz: Mitterweger & Partner, Plankstadt
Druck und Bindung: LegoPrint S.p.A., Lavis
Umschlaggestaltung: WSP Design, Heidelberg
Titelfotografie (linker Teil): © Tony Stone Bilderwelten / Tim Davis
Gedruckt auf 90gr. Valprint, 1,3faches Volumen

Printed in Italy
ISBN 3-8274-1474-1

Aktuelle Informationen finden Sie im Internet unter www.elsevier.de

Vorwort

Was ist ein Siphon?

Die Antwort auf diese und viele weitere Fragen über Tiere habe ich nicht mehr vergessen, seit ich in den Siebzigerjahren in Zoologie das Zwischenexamen ablegte. Mein damaliger Zoologieprofessor war bekannt für seinen „Wissenskatalog", den er an Studierende verteilte, die sich bei ihm zur mündlichen Prüfung anmeldeten. Die rund 200 darin formulierten Aussagen und Fragen quer durch die Systematik und Morphologie der Tiere empfand ich seinerzeit als eine echte Rettungsinsel im endlosen Sumpf der Fakten und Phänomene, in den mich Lehrbücher und Vorlesungen getaucht hatten. Eine gewisse Skepsis blieb allerdings – war es nicht zu riskant, sich auf ein derart komprimiertes Wissensspektrum zu verlassen? Erstaunlicherweise verhalf mir dieses frühe Kompendium nicht nur zum erhofften Prüfungsergebnis, sondern tatsächlich zu einem gewissen Grundverständnis der Zoologie, und dies wiederum erzeugte bei mir damals eine ganz allgemeine Begeisterung für biologische Phänomene und Fragestellungen, die mich bis heute nicht mehr losgelassen hat. Es hätte in der Prüfung nämlich nicht genügt, einfach nur auswendig herzubeten: „Ein Siphon ist ein rüsselartiger Auswuchs des Mantels bei Mollusken." Ich musste natürlich auch erklären können, wozu das Tier den Siphon braucht, wie er funktioniert und warum manche Arten keinen und andere zwei davon haben. Dafür durchforstete ich gezielt die im „Wissenskatalog" angegebenen Seiten meiner Lehrbücher – und ehe ich mich versah, hatte ich anhand des Siphons erstaunlich viel über Mollusken und über Biologie begriffen. Jener so hilfreiche „Wissenskatalog" war tatsächlich eine Frühform der vorliegenden, von Experten erstellten Buchreihe – ein altbewährtes Lernsystem, das hier nach modernen didaktischen Kriterien optimiert wurde.

Auch heute, in Zeiten, in denen Lehrbücher wie Campbells *Biologie* und das fünfbändige Werk *Grundstudium Biologie*, herausgegeben von Katharina Munk, didaktische Maßstäbe setzen, sind gut zusammengestellte Kompendien nicht überflüssig geworden – ganz im Gegenteil. Die Stofffülle ist heute immens, und meist kumulieren zum Ende des Semesters die Prüfungstermine, sodass selbst fleißige und gut organisierte Studierende bei der Prüfungsvorbereitung gehörig unter Druck geraten. Wer da nicht kontinuierlich gelernt hat, dem bleibt mitunter verzweifelt wenig Zeit. Die vorliegende Reihe bildet hier ein Notprogramm vor allem für Studierende der Biologie, die eine unmittelbar bevorstehende Zwischenprüfung (Lehramt oder Vordiplom) bestehen möchten und hierfür angesichts der zu beherrschenden Stofffülle eine „Lebensversicherung" suchen. Die Inhalte sind so ausgewählt, dass sie den Kernbereich der betreffenden Gebiete (Mikrobiologie, Botanik, Zoologie, Genetik, Zellbiologie und Biochemie) breit abdecken und dennoch anhand etlicher Seitenhinweise vor allem auf Campbells *Biologie* eine Vertiefung ermöglichen. Wer in kurzer Zeit viel Stoff effizient wiederholen, also „abhaken" möchte oder einen letzten Sicherheits-Check über seinen Wissensstand durchzuführen wünscht, der ist mit dieser Reihe sicher hervorragend bedient.

Prof. Dr. Jürgen Markl
Institut für Zoologie
Johannes Gutenberg-Universität Mainz
Januar 2004

Inhalt

1. Das System der Tiere

Vorbemerkung

Systematische Klassifizierungen von Organismen können je nach Forschungsstand und Auffassung recht unterschiedlich sein und stellen jeweils eine hypothetische Momentaufnahme dar, die z. T. lebhaft diskutiert wird. Besonders seit auch Ergebnisse molekularer Analysen in die Systematik einfließen, unterliegt die klassische, v. a. auf Fossilbelegen und Bauplänen fußende Systematik einem ständigen Wandel. Es würde den Rahmen dieses Bandes jedoch sprengen, auf alle Details und Einteilungen genauer einzugehen. Daher werden hier nur exemplarisch die wichtigsten Gruppen gestreift, wobei größtenteils die Systematik nach Campbells Biologie *als Grundlage diente. Hin und wieder werden auch alternative Einteilungen sowie die entsprechenden charakteristischen Merkmale genannt (gekennzeichnet mit dem Evolutionssymbol).*
Für eine intensivere Auseinandersetzung mit der Thematik sei neben dem „Campbell“ *noch auf andere Werke verwiesen, z. B. den Band* Zoologie *aus der Reihe* Grundstudium Biologie *(dieser verfolgt den streng kladistischen Ansatz der phylogenetischen Systematik) oder Storch/Welsch* Systematische Zoologie.

Für einen guten Überblick über die unterschiedlichen systematischen Klassifizierungen und die aktuellen Diskussionen sind die folgenden Teilkapitel in Campbells Biologie *zu empfehlen (einzelne Schlüsselkonzepte daraus tauchen auch später als Verweise in diesem Band auf):*

Systematik, die Verbindung von Klassifizierung und Phylogenie

(Campbell S. 581–596) gelernt ☐

Die Diversität der Tiere aus zwei Blickwinkeln

(Campbell S. 752–762) gelernt ☐

Eine mögliche Klassifizierung der Organismen finden Sie in Anhang 2 von Campbells Biologie. Sie berücksichtigt die phylogenetische Untergliederung der Protostomia in Lophotrochozoa und Ecdysozoa (s. u.).

(Campbell S. 1490) gelernt ☐

1.1 Systematik, Taxonomie und Phylogenie

!

Systematik
- Erforschung der **biologischen Diversität** in **evolutionärem Kontext**
- Verbindung zwischen **Klassifizierung** und **Phylogenie**
- **klassische Systematik**: beruht v. a. auf **anatomischen Merkmalen** (Bauplänen), **Fossilbelegen** und Details der **Embryonalentwicklung**
- **phylogenetische Systematik**: spiegelt **Abfolge von Aufspaltungsereignissen** im Lauf der Evolution wider

Die moderne Systematik unterliegt einer lebhaften Diskussion

☐ *gelernt (Campbell S. 594)*

Taxonomie
- **Benennung** und **Klassifizierung** von **Arten** und **Verwandtschaftsgruppen**
- **Taxon** (Plural **Taxa**): taxonomische Einheit auf unterschiedlichen **Klassifizierungsebenen** – z. B. Art oder Artengruppe wie Gattung, Familie

Die Taxonomie wendet ein hierarchisches Klassifizierungssystem an

☐ *gelernt (Campbell S. 581)*

hierarchische Klassifizierung

Taxon	Beispiel
Art	*Panthera leo* (Löwe)
Gattung	*Panthera* (Großkatzen)
Familie	Felidae (Katzen)
Ordnung	Carnivora (Raubtiere)
Klasse	Mammalia (Säugetiere)
Stamm	Chordata (Chordatiere)
Reich	Animalia (Tiere)
Domäne	Eukarya (Eukaryoten)

- z. T. noch weitere Untergliederung der Taxa (Unterart, Überfamilie etc.)
- in der **phylogenetischen Systematik** wird auf diese Kategorien verzichtet

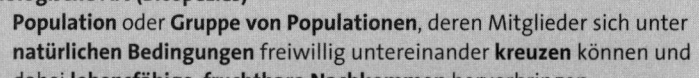

biologische Art (Biospezies)

- **Population** oder **Gruppe von Populationen**, deren Mitglieder sich unter **natürlichen Bedingungen** freiwillig untereinander **kreuzen** können und dabei **lebensfähige**, **fruchtbare Nachkommen** hervorbringen
- mit Mitgliedern anderer solcher Gruppen ist **keine Kreuzung** möglich (**reproduktive Isolation**)
- **Artname**: zweiteilig aus Gattungsname und Artname (**binäre Nomenklatur**, eingeführt von **Carl von Linné**)

Der biologische Artbegriff betont die reproduktive Isolation

(Campbell S. 546) gelernt ☐

Vergleiche hierzu auch:
Der biologische Artbegriff hat einige gravierende Einschränkungen
sowie
Evolutionsbiologen haben mehrere alternative Artbegriffe entwickelt

(Campbell S. 549 und S. 550) gelernt ☐

Phylogenese

- **Stammesgeschichte** der Lebewesen
- **Aufspaltung** evolutiver Einheiten in **Tochtertaxa**

phylogenetische Systematik

- beruht auf **kladistischen Analysen**: Rekonstruktion **dichotomer** (gabelartiger) **Aufspaltungen** in der Stammesgeschichte
- enthält Erkenntnisse aus **Morphologie-Anatomie**, **Biogeographie**, **Paläontologie** und **Molekularbiologie**
- erstellte **Stammbäume** (**Kladogramme**) sind **Hypothesen** über **Verwandtschaftsbeziehungen** nach derzeitigem Forschungsstand

Die moderne phylogenetische Systematik beruht auf kladistischen Analysen

(Campbell S. 583) gelernt ☐

Stammbäume sind hypothetisch

(Campbell S. 592) gelernt ☐

zur kladistischen Stammbaumerstellung dienende Merkmale

a) Plesiomorphien
- **primitive** Merkmale
- **Symplesiomorphien**: gemeinsame ursprüngliche Merkmale

b) Apomorphien
- **abgeleitete** Merkmale
- **Synapomorphien**: gemeinsame abgeleitete Merkmale
- **Autapomorphien**: neu entstandene Merkmale

monophyletische Gruppe
- **Taxon**, das eine **Stammart** und ihre **sämtlichen Abkömmlinge** enthält
- charakterisiert durch **Autapomorphien**
- zu unterscheiden von:
  - **paraphyletischer Gruppe**: umfasst **Stammart** und **einige** (nicht alle) **Abkömmlinge**
  - **polyphyletischer Gruppe**: umfasst Gruppen von Abkömmlingen **ohne** die gemeinsame **Stammart**

Schwestergruppen
- **2 monophyletische Taxa**, die direkt aus einer **nur ihnen gemeinsamen Stammart** hervorgegangen sind

Bei vielen Taxa ist die **Monophylie** nicht gesichert. Andere sind eindeutig **nicht monophyletisch**, weshalb z. B. Begriffe wie „Protozoa" („Urtiere", einzellige Tiere) oder „Pisces" (Fische) i. d. R. nicht mehr verwendet werden. Auch „Tiere" und „Pflanzen" spiegeln streng genommen keine systematischen Beziehungen wider. Die **Eukarya** hingegen sind wahrscheinlich monophyletisch.

1.1.1 Einteilung der Hauptgruppen tierischer Organismen

Vergleiche hierzu das Teilkapitel „Die Hauptlinien des Lebens" in Campbells Biologie.

☐ *gelernt (Campbell S. 620–622)*

Drei-Domänen-System
- umfasst die Hauptgruppen **Archaea**, **Bacteria** und **Eukarya**

Eukarya
- **monophyletische Gruppe**
- umfasst die **einzelligen Eukaryoten** (auch **„Protisten"**), **Pflanzen** (Plantae), **Pilze** (Fungi) und **Tiere** (Animalia)

Tiere (Animalia)
- früher meist unterteilt in **Protozoa** (einzellige Tiere) und **Metazoa** (vielzellige Tiere)
- umfassen nach dieser Definition alle **Eukarya**, die **keine Photosynthese** betreiben können → **heterotrophe Organismen**, die **organische Stoffe** als Nahrung benötigen
- i. e. S. gleichgestellt mit den **Metazoa**; in diesem Fall werden die **Protozoa** den **„Protisten"** zugeordnet

1.2 Einzellige Eukarya („Protisten")

- **nicht monophyletisch**
- **Systematik** noch im Umbruch → daher hier **keine** taxonomische Kategorisierung
- Unterteilung in **pflanzliche** und **tierische** Protisten nach **Verwandtschaftsbeziehungen** nicht aufrechtzuerhalten
- hier nur die wichtigsten Großgruppen der **heterotrophen** Vertreter erwähnt

Nach **altem System** (heute nicht mehr gültig) wurden die **Einzeller** unterteilt in **Flagellata** (Geißeltierchen, aber auch photoautotrophe pflanzliche Vertreter), **Rhizopoda** (Wurzelfüßer), **Sporozoa** (Sporentierchen) und **Ciliata** (Wimpertierchen). Bisweilen finden sich diese Bezeichnungen immer noch.

Vergleiche hierzu auch:
Die Entstehung der Eukaryoten startete eine zweite große Welle der Diversifizierung

(Campbell S. 660) gelernt ☐

Anhand von Abbildung 28.8 in Campbells Biologie *können Sie sich eine mögliche Phylogenie der Eukaryoten mit allen protistischen Hauptgruppen veranschaulichen.*

(Campbell S. 661) gelernt ☐

Geißeln der Eukarya
- membranumschlossene **Fortsätze** der Zelloberfläche
- Anordnung von **Doppelmikrotubuli** im **9×2 + 2×1-Muster** (**Axonem**)
- **Cilien** oder **Wimpern**: relativ kurz und in Vielzahl
- **Flagellen**: lang, haarartig, in geringer Zahl
- **Flimmergeißel**: mit 1–2 Haarreihen (Verzweigungen) besetzt
- **Schleppgeißel**: am Vorderpol inseriert, aber nach „hinten" gerichtet

1.2.1 Diplomonadida

- **diplozoische** Formen („**Doppeltierchen**") mit **2 Zellkernen** und **2 × 4 Geißeln**
- **ohne Mitochondrien** (vermutlich sekundär verloren gegangen)
- z. B. Darmparasit *Giardia* (Aufnahme über verunreinigtes Trinkwasser mit **Cysten** als Dauerstadien)

Diplomonadida und Trichomonadida: Ihnen fehlen die Mitochondrien

☐ *gelernt (Campbell S. 660)*

1.2.2 Trichomonadida

- mit **4–6 Geißeln**
- statt Mitochondrien mit davon abgeleiteten **Hydrogenosomen**
- mit **Axostyl**: Organell aus **vernetzten Mikrotubuli**
- z. B. *Trichomonas vaginalis*: Parasit der Genitalschleimhaut

Als **Anpassung an eine anaerobe Lebensweise** entwickelten sich bei einigen einzelligen Eukaryoten aus Mitochondrien **Hydrogenosomen** zur Energiegewinnung. Charakteristisch ist die **ATP-Produktion** über Pyruvatabbau mittels **Hydrogenasen**.

1.2.3 Euglenozoa

Euglenozoa: Zu ihnen gehören sowohl photosynthetisierende als auch heterotrophe Flagellaten

☐ *gelernt (Campbell S. 662)*

Die **Euglenozoa** wurden früher zu den **Flagellata** (oder Mastigophora) gerechnet und nach ihrer Ernährung in **pflanzliche** (Phytomastigophora) und **tierische Flagellaten** (Zoomastigophora) unterteilt.

Euglenata (Euglenida)

- bei botanischer Klassifizierung: **Euglenophyta**
- **photosynthetisierende** (z. B. *Euglena spirogyra*) und **heterotrophe** Arten
- mit **1** oder **2 Geißeln**

Kinetoplasta (Kinetoplastida)

- mit **Kinetoplast** (DNA-haltiger Abschnitt des Mitochondriums nahe des Geißelapparats)

- **Parasiten** und **Pathogene**, z. B. *Trypanosoma* (versch. Arten Erreger von Schlafkrankheit, Nagana-Seuche und Chagas-Krankheit), *Leishmania tropica* (Erreger der Orientbeule)

1.2.4 Alveolata

- wahrscheinlich **monophyletisch**
- **alveoläres Membransystem**: membranumgebene Vesikel (**Alveoli**) unter der Plasmamembran

---

Alveolata: Diese einzelligen Protisten besitzen kleine Bläschen (Alveoli) unter ihrer Zelloberfläche

(Campbell S. 663) gelernt ☐

Dinoflagellata (Panzergeißler)

- botanisch klassifiziert als **Dinophyta**
- **phototrophe** und plastidenfreie **heterotrophe** Arten
- **Dinokaryon**: Chromosomen bleiben in allen Phasen des Zellzyklus kondensiert
- **Zooxanthellen**: phototrophe Arten, die **endosymbiontisch** in riffbildenden **Korallen** leben (→ wichtig für Kalkabscheidung)

Ciliata (Ciliophora, Wimpertierchen)

- mit zahlreichen kurzen **Cilien** (oft in Reihen)
- **Kerndualismus** (2 Kerne: **Makro-** und **Mikronucleus**)
- genetische Rekombination durch **Konjugation**, ungeschlechtliche Vermehrung durch **Querteilung**
- feste Körperform durch **Pellicula**
- z. B. *Paramecium caudatum* (Pantoffeltierchen)

Apicomplexa

- früher mit den Microspora als **Sporozoa** (Sporentierchen) zusammengefasst
- haploide **Endoparasiten** mit meist **komplizierten Entwicklungszyklen**
- **Generationswechsel**: sexuell (**Gamogonie**) – asexuell (**Sporogonie**, Bildung von **Sporozoiten**); z. T. zusätzlich **Schizogonie** (asexuelle Vielteilung)
- oft mit **Wirtswechsel** verbunden (s. Kap. 15)
- **Sporozoiten** mit **Apikalkomplex** am Vorderende zum **Eindringen** in Wirtszellen
- z. B. *Gregarina* (Gregarinen), *Toxoplasma* (Erreger der Toxoplasmose), *Plasmodium* (Malaria-Erreger)

1.2.5 Gruppen mit unklarer systematischer Stellung

- besitzen alle **Pseudopodien**: Scheinfüßchen zur **amöboiden Bewegung** und **Nahrungsaufnahme** (Umfließen und Phagocytose)
- verschiedene **Pseudopodienformen** aber **nicht homolog** → **nicht monophyletisch**

Eine Vielfalt von Protozoen benutzt Pseudopodien zur Fortbewegung und Nahrungsaufnahme

☐ *gelernt (Campbell S. 674)*

Amoebozoa (Amöben)
- früher zusammen mit Foraminifera, Actinopoda u. a. in die Gruppe **Rhizopoda** (Wurzelfüßer) gestellt
- **kein Innenskelett**, z. T. beschalte Formen (**Thecamöben**)
- Pseudopodien: nicht versteifte, lappenförmige **Lobopodien** oder fadenförmige **Filopodien**
- z. B. *Amoeba proteus* (im Süßwasser), *Entamoeba histolytica* (Erreger der Amöbenruhr)

Foraminifera (Kammerlinge)
- ein- oder mehrkammeriges extrazelluläres **Gehäuse** (meist aus Kalk oder organischen Bestandteilen, Tektin) mit **Poren**
- Pseudopodien: netzartig verästelte **Reticulopodien** (**Rhizopodien**)
- z. T. mit **heterophasischem Generationswechsel**
- v. a. **marin**, zahlreiche **fossile** Arten, gesteinsbildend (Nummulitenkalke → ägyptische Pyramiden)

Actinopoda (Strahlenfüßer)
- Pseudopodien: durch Mikrotubuli versteifte **Axopodien**
- meist im **Plankton**
- **Heliozoa** (Sonnentierchen): v. a. limnisch, aber auch marin
- **Radiolaria** (Strahlentierchen): marin, mit **Innenskelett** (meist aus Silikat), gesteinsbildend (Radiolarienschlämme der Tiefsee)

1.2.6 Choanoflagellata (Kragenflagellaten)

- **Schwestergruppe der Metazoa** → bilden wahrscheinlich **Monophylum**
- ähneln **Choanocyten** („Kragengeißelzellen“) der **Porifera**
- **Synapomorphie**: Geißel von **Mikrovillisaum** umgeben
- meist **sessil** im Meer oder Süßwasser

Das Tierreich entstand vermutlich aus einem koloniebildenden, begeißelten Protisten

☐ *gelernt (Campbell S. 753)*

1.3 Tiere (Animalia)

- hier synonym mit **Metazoa** (**vielzellige Tiere**) – **monophyletisch**

charakteristische Merkmale von Tieren (Metazoen)
- **heterotrophe vielzellige Eukaryoten** ohne Chlorophyll → nehmen organisches Material in **Verdauungstrakt** auf, geben unverdauliche Reste wieder ab (s. Kap. 10)
- Zellen im Gegensatz zu Pflanzenzellen **ohne Zellwände**; stattdessen **Strukturproteine**, meist **Kollagen** (s. Kap. 7)
- vielfach **Nerven-** und **Muskelgewebe** (s. Kap. 4 bzw. Kap. 7)
- meist **sexuelle Fortpflanzung** mit dominierender **diploider Phase** (s. Kap. 2)
- **Zygote** macht mitotische Zellteilungen durch (**Furchung**), Entwicklung meist über **Blastula**- und **Gastrula-Stadium** (s. Kap. 3)
- Besitz regulatorischer **Hox-Gene**, die während der **Embryonalentwicklung** exprimiert werden (s. Kap. 3)

Tiere sind durch ihren Bau, ihre Ernährung und ihren Entwicklungszyklus definiert

(Campbell. S. 752) gelernt ☐

Apomorphien der Metazoa
- **Vielzelligkeit**, Zellen mit **Differenzierung**
  - z. B. in **somatische** oder **Körperzellen** und **generative** oder **Fortpflanzungszellen**
- **omnipotente** Zellen
- Besitz von **Kollagen**
- Körperzellen **diploid**, Geschlechtszellen (Gameten) **haploid**
- **Oogenese**: Bildung von 1 befruchtungsfähigen **Eizelle** und 3 **Polkörperchen**

Ein **Mensch** besteht aus etwa 1 Billiarde (1 Million Milliarden, 10^{14}) Zellen.

Traditioneller Stammbaum der Tiere nach Bauplanmerkmalen

Der traditionelle Stammbaum der Tiere beruht hauptsächlich auf dem Organisationsgrad des Körperbauplans

(Campbell S. 754) gelernt ☐

Hauptverzweigungen der traditionellen Phylogenie

a) Aufspaltung ausgehend von urtümlichem koloniebildendem Choanoflagellaten

	Parazoa	Eumetazoa
Merkmale	**ohne** echte Gewebe	mit **echten Geweben**
Stämme	**Porifera**, **Placozoa**	**alle übrigen** Stämme der Metazoa

b) Aufspaltung der Eumetazoa

	Radiata	Bilateria
Merkmale		
– Symmetrie	– **radiärsymmetrisch** ohne Kopf und Schwanz	– **primär bilateralsymmetrisch**, oft mit Kopfbildung (**Cephalisation**)
– Keimblätter	– **2 Keimblätter** (Ektoderm und Entoderm)	– Embryonalentwicklung über **Gastrula-Stadium** und Ausbildung von **3. Keimblatt** (Mesoderm)
Stämme	**Cnidaria**, **Ctenophora**	alle übrigen Eumetazoa

c) Aufspaltung der Bilateria

	Acoelomata	Bilateria mit flüssigkeitsgefüllter Leibeshöhle
Merkmale	**ohne** Leibeshöhle zwischen Darm und Hautmuskelschlauch (nur Parenchym)	**Pseudocoelomata**: Leibeshöhle nur **teilweise** von mesodermalem Gewebe ausgekleidet **Eucoelomata (Coelomata)**: echtes **Coelom**: Leibeshöhle **vollständig** von mesodermalem Gewebe ausgekleidet
Stämme	**Plathelminthes**	Pseudocoelomata: **Nematoda**, **Rotatoria** u. a. Eucoelomata: **alle übrigen** Bilateria

d) Aufspaltung der Eucoelomata

	Protostomia (Urmünder)	Deuterostomia (Neumünder)
Merkmale		
– Furchung	– meist **früh determinierte Spiralfurchung**	– **spät determinierte Radiärfurchung** (geht z. T. in Bilateralfurchung über)
– Coelombildung	– **Schizocoel** aus Spalten in Mesodermhaufen – aus **Urmesodermzelle** (4d-Zelle)	– **Enterocoel** aus Aussackungen des Urdarms
– Schicksal des Urmundes	– wird zum **Mund**, After bildet sich sekundär	– wird zum **After**, Mund bildet sich sekundär
– Lage von Nervenstrang und Herz	– Hauptnervenstrang meist **ventral** („Gastroneuralia"), Herz **dorsal** des Darmes	– Hauptnervenstrang meist **dorsal** („Notoneuralia"), Herz **ventral** des Darmes
Stämme	**Mollusca**, **Annelida**, **Arthropoda** u. a.	**Echinodermata**, **Hemichordata**, **Chordata**

Die **Acoelomata** und **Pseudocoelomata** werden neuerdings meist den **Protostomia** (i. w. S.) zugerechnet, was sich durch molekulare Ergebnisse bestätigt hat.

Vergegenwärtigen Sie sich die traditionelle Phylogenie der Tiere mit den wichtigsten Gruppen anhand von Abbildung 32.4 in Campbells Biologie.

(Campbell S. 755) gelernt ☐

Typen von Leibeshöhlen

primäre Leibeshöhle (Protocoel)	Raum zwischen Ento- und Ektoderm, hervorgegangen aus **Blastocoel**
sekundäre Leibeshöhle (Coelom)	Raum zwischen mesodermalen Epithelien, die Darm und Epidermis anliegen, **flüssigkeitsgefüllt**, **vollständig** von mesodermalem Gewebe ausgekleidet

Pseudocoel	**flüssigkeitsgefüllte** Leibeshöhle, die **nicht vollständig** von mesodermalem Gewebe ausgekleidet ist
Schizocoel	**Spalträume** im Mesenchym, entstanden durch Auseinanderweichen der Mesodermzellen
Mixocoel	Coelomräume **aufgelöst**, keine Trennung zwischen Haemolymphe oder Blut und Leibeshöhlenflüssigkeit
acoelomat	ohne Leibeshöhle, Raum zwischen Darm und Körperwand mit lockerem Bindegewebe gefüllt (**Parenchym**)

Änderungen des Stammbaums durch die molekulare Systematik

Die molekulare Systematik ist dabei, einige Hauptäste am Stammbaum der Tiere zu verschieben

☐ *gelernt (Campbell S. 759)*

wichtige Änderungen der phylogenetischen Systematik

- **gestützt** werden durch die **molekularen Ergebnisse**:
  - die **Aufspaltung** in **Parazoa** und **Eumetazoa**
  - die **Aufspaltung** in **Radiata** und **Eumetazoa**
  - die **Deuterostomia** als **monophyletische Gruppe**
- **Änderungen** betreffen v. a. die **Protostomia**, die sich nach molekularen Daten in **2 Monophyla** aufspalten (hier nur morphologische Merkmale genannt)

Aufspaltung der Protostomia

Gruppe	Lophotrochozoa	Ecdysozoa
Merkmale	- **Trochophora-Larve** - z. T. mit **Lophophor**	- **Exoskelett** wird gehäutet (**Ecdysis**)
Stämme	**Plathelminthes**, **Rotatoria**, **Mollusca**, **Annelida**, **„Tentaculata"** u. a.	**Nematoda**, **Arthropoda** u. a.

- gravierende Änderung: **Anneliden** und **Arthropoden** – zuvor aufgrund ihrer **Segmentierung** als verwandte Gruppen betrachtet und als **Articulata (Gliedertiere)** zusammengefasst – werden hier in **verschiedene Monophyla** gestellt

- zuvor nur unsicher einzuordnende **Gruppen der Tentaculata** (Bryozoa, Phoronida und Brachiopoda) – alle gekennzeichnet durch **Lophophor** (Tentakelträger), ansonsten Protostomier- und Deuterostomier-Merkmale – lassen sich nun eindeutig den **Protostomia** zuteilen

---

Zur Problematik der Articulata siehe auch den Abschnitt „Wie viele Male entwickelte sich im Tierreich eine Segmentierung?" in Campbells Biologie.

(Campbell S. 800) gelernt ☐

Die Änderungen des Stammbaums durch die molekulare Systematik sind in Abbildung 32.8 in Campbells Biologie *zusammengefasst; vergleichen Sie auch die anschauliche direkte Gegenüberstellung von traditionellem und phylogenetischem Stammbaum in Abbildung 32.12.*

(Campbell S. 760 und S. 762) gelernt ☐

Einen groben Überblick über die wichtigsten Stämme des Tierreichs mit kurzer Charakterisierung können Sie sich anhand von 33.7 in Campbells Biologie *verschaffen.*

(Campbell S. 805) gelernt ☐

Im Folgenden werden die wichtigsten Stämme des Tierreichs vorgestellt.

Die beiden folgenden Stämme der **Parazoa** besitzen noch **keine echten Gewebe**.

1.3.1 Stamm Porifera (Schwämme)

Stamm Porifera: Schwämme sind sessile Tiere mit porösem Körper und Kragengeißelzellen

(Campbell S. 769) gelernt ☐

- meist marine, **sessile Strudler**
- Wassereinstrom in **Gastralraum** über **Poren**, Ausstrom über **Osculum**
- **Choanocyten** (**Kragengeißelzellen**): erzeugen Wasserstrom
- zahlreiche weitere spezialisierte Zelltypen, z. B. **Pinacocyten** (bilden Deckschicht, **Pinacoderm**), **Sklerocyten** (bilden **Skelettelemente**)
- **keine** Nerven-, Sinnes- und Muskelzellen
- **intrazelluläre** Verdauung
- **sexuelle Fortpflanzung** (meist **Zwitter**, planktische Larven: Amphiblastula und Parenchymula) und **Knospung**
- Skelettelemente: **Nadeln** (**Spiculae**) aus **Kalk** oder **Silicat**, **Spongin** (Protein)

- Klassen: **Calcarea** (Kalkschwämme), **Demospongiae** (Hornschwämme), **Hexactinellida** (Glasschwämme)
- z. B. Badeschwamm (*Spongia officinalis*)

1.3.2 Stamm Placozoa

- nur 1 bekannte Art: *Trichoplax adhaerens*
- phylogenetische Stellung umstritten
- Entdeckung führte zur **Placula-Hypothese** über den **Ursprung der Metazoa**

Alle folgenden Gruppen gehören zu den **Eumetazoa** und zeichnen sich durch folgende **Synapomorphien** aus:

- **Nervenzellen** (bilden **Nervennetz**), **Sinneszellen** und **Epithelmuskelzellen**

Die beiden folgenden Stämme der **Radiata** sind **radiärsymmetrische Tiere** mit **zweikeimblättrigen Embryonalstadien** (Ektoderm und Entoderm)

1.3.3 Stamm Cnidaria (Nesseltiere)

Stamm Cnidaria: Nesseltiere sind radiärsymmetrisch, besitzen ein Gastrovaskularsystem und Nesselzellen

☐ *gelernt (Campbell S. 770)*

- zusammen mit Ctenophora als **Radiata** bzw. **Coelenterata** (**Hohltiere**) zusammengefasst
- **radiärsymmetrisch**
- aus 2 Zellschichten (ektodermale **Epidermis**, entodermale **Gastrodermis**), dazwischen gallertige Stützschicht (**Mesogloea**)
- zentraler Hohlraum: **Gastrovaskularraum** (**extrazelluläre** Verdauung)
- **Peristom** (Mund/After) umgeben von Fangarmen (Tentakel)
- **Nesselzellen** (**Cnidocysten, Nematocysten**): spezielle Zellform mit **Nesselkapseln** (**Cniden**, **Nematocysten**) zum Beutefang
  - klassische Typen: **Penetranten**, **Volventen**, **Glutinanten**
- **Nervennetz**
- häufig **Generationswechsel** (**Metagenese**) mit 2 Generationen
- **Polyp**: **sessile** Generation – entsteht durch **Knospung** oder über **Larven**
- **Meduse**: **freischwimmendes** Stadium („Quallen") mit **Sinnesorganen**
  - entsteht durch **Strobilation** (Querteilung des Polypen), **Knospung** oder **Metamorphose**
- hohe **Regenerationsfähigkeit**
- Unterteilung in **4 Klassen**

Den Generationswechsel eines Cnidariers können Sie anhand von Abbildung 33.7 in Campbells Biologie *am Beispiel eines Hydrozoen nachvollziehen.*

(Campbell S. 773) gelernt ☐

Klasse Hydrozoa (Hydratiere)

- **Generationswechsel** Polyp/Meduse
- Gastrovaskularraum **nicht** durch Septen unterteilt
- **marin**, wenige im **Süßwasser** (z. B. *Hydra*, Süßwasserpolyp; *Craspedacusta*, Süßwassermeduse)
- als **Feuerkorallen** (*Millepora*) auch riffbildend
- **Staatsquallen** (Siphonophora): frei schwimmende Kolonien mit **Polypenpolymorphismus** (z. B. *Physalia*, Portugiesische Galeere)

Klasse Scyphozoa (Quallen)

- Polyp sehr klein oder fehlend, **Meduse groß** (Quallen)
- Gastralraum durch **Septen** in **4 Taschen** unterteilt
- nur **marin**, z. B. *Aurelia* (Ohrenqualle)

Klasse Cubozoa (Würfelquallen)

- würfelförmiger Medusenschirm
- **marin**, z. B. *Chironex* (Seewespe) – mit extrem starkem Nesselgift

Klasse Anthozoa (Blumen- und Korallentiere)

- **ohne** Medusengeneration, **Polypen stockbildend**
- Gastralraum durch **mehr als 4 Septen** unterteilt
- **Octocorallia**: (Mehrfaches von) **8 Septen**, nach innen verlagertes Exoskelett
  - z. B. Hornkorallen, Seefedern
- **Hexacorallia**: (Mehrfaches von) **6 Septen**, z. T. ausgeprägtes Außenskelett
  - z. B. Seeanemonen, Steinkorallen
- **marin**

Korallenriffe bestehen größtenteils aus den kalkhaltigen Außenskeletten von Steinkorallen (Scleractinia).

1.3.4 Stamm Ctenophora (Kamm- und Rippenquallen)

Stamm Ctenophora: Rippenquallen besitzen in Reihen angeordnete, bewimperte Ruderplättchen und Klebzellen

(Campbell S. 774) gelernt ☐

- ähneln Medusen mit Reihen von **Wimperplatten** (→ Fortbewegung)
- **Gastrovaskularsystem** mit 1 Öffnung (Mund/After)
- **Tentakel** mit **Klebzellen** (**Colloblasten**)

- zwischen Ektoderm und Entoderm dicke **Mesogloea**
- echte **Muskelzellen** (**Myocyten**)
- **marin**, z. B. *Pleurobrachia* (Seestachelbeere)

Die **Klebzellen** der Ctenophora sind **nicht** homolog zu den **Nesselzellen** der Cnidaria.

Alle folgenden Gruppen gehören zu den **Bilateria** (Schwestergruppe der Ctenophora), gekennzeichnet durch folgende **Apomorphien**:

- **primär bilateralsymmetrisch**
- **Mundöffnung** am Vorderende
- unter Epidermis **Hautmuskelschlauch** (aus Ring- und Längsmuskeln)
- **Mesoderm** als **3. Keimblatt**
- im Grundbauplan **kein** Blutgefäßsystem.

Zunächst werden die als **Lophotrochozoa** zusammengefassten Stämme der **Protostomia** vorgestellt, gekennzeichnet durch:

- **Trochophora-Larve** (Abb. 1.1)
- z. T. Besitz eines **Lophophors**

Hierzu zählen: **Plathelminthes**, **Rotatoria**, die als **Tentaculata** zusammengefassten Gruppen, **Nemertini**, **Mollusca** und **Annelida**.
Außerdem werden hierzu noch weitere Stämme gerechnet, z. B. **Sipunculida** (Spritzwürmer) und **Echiurida** (Igelwürmer).

Vergleiche hierzu auch die Einleitung des Abschnitts „Protostomia: Lophotrochozoa" in Campbells Biologie.

☐ *gelernt (Campbell S. 774)*

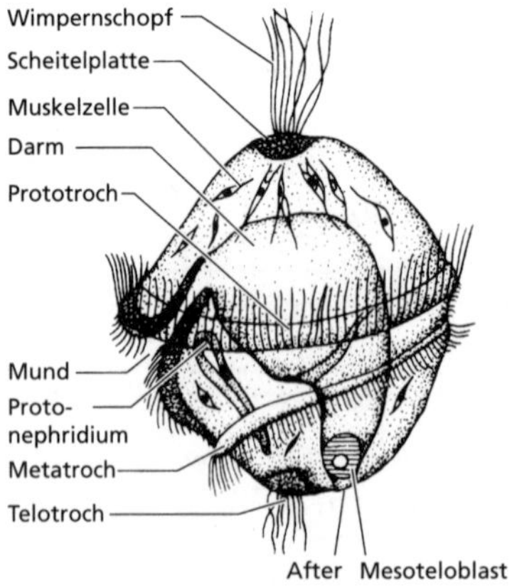

Abb. 1.1: Trochophora-Larve.

1.3.5 Stamm Plathelminthes (Plattwürmer)

Stamm Plathelminthes: Plattwürmer sind Acoelomaten mit Gastrovaskularsystem

(Campbell S. 774) gelernt ☐

- frei lebend aquatisch, im Boden oder parasitisch, ca. 15 000 Arten
- ohne Leibeshöhle (**acoelomat**), stattdessen **Parenchym**
- mit **Kopulationsorganen** (innere Befruchtung), oft **Zwitter**
- oft dorsoventral abgeplattet, mit **hydrostatischem Skelett**

Klasse Turbellaria (Strudelwürmer)

- Räuber und Aasfresser
- v. a. **frei lebend**, meist marin, auch limnisch, z. B. Planarien

Klasse Trematoda (Saugwürmer) (Abb. 1.2)

- als Adulte **Endoparasiten** mit **2 Saugnäpfen** an Kopf und Bauch zur Anheftung an den Wirt
- versenktes Epithel (**Tegument**)
- **komplizierter Geschlechtsapparat**
- z. T. komplexer **Generationswechsel** mit **Wirtswechsel** (s. Kap. 15)
- z. B. *Dicrocoelium dendriticum* (Kleiner Leberegel), *Fasciola hepatica* (Großer Leberegel), *Schistosoma mansoni* (Pärchenegel, Erreger der Bilharziose)

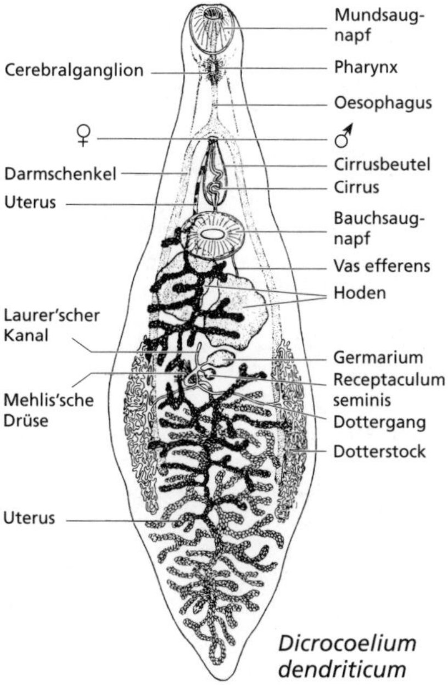

Abb. 1.2: Bauplan des Trematoden *Dicrocoelium dendriticum* (Kleiner Leberegel).

Klasse Cestoda (Bandwürmer)

- **Parasiten** im Darm von Wirbeltieren
- Verankerung an der Darmwand des Wirtes mit **Saugnäpfen** oder **Hakenkranz** (**Scolex**) am Vorderende
- Adulte **ohne Darm**, Larven als **Finnen** bezeichnet
- Abgliederung einzelner **Proglottiden** mit Geschlechtsorganen
- z. B. *Taenia solium* (Schweinebandwurm)

Manche **Bandwürmer** können über 20 m lang werden, z. B. der Fischbandwurm (*Diphyllobotrium latum*) bis zu 25 m.

1.3.6 Stamm Rotatoria (Rotifera, Rädertiere)

Stamm Rotatoria: Rädertiere sind Pseudocoelomaten mit Kiefern, Räderorgan und vollständigem Verdauungstrakt

☐ *gelernt (Campbell S. 778)*

- überwiegend **frei lebende** marine Arten, meist mikroskopisch klein
- **Räderorgan**: Wimpernapparat am Vorderende (→ Fortbewegung, Wasserstrom zum Mund)
- Kieferapparat im Pharynx (**Mastax**), **durchgängiger Verdauungstrakt**
- **Pseudocoel**: Leibeshöhle nicht vollständig (allseitig) von Mesoderm ausgekleidet
- **Eutelie**: festgelegte Zahl von Zellen
- z. T. **parthenogenetische Fortpflanzung** (ohne Männchen)

1.3.7 Stämme der Tentaculata (Lophophorata, Kranzfühler)

Die Stämme der Tentaculata: Bryozoen, Phoroniden und Brachiopoden sind Eucoelomaten, deren Mund von einer bewimperten Tentakelkrone umgeben ist

☐ *gelernt (Campbell S. 778)*

- systematische Einordnung lange unklar
- z. T. als **Klassen** des **Stammes Tentaculata**, teils als eigene Stämme aufgefasst
- **Lophophor** (**Tentakelträger**): Arme mit bewimperten Tentakeln (→ **Herbeistrudeln** von Nahrung)
- U-förmiger Darm, **echtes Coelom**

Stamm (Klasse) Phoronida (Hufeisenwürmer)

- **sessile marine** Würmer
- **hufeisenförmige** Tentakelkrone

Stamm (Klasse) Bryozoa (Moostierchen)
- überwiegend **marin, stockbildend**
- Individuen einer Kolonie (**Zooide**) sehr unterschiedlich (**Polymorphismus**), mit Kalkgehäuse

Stamm (Klasse) Brachiopoda (Armfüßer)
- rein **marin**, sehr viele **fossile** Arten
- mit **zweiklappiger Schale**, festgeheftet mit Stiel

1.3.8 Stamm Nemertini (Nemertinea, Schnurwürmer)

Stamm Nemertini: Schnurwürmer besitzen einen rüsselartigen Beutefangapparat
(Campbell S. 779) gelernt ☐

- meist **marine Räuber**, wenige limnisch oder terrestrisch
- **Proboscis**: vorstülpbares Vorderende (**Rüssel**) zum Beutefang, liegt in Rüsselscheide (**Rhynchocoel**)
- **geschlossenes Blutgefäßsystem**

Der Schnurwurm *Lineus longissimus* wird bis zu 30 m lang.

1.3.9 Stamm Mollusca (Weichtiere) (Abb. 1.3)

Stamm Mollusca: Die vier Körperteile der Weichtiere sind Kopf, Fuß Eingeweidesack und Mantel
(Campbell S. 780) gelernt ☐

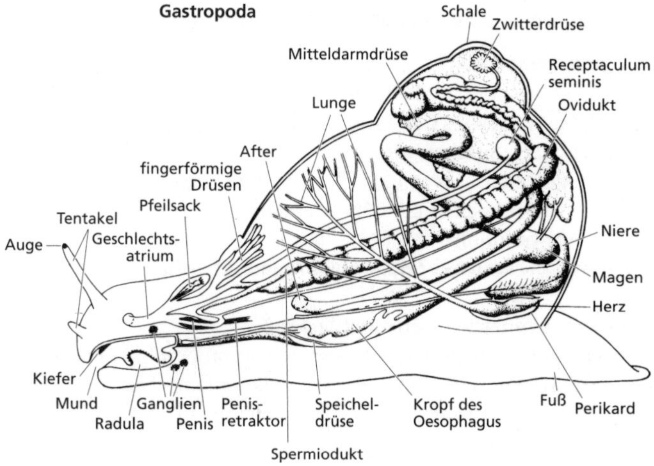

Abb. 1.3: Bauplan eines Mollusken am Beispiel einer Gehäuseschnecke.

- 130 000 Arten in den unterschiedlichsten Lebensräumen
- meist Dreigliederung des Körpers in **Kopf**, **Fuß** und **Eingeweidesack** (mit Herz, Gonaden, Darm und Mitteldarmdrüse), dieser bedeckt von Hautfalte (**Mantel**)
- z. T. mit vom Mantel abgeschiedener **Schale**
- in **Mantelhöhle** liegen spezielle Sinnesorgane (**Osphradien**) und münden After, Exkretionsporus, Gonaden
- häufig **Radula**: Raspelorgan (mit Zähnchen besetzte Platte)
- **offenes Blutgefäßsystem** (Ausnahme: Cephalopoden), meist **Hämocyanin** als Blutfarbstoff
- Herz liegt in **Perikard**
- Exkretionsorgane: **Metanephridien** (= **Nephridien**)
- Nervensystem: **Cerebralganglion**, z. T. weitere Ganglien
- **geschlechtliche** Fortpflanzung, z. T. **Zwitter**
- **Spiralfurchung** (Ausnahme: Cephalopoden)
- Larve: **Trochophora**, teils als **Veliger** ausgebildet
- weitere Klassen außer den genannten: **Aplacophora**, **Monoplacophora**, **Scaphopoda** (Kahnfüßer)

Klasse Polyplacophora (Käferschnecken)
- Schale aus **8 Platten**, Kriech- und Haftfuß
- marin, z. B. *Chiton*

Klasse Bivalvia (Muscheln)
- mit **zweiklappiger Schale**, verbunden durch **Ligament** (Öffnen des Gehäuses; Schließen durch **Schließmuskel**); dorsal mit **Schloss**
- **Kopf reduziert**, Fuß nicht als Kriechfuß (Verankerung)
- **paarige Kiemen**, v. a. Strudler
- Mantel bildet oft **Siphonen**
- marin und limnisch, z. B. *Ostrea* (Auster), *Mytilus* (Miesmuschel)

Klasse Gastropoda (Schnecken) (Abb. 1.3)
- deutlich abgesetzter **Kopf** mit **Fühlern**
- primär spiralig gewundenes **Gehäuse**, z. T. napfförmig (bei *Patella*) oder reduziert (bei Nacktschnecken wie *Arion*)
- **Torsion des Eingeweidesacks** um 180° (→ Überkreuzung der Hauptnervenstränge, **Streptoneurie** oder **Chiastoneurie**; z. T. sekundär wieder aufgehoben, **Euthyneurie**)
- Schale oft durch Deckel (**Operculum**, **Epiphragma**, **Clausilium**) verschließbar
- marin, limnisch oder terrestrisch mit **Kriechfuß**
- **Prosobranchia** (Vorderkiemer): z. B. *Viviparus*, Sumpfdeckelschnecke)
- **Opisthobranchia** (Hinterkiemer): v. a. marine Nacktschnecken
- **Pulmonata**: (Wasser- und Landlungenschnecken mit zurückgebildeten Kiemen, z. B. *Helix pomatia*, Weinbergschnecke)

Klasse Cephalopoda (Kopffüßer)

- Fuß stark umgewandelt zu **Tentakeln** (Fangarme, meist mit Saugnäpfen) und **Trichter** (→ Schwimmen durch Rückstoß)
- statt Spiralfurchung **discoidale Furchung**
- **geschlossener Blutkreislauf**
- räuberisch: **kräftige Kiefer**, hoch entwickelte **Augen**, **Gehirn**
- z. T. äußere gekammerte **Schale** (z. B. *Nautilus*, Perlboot), z. T. nach innen verlagert (z. B. *Sepia*, Sepie; *Loligo*, Kalmar) oder fehlend (z. B. *Octopus*, Krake)
- viele mit **Tintenbeutel** (Enddarmdrüse, Abgabe von Melanin bei Gefahr)

1.3.10 Stamm Annelida (Ringelwürmer) (Abb. 1.4)

Stamm Annelida: Ringelwürmer sind segmentierte Eucoelomaten

(Campbell S. 784) gelernt ☐

- **homonome Segmentierung**: Körper in primär weitgehend gleiche **Segmente** (**Metameren**) gegliedert; sekundär unterschiedlich gestaltet (**heteronome Segmentierung**)
- Segmente entsprechen hintereinander liegenden **Coelomabschnitten**, getrennt durch Septen (**Dissepimente**); laterale Trennung durch **Mesenterien**
- **Hautmuskelschlauch** und **Coelom** wirken als **hydrostatisches Skelett**
- **geschlossenes Blutgefäßsystem**, **dorsales Röhrenherz**
- **Strickleiternervensystem**
- Exkretion durch **Metanephridien** mit Wimpertrichter (**Nephrostom**)
- ca. 18 000 Arten

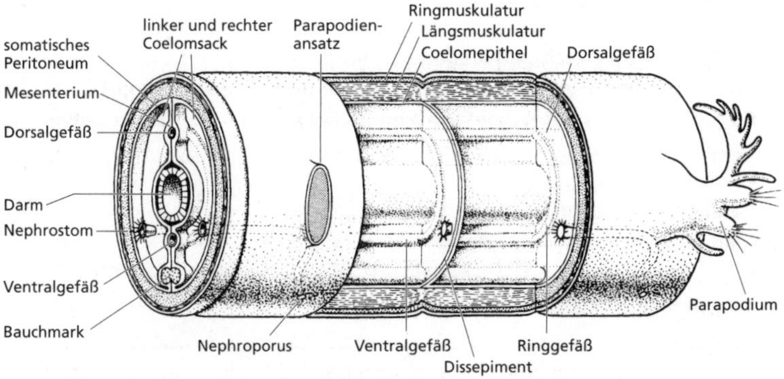

Abb. 1.4: Bau der Segmente eines Anneliden.

Klasse Polychaeta (Borstenwürmer, Vielborster)

- **Parapodien**: segmentale Körperfortsätze mit **Chitinborsten** (**Setae** → Fortbewegung, z. T. Kiemenfunktion)
- v. a. **marine** frei lebende Räuber (z. B. *Arenicola*, Wattwurm) und Röhren bewohnende Filtrierer
- hierzu werden neuerdings auch die **Pogonophora** (Bartwürmer) gestellt

Klasse Clitellata

- **Zwitter** ohne Parapodien
- **Clitellum**: „Packsattel" aus mehreren Segmenten, bildet **Schleim** für Eikokons

a) Unterklasse Hirudinea (Egel)
  - mit **Saugnäpfen** an beiden Körperenden, **ohne** Borsten
  - terrestrisch und limnisch, z. B. **Parasiten** wie *Hirudo medicinalis* (Medizinischer Blutegel)

b) Unterklasse Oligochaeta (Wenigborster)
  - mit meist nur **4 Borsten**(paaren) pro Segment
  - meist terrestrisch, z. B. *Lumbricus terrestris* (Regenwurm)

Die folgenden beiden Stämme (**Nematoda**, **Arthropoda**) bilden anhand molekularer Daten zusammen mit z. B. den (z. T. den Arthropoden zugerechneten) **Onychophora** (Stummelfüßer) und den **Tardigrada** (Bärtierchen) die Gruppe der **Ecdysozoa** unter den Protostomia. Kennzeichnend:

- Häutung (**Ecdysis**) des Exoskeletts

1.3.11 Stamm Nematoda (Fadenwürmer)

Stamm Nematoda: Fadenwürmer sind unsegmentierte Pseudocoelomaten mit einer festen Cuticula

☐ *gelernt (Campbell S. 787)*

- **frei lebend** aquatisch und im Boden oder **parasitisch**
- **unsegmentiert**, Hinterende zugespitzt, Vorderende abgestumpft
- **Cuticula** wird gehäutet; **Epidermis** bildet bei Adulten vielkerniges **Syncytium**
- **Pseudocoel**
- **Eutelie**: festgelegte Zellzahl
- Männchen mit Kopulationsorgan (**Spicula**)
- z. B. *Ascaris* (Spulwurm), *Trichinella* (Trichine), *Wuchereria bancrofti* (Erreger der Elephantiasis)

! Weil **Nematoden** eine embryonal festgelegte Zahl von Zellen aufweisen (**Zellkonstanz**), eignen sie sich besonders gut als Modellorganismen der Entwicklungsbiologie.

1.3.13 Stamm Arthropoda (Gliederfüßer)

Stamm Arthropoda: Gliedertiere sind segmentierte Eucoelomaten mit Exoskelett und gegliederten Extremitäten

(Campbell S. 788) gelernt ☐

- **Exoskelett**: **Cuticula** aus **Chitin**, die periodisch **gehäutet** wird
- gelenkig gegliederte Extremitäten (**Arthropodien**), im Grundbauplan zweiästig (**birame Extremität**)
- **Mixocoel** (Verschmelzung von Coelom mit primärer Leibeshöhle)
- **offenes Blutgefäßsystem** mit **Hämolymphe**
- **Herz** (Dorsalgefäß) durch **Perikardialseptum** (Diaphragma) von restlicher Leibeshöhle getrennt
- Exkretionsorgane: **Metanephridien**
- ausgeprägte **Cephalisation**: **Komplexgehirn** aus mehreren Ganglien, sehr gut entwickelte **Sinnesorgane** (**Antennen**, paarige **Komplexaugen**)
- **superfizielle Furchung**
- verschiedene **Larvenformen**

Mit über 1,4 Mio. beschriebenen Arten – davon alleine über 1 Mio. **Insekten** – umfassen die **Arthropoden** drei Viertel aller bekannten rezenten Tiere.

Nach traditioneller Systematik bilden alle Gliederfüßer den **Stamm Arthropoda**. Es besteht aber z. T. auch die Tendenz der Unterteilung in **4 Stämme**: **Trilobita**, **Chelicerata**, **Crustacea** und **Tracheata** (bzw. **Uniramia** oder **Antennata**; umfassen die **Myriapoda** und **Insecta**).

Trilobita

- **ausgestorbene**, sehr artenreiche Gruppe (unteres Kambrium bis mittleres Perm)
- **Trilobation**: 3 längs verlaufende Lappen

Chelicerata

- Körper gegliedert in **Prosoma** (mit **6 Paar Extremitäten**) und **Opisthosoma**
- **Reduktion** der Antennen
- **Cheliceren**: umgewandeltes **1. Extremitätenpaar**
- umfassen u. a. die **Pantopoda** (Asselspinnen), **Limulida** (Xiphosura, Schwertschwänze), **Eurypterida** (Seeskorpione), **Arachnida** (Spinnentiere)

(Klasse) Arachnida (Spinnentiere)

- Komplexaugen zu maximal 5 **Einzelaugen** aufgelöst
- 6 paarige Extremitäten: **Cheliceren**, **Pedipalpen**, 4 Paar **Schreitbeine**
- Atmung durch **Fächerlungen** (**Buchlungen**)
- Exkretion: **entodermale Malpighi-Gefäße**
- meist Räuber mit **extraintestinaler Verdauung**

- Beispiele für wichtige Ordnungen:
  a) Scorpiones (Skorpione)
    - mit **Giftstachel**; Pedipalpen als **Scheren** ausgebildet
  b) Araneae (Webspinnen)
    - Cheliceren mit **Giftdrüsen**, Pedipalpen mit **Kopulationsorgan**
    - **Spinnwarzen** und **Spinndrüsen** (→ Bau von artspezifischen Netzen)
  c) Acari (Milben)
    - Räuber, Pflanzenfresser, Parasiten;
    - z. B. *Ixodes ricinus* (Zecke, Holzbock)
  d) Opiliones (Weberknechte)
    - meist langbeinig, Prosoma und Opisthosoma verwachsen

Mandibulata

- Autapomorphie: **Facettenaugen** mit Kristallkegel
- Mundwerkzeuge: **Mandibeln**, **Maxillen I**, **Maxillen II**
- umfassen die **Crustacea** und **Tracheata** (Myriapoda und Insecta)

(Klasse) Crustacea (Krebstiere) (Abb. 1.5)
- ursprüngliche Eigenschaft: **Spaltbeincharakter** der Extremitäten (**Exopodit** und **Endopodit**)
- spätere Entwicklung: **Carapax**
- Körper 3-teilig (**Kopf**, **Thorax**, **Abdomen**) oder 2-teilig (**Cephalothorax**, **Abdomen**)
- **2 Paar Antennen** (1. Antenne für Fortbewegung und Nahrungsaufnahme)
- **kauende** Mundwerkzeuge, 3 oder mehr Beinpaare
- **Nauplius-Larve**

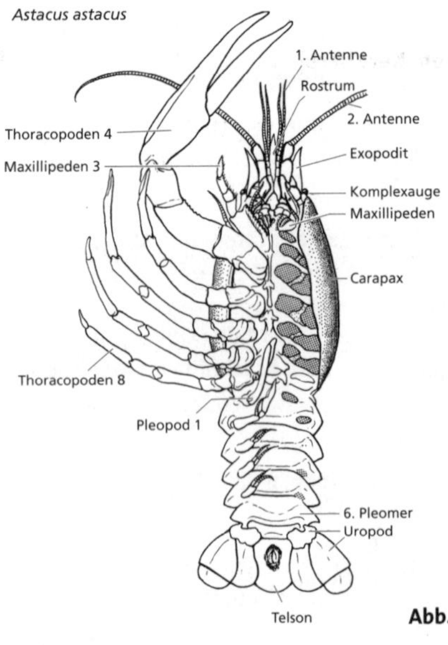

Abb. 1.5: Bauplan eines decapoden Krebses.

- in fast allen Lebensräumen, v. a. **marin**
- umfassen u. a. die **Phyllopoda** (Blattfußkrebse, z. B. *Daphnia*, Wasserfloh), **Copepoda** (Ruderfußkrebse), **Ostracoda** (Muschelkrebse), **Cirripedia** (Rankenfüßer, z. B. Seepocken), **Malacostraca** (Großkrebse)

Malacostraca (Großkrebse) (Abb. 1.6)

- Gliederung des Thorax in **Perae(i)on** (mit **Perae(i)opoden**, Stabbeine) und **Pleon** mit **Pleopoden** (Schwimmbeinen)
- umfassen u. a. die **Isopoda** (Asseln), **Amphipoda** (Flohkrebse), **Decapoda** (Zehnfußkrebse mit z. B. Garnelen, Hummer)

Tracheata (Antennata, Uniramia)

- wahrscheinlich **Schwestergruppe** der **Crustacea**
- **Tracheen** als Atmungsorgane, Verbindung nach außen über **Stigmen**
- **einästige Laufbeine**
- Exkretion: **ektodermale Malpighi-Gefäße**, münden in Enddarm
- **Mundwerkzeuge**: 1 Paar **Mandibeln**, 2 Paar **Maxillen** mit je 2 Kauladen (**Galea** und **Lacinia** bei Mx 1, **Glossa** und **Paraglossa** bei Mx II) (s. Abb. 10.1, S. 177)

(Klasse) Myriapoda (Tausendfüßer)

- **segmentierter** Körper mit deutlich abgesetztem **Kopf**

a) *(Unterklasse) Chilopoda (Hundertfüßer)*
   - mit **1 Paar Schreitbeinen** pro Segment
   - 1. Extremitätenpaar zu **Giftklauen** umgewandelt
   - terrestrische **Räuber**

b) *(Unterklasse) Diplopoda (Doppelfüßer)*
   - mit **2 Paar Schreitbeinen** pro Segment
   - terrestrische **Pflanzenfresser**

!

(Klasse) Insecta (Hexapoda, Insekten, Kerbtiere)

- umfassen zwischen 5 und 35 Mio. Arten
- gegliedert in **Kopf** (**Caput**, aus 6 Segmenten), **Brust** (**Thorax** aus Pro-, Meso- und Metathorax) und **Hinterleib** (**Abdomen**, aus primär 12 Segmenten incl. Telson)
- **gegliederte Antennen**
- **Thoraxsegmente** mit je 1 **Laufbeinpaar** (aus Coxa, Trochanter, Femur, Tibia, Tarsus und Praetarsus)
- **Komplexaugen**, zusätzlich Ocellen
- Bau der **Mundwerkzeuge** angepasst an Nahrungserwerb (**kauend**, **stechend-saugend**, **leckend-saugend** oder **saugend**)
- meist mit **2 paarigen Flügeln** am 2. und 3. Thoraxsegment (**Pterygota**, geflügelte Insekten; **sekundär** auch **ungeflügelt**)
- oft **Metamorphose**:
  - **Hemimetabolie** (unvollständige Verwandlung): Jugendstadien ähneln Imagines
  - **Holometabolie** (vollständige Verwandlung): Entwicklung über **Larven** (Maden, Raupen etc.) und **Puppen** zu **Imagines**

- 85 % aller bekannten rezenten Insektenarten sind **holometabol**
- das größte Taxon der Insekten bilden die **Käfer** mit über 350 000 Arten

Die **Koevolution** von **Insekten** und **Blütenpflanzen** hat zu einer Vielzahl spezieller Anpassungen der Bestäubungsmechanismen mit wechselseitiger Abhängigkeit geführt.

einige wichtige Insektengruppen

- **Collembola** (Springschwänze): mit **Furca** als Sprungorgan
- **Odonata** (Libellen): unterteilt in **Zygoptera** (Kleinlibellen) und **Anisoptera** (Großlibellen)
- **Dermaptera** (Ohrwürmer): mit verkürzten Vorderflügeln
- **Blattodea** (Schaben): Kopf von breitem Halsschild (**Pronotum**) bedeckt
- **Isoptera** (Termiten): bilden **komplexe Gemeinschaften** aus zahlreichen Individuen mit König, Königinnen und Soldaten
- **Ensifera** (Langfühlerschrecken): mit langen Fühlern und Gehörorganen in den Vorderbeinen
- **Phthiraptera** (Tierläuse): flügellose **Ektoparasiten** von Vögeln und Säugern
- **Heteroptera** (Wanzen): Vorderflügel halb derb, halb häutig (**Hemielytren**)
- **Coleoptera** (Käfer): mit derben Deckflügeln (**Elytren**), darunter die gefalteten häutigen Flügel
- **Hymenoptera** (Hautflügler): mit **2 häutigen Flügelpaaren**; z. B. Bienen, Wespen, Ameisen; oft Staatenbildung
- **Lepidoptera** (Schmetterlinge): mit beschuppten Flügeln und **Saugrüssel**
- **Diptera** (Zweiflügler): Hinterflügel umgebildet zu **Halteren** (Schwingkölbchen); z. B. Fliegen, Stechmücken
- **Siphonaptera** (Flöhe): sekundär flügellose **Parasiten**

Einen guten Überblick über die wichtigsten Insektenordnungen gibt Tabelle 33.6 in Campbells Biologie.

☐ *gelernt (Campbell S. 794)*

Alle folgenden Stämme lassen sich in die **monophyletische** Gruppe der **Deuterostomia** (**Neumünder**) einordnen; kennzeichnend sind folgende **Apomorphien**:

- **Urmund** (Blastoporus) wird zum **After**, endgültige Mundöffnung wird neu angelegt
- **dorsales Nervensystem**
- im vorderen Darmbereich mindestens 1 Paar **Kiemenspalten**

1.3.14 Stamm Echinodermata (Stachelhäuter) (Abb. 1.6)

Stamm Echinodermata: Stachelhäuter besitzen eine Ambulakralsystem und sind sekundär radiärsymmetrisch

(Campbell S. 802) gelernt ☐

- **sekundäre** fünfstrahlige **Radiärsymmetrie** (**Pentamerie**)
- **Dipleurula-Larve** (ursprünglich **bilateralsymmetrisch**) und zahlreiche **abgeleitete Larvenformen**
- **Kalkskelett** (mesodermales Endoskelett); **Stacheln** gelenkig auf Skelettplatten
- Coelomkanäle bilden u. a. **Ambulakralsystem** (Wassergefäßsystem, **Hydrocoel**) mit **Ambulakralfüßchen** (→ Fortbewegung, Nahrungsaufnahme)
- **kein** typisches Blutgefäßsystem (nur im Bereich des **Axialorgans**)
- rein **marin**

Klasse Crinoidea (Seelilien, Haarsterne)
- gestielt oder sekundär frei beweglich
- mikrophag

Klasse Asteroidea (Seesterne)
- mit fünf oder mehr breiten **Armen**, ausgehend von zentralem Rumpf
- räuberisch

Klasse Ophiuroidea (Schlangensterne)
- schlanke Arme deutlich vom Rumpf abgesetzt
- mikrophag, tupfend

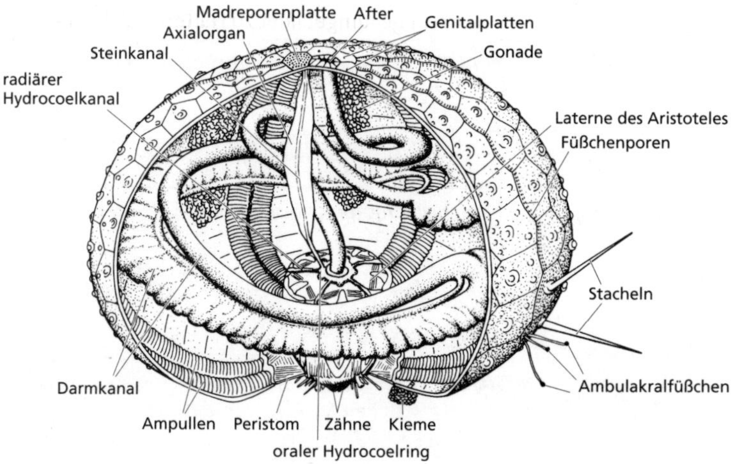

Abb. 1.6: Bauplan eines Echinodermen am Beispiel eines Seeigels.

Klasse Echinoidea (Seeigel) (Abb. 1.6)
- mit beweglichen **mesodermalen Skelettstacheln** (→ Fortbewegung)
- komplexer **Kieferapparat** („Laterne des Aristoteles")
- Weidegänger (**Regularia**) oder mikrophag/strudelnd (**Irregularia**)

Klasse Holothuroidea (Seewalzen, Seegurken)
- Skelett weitgehend **reduziert**, **sekundäre Bilateralsymmetrie**
- mikrophag bis Sediment fressend

Alle folgenden Gruppen zeichnen sich durch folgende Merkmale aus:
- im Grundbauplan Besitz eines **Stomochords** (Stützorgan homolog zu Chorda dorsalis)
- Besitz des Vorläufers eines **Kiemendarmes** (Darm mit Kiemenspalten)
- Besitz eines **Neuralrohrs**

1.3.15 Stamm Hemichordata

Stamm Hemichordata: Die Hemichordaten vereinen Echinodermen- und Chordatenmerkmale

☐ *gelernt (Campbell S. 806)*

Klasse Pterobranchia (Flügelkiemer)
- marin, **koloniebildend**, mit **wimpernbesetzten Tentakeln**

Klasse Enteropneusta (Eichelwürmer)
- marin, wurmförmig, gegliedert in **Kopf**, **Kragen** und **Rumpf**
- **Tornaria-Larve** (ähnelt Dipleurula der Echinodermen)

1.3.16 Chordata (Chordatiere)

Stamm Chordata: Die Chordaten umfassen zwei wirbellose Unterstämme und sämtliche Wirbeltiere

☐ *gelernt (Campbell S. 806)*

Der Stamm Chordata ist durch vier morphologische Merkmale gekennzeichnet

☐ *gelernt (Campbell S. 812)*

Chordatenmerkmale
- **Chorda dorsalis** (**Notochord**, Rückensaite): flexible, stabförmige **Stützstruktur**, wirkt antagonistisch zu den Muskelsegmenten (**Myomeren**)
- **Kiemendarm** (umgeben von **Peribranchialraum**): Vorderdarm mit Kiemenspalten → Nahrungsfilter, später modifiziert zum Gasaustausch, Hören etc.

– ventral mit Drüsenbereich: **Hypobranchialrinne** (**Endostyl** der Tunicata → **Schilddrüse** der Wirbeltiere)
- **muskulöser, postanaler Ruderschwanz** bei den Larven
- **dorsales Neuralrohr**: entwickelt sich zum **Zentralnervensystem** (Gehirn und Rückenmark)

Einen guten Überblick über die monophyletischen Großgruppen innerhalb der Chordata mit ihren kennzeichnenden Merkmalen gibt Abbildung 34.1 in Campbells Biologie.

(Campbell S. 813) gelernt ☐

Wirbellose Chordaten liefern Hinweise auf den Ursprung der Wirbeltiere

(Campbell S. 812) gelernt ☐

Unterstamm Tunicata (Urochordata, Manteltiere)

- **marin**, meist festsitzend, ernähren sich als **Filtrierer** (→ Kiemendarm)
- Epidermis scheidet gallertigen **Mantel** aus **Tunicin** (celluloseähnlich) ab
- **offenes Blutgefäßsystem**
- meist **Zwitter**, oft asexuelle Fortpflanzung durch **Knospung**
- **Chorda** und **Neuralrohr** nur bei **frei lebenden Larven** und den frei schwimmenden **Appendicularia** vorhanden
- Anheftung der Larven mit dem Kopf → **Metamorphose**
- 3 Klassen: **Ascidiacea** (Seescheiden), **Thaliacea** (Salpen), **Appendicularia** (Larvacea, Copelata)

Die frei schwimmenden **Appendicularia** sind ein Beispiel für **Neotenie** (**Pädogenese**): geschlechtsreif gewordene Larvenformen.

Unterstamm Acrania (Cephalochordata, Schädellose) (Abb. 1.7)

- **hemisessile Strudler** in sandigem Meeresboden
- **Mundcirren** als grober Nahrungsfilter, Wasserstrom erzeugt durch **Cilien**, Nahrungstransport durch Schleim von **Hypobranchialrinne**, **Kiemendarm** als Filter

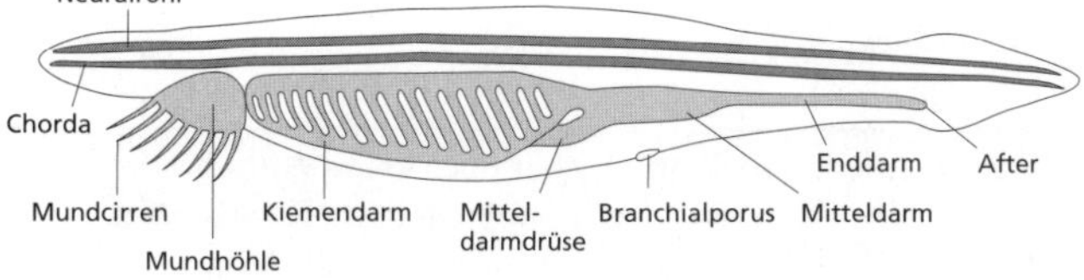

Abb. 1.7: Vereinfachter Bauplan eines Acraniers (Lanzettfischchen, *Branchiostoma*). Nicht eingezeichnet sind z. B. Muskelsegmente, Gonaden und Blutgefäßsystem.

- **Darm**, **dorsales Neuralrohr** und **Chorda** erstrecken sich durch gesamten Körper
- segmentale Muskulatur (**Myomeren**)
- **Pigmentbecherocellen** entlang des Neuralrohrs
- z. B. *Branchiostoma lanceolatum* (Lanzettfischchen)

Im Gegensatz zu den Wirbeltieren besitzen die **Acranier** weder Gehirn noch Schädelkapsel und auch kein Knorpel- oder Knochengewebe.

Unterstamm Vertebrata (Craniota, Wirbeltiere)

Der Unterstamm Vertebrata ist durch eine Neuralleiste, eine ausgeprägte Cephalisation, eine Wirbelsäule und ein geschlossenes Kreislaufsystem charakterisiert

☐ *gelernt (Campbell S. 816)*

- **Cephalisation**: Bildung eines **Kopfes** mit echtem **Gehirn**,
- geschützt von einer **Schädelkapsel**: – primär nur Hirnschädel (**Neurocranium**), ab Gnathostomata auch Gesichtsschädel (**Viscerocranium**)
- paarige seitliche **Augen**, 10–12 **Hirnnerven**, **Rückenmark**
- embryonale **Neuralleiste** (Zellgruppe entlang der Neuralrinne): daraus entstehen z. B. Knorpelelemente des Kiefers, Kiemenbögen, Pigmentzellen u. a.
- **Achsenskelett** mit **Wirbelsäule** (noch nicht bei Myxini), meist auch **Extremitätenskelett**
- **Endoskelett** aus Knorpel, Knochen oder beidem
- **mehrschichtige Epidermis**
- **Kiemendarm**, Atmungsorgane primär **Kiemen**, sekundär **Lungen**
- **geschlossenes Blutgefäßsystem** mit ventralem **vierteiligem Herz**
- Exkretion: **Nieren**
- **paarige Gonaden**

Sehr übersichtlich dargestellt ist die Phylogenie der Wirbeltiere mit den jeweils abgeleiteten Merkmalen der Gruppen in Abbildung 34.7 in Campbells Biologie; *vergleiche hierzu auch den Abschnitt „Die Diversität der Vertebraten im Überblick“.*

☐ *gelernt (Campbell S. 818 und S. 819)*

Da die **Myxini** zwar eine **Schädelkapsel**, aber noch **keine Wirbelsäule** besitzen, werden sie bisweilen aus den monophyletischen **Vertebrata** herausgenommen und die beiden Gruppen zusammen als Monophylum **Craniota** bezeichnet.

Klasse Myxini (Myxinoidea, Schleimaale, Inger)

- marine, **kieferlose** Aasfresser
- ohne Schuppen, mit **Schleimdrüsen** an den Körperseiten
- **Knorpelskelett** noch **ohne** Wirbelsäule und paarige Extremitäten

Klasse Myxini: Schleimaale sind die primitivsten „Wirbeltiere“

(Campbell S. 819) gelernt ☐

Klasse Petromyzonta (Petromyzontida, Neunaugen)

- marin und im Süßwasser
- Name: unpaare Nasengrube, paarige Augen und beiderseits 7 Kiemenöffnungen
- **kieferlos**, bezahnter **Saugmund** (→ Festsaugen an Fischen)
- **Ammocoetes-Larve** (Querder) als Strudler im Sand
- **Knorpelskelett**, Chorda von Knorpelspangen umgeben

Klasse Petromyzonta: Neunaugen liefern Hinweise auf die Evolution der Wirbeltiere

(Campbell S. 820) gelernt ☐

Die beiden rezenten Gruppen **kieferloser Wirbeltiere**, die **Myxini** und **Petromyzonta**, werden bisweilen auch als **Agnatha** (Kieferlose) zusammengefasst und den **Gnathostomata** (Kiefermünder) gegenübergestellt; wahrscheinlich sind sie aber **nicht monophyletisch**, und viele der Ähnlichkeiten beruhen auf **Konvergenz**. Eine andere zusammenfassende Bezeichnung ist **Cyclostomata** (Rundmäuler).

Zu fossilen Gruppen siehe auch:
Einige ausgestorbene kieferlose Vertebraten besaßen verknöcherte Zähne und einen Knochenpanzer

(Campbell S. 820) gelernt ☐

Alle folgenden Gruppen werden auch als **Gnathostomata (Kiefermünder)** zusammengefasst, gekennzeichnet durch folgende **Apomorphien**:

- Besitz von **Schuppen** und **Zähnen**
- Bildung von **Ober- und Unterkiefer** (**Viscerocranium** als ventraler Schädelteil) aus Elementen des 1. und 2. Kiemenbogens
- **Mandibularbogen** (1. Kiemenbogen): dorsaler Teil wird zum **Palatoquadratum**, ventraler zum **Mandibulare** → **ursprüngliches Kiefergelenk**
- **Hyoidbogen** (2. Kiemenbogen): dorsal **Hyomandibulare** (Aufhängung des Kieferapparats), ventral **Hyoid**

- weitere Kiemenbögen primär mit **Kiemen**
- **2 Extremitätenpaare** (primär als Flossen, später z. T. stark abgewandelt)
- mineralisierte **Zähne**

Der Kiefer der Wirbeltiere entwickelte sich aus den Skelettelementen des Kiemendarms

☐ *gelernt (Campbell S. 821)*

Klasse Chondrichthyes (Knorpelfische)

- Dermalskelett bis auf **Placoidschuppen** reduziert
- **knorpeliges Endoskelett** (Reduktion des Knochengewebes)
- Kopf in **Rostrum** verlängert, Mund ventral (**unterständig**)
- Darm mit **Spiralfalte**
- Männchen mit **Begattungsorganen** (Klasper, Myxopterygium) aus Stacheln der Bauchflosse
- manche Arten **vivipar**, Jungtiere mit **äußeren Kiemen**
- Schwimmblase bzw. Lunge fehlt noch

a) Elasmobranchii (Plattenkiemer: Haie und Rochen)
  - **Räuber**, größte Arten **Filtrierer** (z. B. Walhai)
  - **Rochen**: marin, **abgeflachter** Körper, ventrale Kiemenspalten
  - **Haie**: **stromlinienförmiger** Körper, ausgeprägter **Geruchssinn**

b) Holocephali (Chimären, Seekatzen)
  - marin, **ohne** Placoidschuppen

Klasse Chondrichthyes: Knorpelfische wie Haie und Rochen sind durch ein Knorpelskelett gekennzeichnet

☐ *gelernt (Campbell S. 822)*

Traditionell wurden den **Chondrichthyes** (Knorpelfische) die übrigen Fische als **Osteichthyes** (Knochenfische) gegenübergestellt. Aufgrund kladistischer Analysen werden heute jedoch meist **3 Knochenfischklassen** unterschieden. Gemeinsame Merkmale:

- **verknöchertes Endoskelett**: knorpeliges Skelett wird in Ontogenese von Knochen ersetzt (**Ersatzknochen**)
- Kiemenhöhle von **Kiemendeckel** (**Operculum**) bedeckt
- i. d. R. beschuppt (**Knochenschuppen**)
- **Schwimmblase** (Vorderdarmausstülpung): zunächst evtl. Atmungsfunktion, später **hydrostatisches** Organ

Osteichthyes: Die rezenten Klassen der Knochenfische sind die Strahlenflosser, die Quastenflosser und die Lungenfische

(Campbell S. 824) gelernt ☐

Klasse Actinopterygii (Strahlenflosser)
- **häutige** Flossen, gestützt durch **Knochenstrahlen**
- nur eine **Rückenflosse** (plesiomorph 2; manche mit zusätzlicher **Fettflosse** ohne Knochen)
- eigene **Urogenitalöffnung** (plesiomorph: Kloake)
- Gruppen: **Chondrostei** (Störverwandte), **Holostei** (Knochenhechte, Schlammfische), **Teleostei**

Teleostei (Eigentliche Knochenfische)
- vollkommen **verknöchertes Skelett**, **Knochenschuppen** (Cycloid- und Ctenoidschuppen)
- umfassen **99 %** aller rezenten Knochenfische
- z. B. Aale, Heringe, Karpfen, Welse, Barsche, Tunfische, Lachse

Klasse Sarcopterygii (Quastenflosser)
- **fleischige** Brust- und Bauchflossen, gestützt durch Knochenelemente
- nur 1 rezente Art: *Latimeria chalumnae*, 1938 entdecktes **lebendes Fossil**

Bisweilen wurden die Quastenflosser und Lungenfische wegen ihrer fleischigen Brust- und Bauchflossen als **Sarcopterygii** („Fleischflosser") zusammengefasst.

Klasse Dipnoi (Lungenfische)
- Rückenflossen, Schwanz- und Analflosse bilden **Flossensaum**
- **Kiemenatmung** und **Lungenatmung** (1 oder 2 Lungen)
- wie Tetrapoda mit **Choane** (in Rachen mündende Öffnung der Nasen)
- 3 rezente Gattungen

Alle weiteren Klassen werden als **Tetrapoda (Vierfüßer)** zusammengefasst. Viele ihrer Merkmale sind als **Anpassungen an das Leben** an Land entstanden.

Veränderungen beim Übergang der Wirbeltiere zum Leben auf dem Land
- Entwicklung der Brust- und Bauchflossen zu **Laufextremitäten**: ursprünglich **fünfstrahlig (pentadactyl)**, z. T. abgewandelte Spezialisierungen
- **Schultergürtel** nicht mehr mit Schädel verbunden
- Bildung eines **Halses**, erste 2 Halswirbel: **Atlas** und **Axis**
- **Becken** mit Darmbein (**Ilium**), über **Sacralrippen** mit Wirbelsäule verbunden
- vom Mandibularbogen nur noch Reste: **Quadratum** (dorsal) und **Articulare** (ventral) → bilden das **primäre Kiefergelenk**

- Neuro- und Viscerocranium bilden das **Endocranium** (aus Ersatzknochen), äußere Schädelteile das **Dermatochranium** (aus Deckknochen)
- Kiefer direkt am Schädel befestigt, **Hyomandibulare** wird zu **Gehörknöchelchen** (**Columella**) (bei Säugern weitere Umwandlungen)
- **Kiemenspalten** werden bis auf die erste geschlossen (diese bildet Gangsystem des **Mittelohrs**)
- **Lungenatmung**, Adulte i. d. R. **ohne Kiemen**, Entstehung der **Trachea** (Luftröhre)
- **verhornte Epidermis** (Verdunstungsschutz)
- Ausbildung von **Augenlidern** (Feuchthalten der Augenoberfläche)

Tetrapoden entstanden aus spezialisierten Fischen, die im Flachwasser lebten

☐ *gelernt (Campbell S. 826)*

Klasse Amphibia (Amphibien, Lurche)

- limnisch und terrestrisch (meist feuchte Lebensräume), ca. 5000 Arten
- **Skelettreduktionen**: 5. Finger der Vorderextremität, Rippen, Schädelteile
- Haut durch **Schleimdrüsen** feucht gehalten, meist **Hautatmung**
- Lungenatmung durch **Druckventilation** (Rippen und Zwerchfell fehlen)
- i. d. R. **äußere Befruchtung, schalenlose Eier**
- meist aquatische, **kiemenatmende Larven** (→ **Metamorphose**)

a) *Ordnung Urodela (Caudata, Schwanzlurche)*
  - lang gestreckter Körper mit langem Schwanz
  - z. B. Molche (*Triturus*), Salamander (*Salamandra*)
  - z. T. **neotene** Formen mit **äußeren Kiemen** (Grottenolm, Axolotl)

b) *Ordnung Anura (Froschlurche)*
  - Schwanz bei Adulten **reduziert**; Larven = **Kaulquappen**
  - z. B. Wasserfrosch (*Rana*), Erdkröte (*Bufo*), Laubfrosch (*Hyla*)

c) *Ordnung Gymnophiona (Blindwühlen)*
  - schlangenähnlich, mit **reduzierten Extremitäten**

Klasse Amphibia: Schwanzlurche, Froschlurche und Blindwühlen bilden die drei rezenten Ordnungen der Amphibien

☐ *gelernt (Campbell S. 827)*

Die folgenden Gruppen werden als **Amniota** (**Amnioten**) zusammengefasst; mit ihren **Anpassungen** sind sie für die **Fortpflanzung von Wasser unabhängig** geworden:

- **Eier** von derber, **wasserunduchlässiger Schale** umgeben
- **Embryo** in flüssigkeitsgefüllter **Amnionhöhle**, umgeben von Embryonalhüllen

- **4 extraembryonale Membranen**: **Amnion** (innere Embryonalhülle), **Chorion** (äußere Embryonalhülle), **Dottersack** und **Allantois**
- **innere Befruchtung**, Männchen mit Kopulationsorgan (**Penis**)

Die Evolution des amniotischen Eies verbesserte entscheidend den Erfolg der Wirbeltiere an Land

(Campbell S. 829) gelernt ☐

Reptilien und Vögel

Die früher traditionell als **Klasse Reptilia** zusammengefassten **Kriechtiere** sind **nicht monophyletisch** und daher nach kladistischer Auffassung nicht als Taxon haltbar. Daher wird heute die Untergliederung in **mehrere monophyletische Taxa** bevorzugt. Noch unklar ist die verwandtschaftliche Stellung der **Testudines** (Schildkröten).
Mögliche **Aufspaltungsalternative** der übrigen Reptilien:

a) Lepidosauria
- **Autapomorphie**: Verlust des Penis (stattdessen 2 **Hemipenes**)
- **Sphenodontia** (Brückenechsen) und **Squamata** (Schuppenkriechtiere)

b) Archosauria
- **Autapomorphien**: vollständig **getrennte Herzkammern**, fehlende **Harnblase**
- **Crocodylia** (Krokodile) und **Aves** (Vögel)

Die traditionell aufgrund ihrer speziellen Anpassungen als **Klasse** aufgefassten **Vögel** müssen nach kladistischer Auffassung als Teil der **monophyletischen Archosauria** angesehen werden. Ihre nächsten Verwandten sind die ausgestorbenen **Dinosaurier**.

Die Klassifizierung der Amnioten wird derzeit von Wirbeltiersystematikern überarbeitet

(Campbell S. 830) gelernt ☐

Anhand des hypothetischen Stammbaums der Amnioten in Abbildung 34.20 in Campbells Biologie *lassen sich die vermutlichen Verwandtschaftsbeziehungen innerhalb der Amnioten gut nachvollziehen. Mögliche alternative Klassifizierungen sind in Abbildung 34.21 gegenübergestellt.*

(Campbell S. 831 und S. 832) gelernt ☐

Die Abstammung aller Amnioten von den Reptilien ist offenkundig

(Campbell S. 832) gelernt ☐

(Klasse) Testudines (Chelonia, Schildkröten)
- Kiefer mit **Hornscheiden** statt Zähnen
- **Panzer** aus Hautknochen, bedeckt von **Hornplatten**
- **anapsider Schädel** (ohne Schläfenfenster)
- terrestrische, aquatische und marine Arten

(Klasse) Sphenodontia (Rhynchocephalia, Brückenechsen)
- **diapsider Schädel** (2 Schläfenfenster)
- nur 1 rezente Art: *Sphenodon punctatus* (Brückenechse)

(Klasse) Squamata (Schuppenkriechtiere)
- **diapsider Schädel** (2 Schläfenfenster)
- **Lacertilia** (Sauria, Echsen): z. B. Geckos, Leguane, Chamäleons, Warane
- **Serpentes** (Schlangen): mit **reduzierten** Extremitäten und Schultergürtel
- **Amphisbaenia** (Doppelschleichen): weitgehend extremitätenlos

(Klasse) Crocodylia (Krokodile)
- **diapsider Schädel** (2 Schläfenfenster)
- **getrennte Herzkammern**
- Haut mit Schuppen und Hornplatten, seitlich abgeplatteter Schwanz
- sekundär wasserlebend, **verschließbare** Nasenöffnungen

(Klasse) Aves (Vögel)
- **homoiotherm**, Eier legend (**ovipar**)
- vollkommen **getrennte Herzkammern**, nur **rechter** Aortenbogen
- leistungsfähige **Augen** und **Lunge** (verbunden mit **Luftsacksystem**)
- viele mit **Syrinx** (Lautorgan) in der Luftröhre
- **biped**
- je nach Ernährung unterschiedliche **Schnabelformen**
- viele Anpassungen in Zusammenhang mit **Flugvermögen** (s. u.)
- knapp 9000 Arten, Beispiele für Ordnungen: **Sphenisciformes** (Pinguine), **Falconiformes** (Greifvögel), **Galliformes** (Hühnervögel), **Passeriformes** (Sperlingsvögel)

!

Anpassungen der Vögel im Zusammenhang mit dem Flugvermögen
- Umwandlung der Hautschuppen zu **Federn**
- Umbildung der Vorderextremitäten zu **Flügeln**
- Brustbein mit Kiel (**Crista**) zum Ansatz der stark ausgebildeten **Flugmuskeln** (**Carinatae**, Kielbrustvögel – reduziert bei flugunfähigen Vögeln: **Ratitae**, Flachbrustvögel)
- **effizientes Atmungs- und Kreislaufsystem**, **Endothermie**
- **Gewichtsreduktion**, z. B. durch:
  - **Zahnlosigkeit**, kein muskulöser Kieferapparat – stattdessen bildet erhornte Epidermis **Schnabel**
  - **Knochen** leicht, wabenförmig gebaut, teilweise luftgefüllt (**pneumatisiert**)

- Verschmelzung der Schwanzwirbel zu **Pygostyl**
- kurzer Darm, **fehlende Harnblase** (**Uricotelie**: Exkretion über **Harnsäure**)
- nur **1 Eierstock,** vielfach **Reduktion des Penis**

Vögel stammen von gefiederten Reptilien ab

(Campbell S. 835) gelernt ☐

Die Bedeutung von *Archaeopteryx*

- Fund aus dem **Jura** – **Bindeglied** zwischen rezenten Vögeln und ihren Vorfahren (bipede Archosauria und Carnosauria)

a) Reptilienmerkmale
  - noch kein richtiger **Schnabel**, Besitz von **Zähnen**
  - lange **Schwanzwirbelsäule** mit vielen Wirbeln
  - noch kein **Brustbeinkiel** und schwache **Flugmuskulatur**
  - keine **Verwachsung** der 3 Finger; diese trugen **Krallen**
  - **Mittelfußknochen** nicht verschmolzen

b) Vogelmerkmale
  - **Befiederung** und **Flügel** mit Verlust des 4. und 5. Fingers
  - große **Augen**
  - leichter **Knochenbau** und langes, nach hinten gerichtetes **Schambein**
  - 1 nach hinten gerichtete **Zehe** und **bipeder Gang**

Die **Federn** von Vögeln bestehen aus dem gleichen Protein wie die **Schuppen** von Reptilien: **β-Keratin**. Haare, Hufe und Nägel von Säugern hingegen aus **α-Keratin**.

Klasse Mammalia (Säugetiere)

- Ernährung der Jungtiere durch **Muttermilch**, gebildet in **Milchdrüsen**
- viele **abgeleitete Eigenschaften** im Zusammenhang mit **Homoiothermie**, z. B. **Haarkleid** und **Fettschicht** unter der Haut
- **Zwerchfell** (**Diaphragma**) als Trennung zwischen Brust- und Bauchhöhle → verbesserte Ventilation der Lungen (**Saugventilation**)
- **lebendgebärend** und Stoffaustausch des Embryos mit der Mutter über **Placenta** (Ausnahme: Kloakentiere)
- lange **elterliche Fürsorge**
- hoch entwickeltes **Gehirn**
- **heterodontes Gebiss** aus **Incisivi** (Schneidezähne), **Canini** (Eckzähne), **Prämolaren** und **Molaren** (Vorbacken- und Backenzähne)
- **Zahnwechsel** vom Milchgebiss zum permanenten Gebiss
- zahlreiche Veränderungen im Schädel- und Knochenbau

!

- **synapsider Schädel** (nur mit unterem Schläfenfenster)
- **sekundäres Kiefergelenk** zwischen **Dentale** (**einziger** Unterkieferknochen) und **Squamosum**
- ehemalige Knochen des primären Kiefergelenks bilden **Gehörknöchelchen**: **Amboss** (**Incus**, aus Articulare) und **Hammer** (**Malleus**, aus Quadratum)
- Collumella wird zum **Steigbügel** (**Stapes**)
- **Wirbelsäule** mit 5 Regionen (Hals-, Brust-, Lenden-, Kreuzbein- und Schwanzregion), meist **7 Halswirbel**
- Ohrmuscheln, Gesichtsmuskulatur, Lippen
- nur **linker Aortenbogen**
- **kernlose Erythrocyten**

Die Aussterbewelle am Ende der Kreidezeit führte zu einer adaptiven Radiation der Säugetiere

☐ *gelernt (Campbell S. 838)*

Die Entwicklung des Kiefers und der Gehörknöchelchen der Säugetiere lässt sich gut anhand von Abbildung 34.30 in Campbells Biologie *nachvollziehen.*

☐ *gelernt (Campbell S. 840)*

Taxonomie der Säugetiere

- ca. 4500 Arten

a) *Monotremata (Prototheria, Kloakentiere)*
   - **Eier legend** (**dotterreiche** Eier)
   - mit **Milchdrüsen**, aber **ohne** Zitzen
   - nur in Australien und Neuguinea, z. B. Schnabeltier, Schnabeligel
   - Schwestergruppe: **Theria** (Marsupialia und Placentalia)
     - mit **dotterarmen**, **schalenlosen** Eiern, **lebend gebärend**, **mit** Zitzen

b) *Marsupialia (Metatheria, Beuteltiere)*
   - sehr **kurze Tragzeit**, Junge anschließend meist in Brutbeutel (**Marsupium**) gesäugt
   - wie Monotremata mit „Beutelknochen" (**Praepubis**)
   - viele **konvergente Entwicklungen** zu placentalen Säugetieren
   - in Australien, Neuguinea, Süd- und Mittelamerika; z. B. Kängurus, Opossums

c) *Placentalia (Eutheria, Placentatiere)*
   - **längere Tragzeit**, hoch differenzierte **Placenta**
   - wahrscheinlich **4 monophyletische Großgruppen**
   - Beispiele für Ordnungen: **Insectivora** (Insektenfresser), **Chiroptera** (Fledertiere), **Primates** (Primaten), **Carnivora** (Raubtiere), **Rodentia** (Nagetiere)

Einen knappen Überblick über die wichtigsten Säugetierordnungen und die monophyletischen Gruppen bietet Tabelle 34.1 in Campbells Biologie.

(Campbell S. 843) gelernt ☐

Für weitere Informationen zur Ordnung der Primaten und der Entstehung unserer eigenen Spezies sei das Teilkapitel „Primaten und die Evolution des Homo sapiens“ in Campbells Biologie *empfohlen.*

(Campbell S. 845) gelernt ☐

2. Fortpflanzung

!

Fortpflanzung (Reproduktion)

- Erzeugung von **Nachkommen** → sichert **Weitergabe** des genetischen Materials und **Arterhaltung**
- Eigenschaft **aller Organismen**
- nicht unbedingt gekoppelt mit Vermehrung
- 2 Formen, teils auch im Wechsel:
  - **asexuell** (ungeschlechtlich, vegetativ)
  - **sexuell** (geschlechtlich): verknüpft mit **Rekombination** des genetischen Materials

Vermehrung

- Fortpflanzung unter langfristiger **Vergrößerung der Population** (Erhöhung der Individuenzahl)

Generation

- der von einem sexuellen oder asexuellen **Fortpflanzungsprozess begrenzte Abschnitt** in der Entwicklung einer Tier- oder Pflanzenart

Im Tierreich gibt es sexuelle und asexuelle Fortpflanzungsstrategien

☐ *gelernt (Campbell S. 1170)*

Ganz die Mutter? Der Unterschied zwischen asexueller und sexueller Fortpflanzung

☐ *gelernt (Campbell S. 278)*

2.1 Asexuelle Fortpflanzung

Verschiedene asexuelle Fortpflanzungsmechanismen versetzen Tiere in die Lage, rasch identische Nachkommen zu erzeugen

☐ *gelernt (Campbell S. 1170)*

!

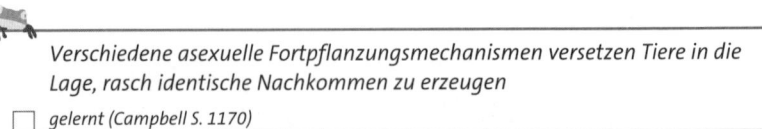

- **Nachkommen** sind mit den Eltern zu 100 % **genetisch identisch**
- **Vorteile** der asexuellen Fortpflanzung: **schnelle Generationenfolge** → optimale Nutzung günstiger Umweltbedingungen

2.1.1 Formen der asexuellen Fortpflanzung

vegetative Vermehrung
- geht von **somatischen Zellen** aus
- **Spaltung** und **Sprossung**: bei eukaryotischen Einzellern (potenziell unsterblich)
- **Sprossung** oder **Knospung**: zur schnellen Verbreitung sowie zur Bildung größerer Tierkolonien z. B. bei *Hydra*
- **Regeneration**: aus Teilen regeneriert **vollständiger Organismus**, z. B. bei Schwämmen, Anneliden
  - auch **Ersatz von Körperteilen** (z. B. bei Seesternen, s. Kap. 3)
- **Polyembryonie**: durch (Mehrfach)-**Teilung** einer **sexuell gebildeten Zygote** entstehen mehrere genetisch identische Embryonen, z. B. **eineiige Zwillinge**

Parthenogenese (Jungfernzeugung)
- **eingeschlechtliche** Vermehrung mit nur **1 Gametentyp** (Ei)
- Nachkommen entstehen aus Keimzellen: durch **mitotische Teilungen** eines **unbefruchteten Eies**
- z. T. neben sexueller Fortpflanzung, z. B. bei Blattläusen

!

Generationswechsel
- Wechsel zwischen **sexueller** und **asexueller** Fortpflanzung (nicht unbedingt regelmäßig)

a) Heterogonie
  - Wechsel zwischen **eingeschlechtlicher** und **sexueller** Fortpflanzung
  - z. B. bei Blattläusen

b) Metagenese
  - Wechsel zwischen **vegetativer** und **sexueller** Fortpflanzung
  - z. B. bei *Hydra*, Trematoden

Zyklen und Muster der Fortpflanzung unterscheiden sich im Tierreich beträchtlich

(Campbell S. 1171) gelernt ☐

2.2 Sexuelle Fortpflanzung

!

- bei den meisten **Eukaryoten**
- **2 Geschlechter** bilden nach Ablauf der Meiose **2 verschiedene Gametentypen (Keimzellen)**

Befruchtung und Meiose alternieren bei sexuellen Entwicklungszyklen

(Campbell S. 279) gelernt ☐

Vorteile der sexuellen Fortpflanzung

- **Rekombination** zusammen mit **Mutation** wichtigster Mechanismus zur Schaffung von **Variabilität** als Grundlage für **Selektion** (→ **Evolution**)
- Nachkommen sind **rekombinante Organismen**: zeichnen sich durch größere **genetische Vielfalt** aus
- können breiteres Spektrum an Umweltveränderungen tolerieren und sich besser **anpassen**
- haben **höhere Toleranz** gegenüber **Krankheitserregern** (gilt als treibender Faktor in der Evolution der sexuellen Fortpflanzung)
- **nachteilige Mutationen** können sich akkumulieren, die Organismen sind jedoch nicht fortpflanzungs- und überlebensfähig und geben diese so **nicht** weiter

Sexuelle Entwicklungszyklen bewirken eine genetische Variabilität der Nachkommen

☐ *gelernt (Campbell S. 287)*

Die natürliche Selektion begünstigt die sexuelle Fortpflanzung

☐ *gelernt (Campbell S. 539)*

Keimbahn

- Zellmaterial, aus dem **Gameten** hervorgehen
- potenziell unsterblich
- Gegenstück zum **Soma** (somatische oder Körperzellen) bei vielzelligen Organismen

Formen der Gametie (Verschmelzung der Keimzellen; Abb. 2.1)

Isogametie (Isogamie)	Anisogametie (Anisogamie)	Oogametie (Oogamie)
Verschmelzung **gleich gestalteter** Gameten (statt Geschlechter **Paarungstypen** + und –)	Verschmelzung **morphologisch verschiedener** Gameten	Verschmelzung von **Ei** und **Spermium** (morphologisch stark unterschiedliche Gameten)

Evolution der Oogametie (Oogamie)

- **voluminöse Gameten** vorteilhaft für den Embryo: großzügiges **Nahrungsangebot** für erste Entwicklungsschritte
- aber nur **große Gametenzahl** sichert **erfolgreiche Befruchtung**

- 2 konkurrierende Faktoren → Lösung: Kompromiss
- 1 Geschlecht bildet **geringe Zahl großer** unbeweglicher **Gameten** (Eier)
- 1 Geschlecht bildet **große Zahl kleiner** beweglicher **Gameten** (Spermien)

Gametogenese
- Entwicklung der **Gameten**
- Weibchen: **homomorphes** (**homogametes**) **Geschlecht** – bilden nur 1 Gametentyp (wegen identischer X-Chromosomen)
- Männchen: **heteromorphes** (**heterogametes**) **Geschlecht** – bilden X- und Y-Gameten
- Spezialfall: **Zwitter**

Zwitter (Hermaphroditen)
- im **selben Individuum** bilden sich **beide Gametentypen**
- **Sukzedanzwitter**: zeitlich **getrennte** Produktion der beiden Gametentypen
- **Simultanzwitter**: **gleichzeitige** Bildung der beiden Gametentypen

Es gibt auch **andere Geschlechtschromosomensysteme**: Bei **Vögeln** ist z. B. das **weibliche** Geschlecht **heterogamet** (ZW), das **männliche homogamet** (ZZ).

Gonaden (Keimdrüsen)
- **mesodermale** Organe, in denen die **Gametogenese** stattfindet
- bilden zusammen mit den Ausleitungswegen und Begattungsorganen das **primäre Geschlechtsorgan**
- bei Weibchen: **Ovarien** (**Eierstöcke**)
- bei Männchen: **Testes** (**Hoden**)

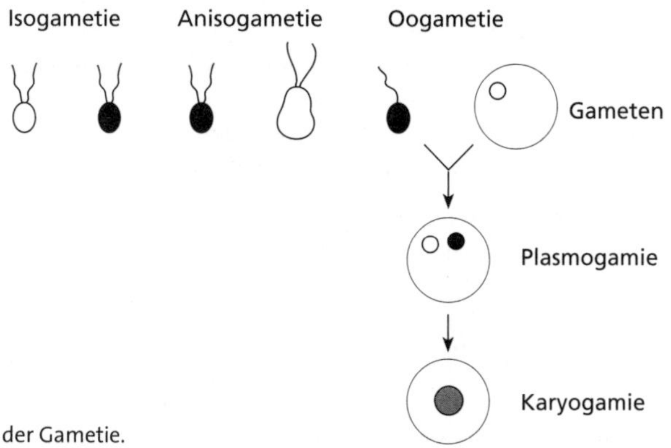

Abb. 2.1: Formen der Gametie.

Geschlechtsdimorphismus

- Männchen und Weibchen **unterscheiden sich** in Bau und Größe

primäre Geschlechtsorgane/ -merkmale	sekundäre Geschlechtsorgane/ -merkmale
– Gonaden – Leitungswege – Begattungsorgane	– Klammerorgane der Männchen zum Festhalten der Weibchen bei der Kopulation – Organe zur Brutpflege (z. B. Milchdrüsen) – Signalstrukturen zum Anlocken/ zur Stimulation von Paarungspartnern (z. B. Prachtgefieder, unterschiedliche Behaarung) – Waffen und Imponierstrukturen (z. B. Zähne, Geweih)

Sexuelle Selektion kann zu auffälligen sekundären Geschlechtsunterschieden führen

☐ *gelernt (Campbell S. 540)*

Vergleiche hierzu auch:
Komplexe Geschlechtsapparate haben sich in zahlreichen Tierstämmen entwickelt

☐ *gelernt (Campbell S. 1174)*

2.2.1 Goniale Mitosen und Meiose

goniale Mitosen

- finden während der **Vermehrungsphase** in der **Gametogenese** statt
- aus den diploiden **Urkeimzellen** entstehen über **Spermatogonien** und **Oogonien** die **Meiocyten I** (diploid): **Spermatocyten I**, **Oocyten I**
- daraus differenzieren sich **befruchtungsfähige Gameten**

Meiose in der Gametogenese (Abb. 2.2)

- nach Wachstumsphase erfolgt **Meiose** → **haploide Zellen**
- bei Männchen: aus **Spermatocyte I** entstehen **4 Gameten (Spermien)**
- bei Weibchen: **asymmetrische Teilungen** – **Ei** erhält Hauptmasse des Cytoplasmas (**Versorgung** des Embryos)
- cytoplasmaarmes Teilungsprodukt: **1. Pol-** oder **Richtungskörperchen**
- bei 2. Teilung entsteht **2. Pol-** oder **Richtungskörperchen**

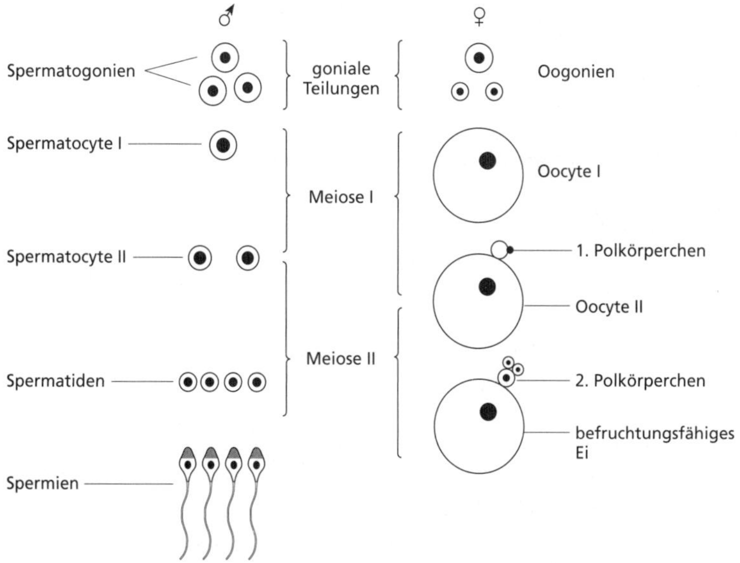

Abb. 2.2: Gametogenese im männlichen und weiblichen Geschlecht (Spermatogenese bzw. Oogenese). Bei Männchen entstehen pro Spermatogonium 4 Spermien, bei Weibchen erfolgen die Teilungen asymmetrisch.

Spermatogenese und Oogenese beinhalten beide eine Meiose, unterscheiden sich aber in drei grundlegenden Aspekten *(Campbell S. 1179) gelernt* ☐

2.2.2 Oogenese (Abb. 2.2)

Oocyten I (primäre Oocyten)

- gehen aus **oogonialen Teilungen** hervor
- drastische **Volumenzunahme** (Einlagerung von Dotter und rRNA)
- **Autosynthese**: **primäre Nährstofflieferung** (solitäre Dotterbildung): Aufnahme von niedermolekularem Material und Umwandlung in hoch molekulare Stoffe
- **Heterosynthese**: **sekundäre Nährstofflieferung** an Oocyte I – im **Ovar** durch umgewandelte Oogonien (**Nährzellen**) oder umgebende somatische Zellen (**Follikelzellen**) oder aus anderen Organen (z. B. der Leber bei Fischen)
- durch **Meiose I** entstehen **Oocyten II** und **1. Polkörperchen**

Follikel

- Zellverband aus **Oocyte I** und **Follikelzellen** (bei Säugern)
- pro Zyklus reifen **mehrere Follikel**

- ein Follikel (das **dominante**) tritt beim **Eisprung** (**Ovulation**) aus Ovar aus, die anderen degenerieren (**Atresie**)
- voll entwickeltes (**reifes**) Follikel: **Graaf'sches Follikel**
- Follikelzellen bilden nach Eisprung **Corpus luteum** (**Gelbkörper**): produziert Steroidhormone (v a. **Progesteron**)
- nach Stopp der Hormonproduktion schrumpft Gelbkörper zum **Corpus albicans**

Dictyotän

- Besonderheit der Meiose **weiblicher Säugetiere** während der Embryonalentwicklung
- **Ruhephase** während der **Prophase I** in der Oocyte I
- ab der **Pubertät** setzt vor Eisprung in ca. 20 Oocyten Zellwachstum ein und Meiose wird fortgesetzt, aber **nur 1 Follikel** wird jeweils reif

Die **Ovarien** eines neu geborenen Mädchens enthalten rund 500 000 **Oocyten im Dictyotän**. Die meisten degenerieren bis zur **Pubertät**: Dann sind noch etwa 83 000 vorhanden.

Eier von Eier legenden Tieren

- sind von **Schale** umgeben
- bei Befruchtung **vor Schalenbildung** (z. B. Vögel) keine größeren Öffnungen: Gasaustausch durch Poren der Kalkschale
- Eier von Wirbellosen: Hülle aus **Glykoproteinen**
- bei Befruchtung **nach Eiablage**: Kanäle für Eindringen der Spermien (**Mikropyle**) und Luftzufuhr (**Aeropyle**)
- **Eihüllen**: Bildung während der Oogenese aus mütterlichen Sekreten: **Chorion** (außen) und **Vitellinmembran** (innen)

2.2.3 Spermatogenese (s. Abb. 2.2)

- erfolgt bei Säugetieren in den **Hodentubuli**
- beginnt mit der **Pubertät**, dauert **lebenslang** an
- Schritte:
  - **spermatogoniale Teilungen** (aus Urkeimzellen) zu **Spermatocyten I**
  - **2 meiotische Teilungen** zu **Spermatiden**
  - postmeiotische **Reifung** der Spermatiden (**Spermio(cyto)genese**) zu **Spermien**

Sertolizellen

- **somatische Zellen** in den **Hodentubuli**
- werden während der **Embryogenese** gebildet und verbleiben lebenslang
- wahrscheinlich Einfluss auf die **Größe** der Hoden
- **nicht mehr teilungsfähig**

Leydig-Zellen
- **somatische Zellen** außerhalb der Bindegewebshülle der Hodentubuli
- zuständig für **Hormonproduktion**

Spermatiden
- **männliche Keimzellen** nach der Meiose
- befinden sich noch im **Hoden**
- erst nach Verlassen der Hoden innerhalb der **Nebenhoden** (**Epididymis**) als **Spermien** oder **Spermatozoen** bezeichnet
- dort erfolgt Reifung

Spermio(cyto)genese
- **Reifungsprozess** der Spermatiden
- gekennzeichnet durch Ausbildung des **Flagellums** und des **Akrosoms**
- außerdem durch starke **Kondensation des Chromatins** (Histone werden ersetzt durch **Protamine**)
- **Cytoplasmaelimination**: dabei Abschnürung der **Residualkörper**

Residualkörper
- Teile des Spermatidiums, die während der Spermiogenese abgeschnürt werden (**Cytoplasmaelimination**)
- enthalten **Ribosomen** und Membranteile
- degenerieren

Weg der Spermien
- vom **Hoden** in die **Nebenhoden** (dort Reifung)
- dann über **Samenleiter** (**Vas deferens**) in die **Harnröhre** (**Urethra**) im Penis

Ejakulat (Samen)
- **Spermien** plus **Sekrete** aus Drüsen, die in den Samenleiter münden: Vesicula semnalis, **Prostata** (**Vorsteherdrüse**) und **Cowper'sche Drüse**

Das **Ejakulat** eines gesunden Mannes enthält pro Milliliter 60–100 Millionen Spermien.

Bau der Spermien (Abb. 2.3)
- bei verschiedenen Organismen sehr unterschiedlich, aber gleicher **Grundbauplan**
- kernhaltiger **Kopf**, unterteilt in **akrosomale** und **post-akrosomale Region**
- **Akrosom**: von Membran umschlossenes **Vesikel** im Spermienkopf
  - akkumuliert **Enzyme** für das **Eindringen** des Spermiums ins Ei
  - sehr unterschiedliche Form im Tierreich
- **Schwanz** mit **Flagellum** (Geißel), unterteilt in **Mittel-**, **Haupt-** und **Endstück**
- im Mittelstück **Mitochondrien** um Flagellum herum angeordnet

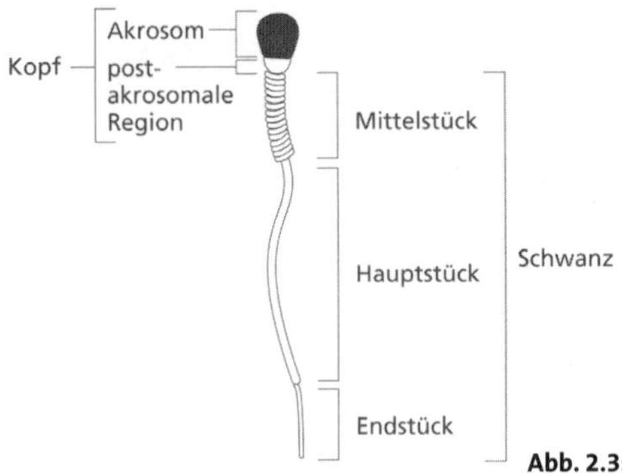

Abb. 2.3: Bau eines Säugetierspermiums.

2.2.4 Befruchtung

- **Verschmelzung** von **Spermium** und **Ei**
- Voraussetzung: **Erkennung** von Spermium und Ei

a) externe (äußere) Befruchtung
  - Spermien werden in die **Umwelt** entlassen (meist ins Wasser)

b) interne (innere) Befruchtung
  - Spermien gelangen direkt in den **weiblichen Genitaltrakt**
  - bei vielen **Wirbellosen** Übertragung der Spermien als **Spermienpakete** (**Spermatotheken**)
  - **Werbeverhalten** und **Kopulation** stellen sicher, dass die Spermien der richtigen Art übertragen werden

Innere wie äußere Befruchtung hängen von Mechanismen ab, die sicherstellen, dass reife Spermien mit fertilen Eizellen derselben Art zusammentreffen

☐ *gelernt (Campbell S. 1173)*

Arten mit innerer Befruchtung produzieren im Allgemeinen weniger Zygoten, investieren aber mehr in Brutpflege als Arten mit äußerer Befruchtung

☐ *gelernt (Campbell S. 1173)*

Erkennung von Spermium und Ei

- **Zona pellucida** (**Glashaut**): äußerste extrazelluläre Schicht des Eies – besteht aus **Filamenten** aus den **Glykoproteinen ZP2** und **ZP3**
- **Zuckerreste** an **ZP3** sind **Rezeptor** für Anheftung der Spermien
- werden durch **Ei-Bindungsstellen** der Spermien erkannt
- bei blockierten Ei-Bindungsstellen wird Anheftung verhindert

Barrieren gegen Befruchtung durch artfremde Spermien

- **Rezeptoren** in der Eimembran von Säugern und Wirbellosen sind jeweils **artspezifisch**
- bilden somit eine **Befruchtungsschranke** für **artfremde** Spermien
- besonders wichtig bei **äußerer Befruchtung**
- bei **innerer Befruchtung** vorgeschaltete Barrieren wie **Werbeverhalten**, **Anatomie** der Genitalien

---

Die Besamung aktiviert das Ei und ermöglicht das Verschmelzen von männlichem und weiblichem Vorkern

(Campbell S. 1198) gelernt ☐

Akrosomreaktion

- **Fusion** der Plasmamembran der Eizelle mit Membran des Akrosoms
- bei Säugetieren von **ZP3** induziert
- Freisetzung von **Hyaluronidase** und **Acrosin** (Trypsin-ähnliches Enzym): ermöglichen Spermium **Durchdringen** der Zona pellucida
- gelangt in **perivitellinen Raum**, nimmt Kontakt zu **Oolemma** (Plasmamembran) auf
- dies induziert die **Rinden-** oder **Corticalreaktion**

Rinden- oder Corticalreaktion

- **Rinden-** oder **Corticalgranula** verschmelzen mit Plasmamembran und setzen Inhalt frei
- Aufnahme des Spermiums in **Cytoplasma** der Eizelle: **Plasmogamie**
- um das Ei entsteht **extrazelluläre Hülle**: **Befruchtungsmembran**
- diese bildet **mechanische Schranke** gegen das Eindringen weiterer Spermien: **verhindert Polyspermie**
- anschließend Verschmelzung von **männlichem** und **weiblichem Vorkern**: **Karyogamie**

Anhand von Abbildung 47.2 in Campbells Biologie *können Sie sich den Ablauf von Akrosom- und Cortikalreaktion veranschaulichen.*

(Campbell S. 1199) gelernt ☐

Zeitpunkt der Befruchtung (Fertilisation)

- Beginn der **ovariellen Zyklen**: **Pubertät** (beim Menschen)
- Ende: **Menopause**
- **Zyklusdauer**: 28 Tage; Oocyten reifen in Follikel
- **Ovulation** (**Eisprung**): Freisetzung der Oocyte II aus Ovar
- befruchtungsfähiges Ei gelangt in **Ovidukt** (**Eileiter**); dort erfolgt **Befruchtung**
- im Ovidukt bereits erste **Furchungsteilungen**
- **Einnistung** in **Endometrium**, die Schleimhaut des **Uterus** (**Gebärmutter**)

2.3 Geschlechtsbestimmung

- primäre Vorgänge zur **Fixierung des Geschlechts**

Formen der Geschlechtsbestimmung

genotypische Geschlechtsbestimmung	phänotypische Geschlechtsbestimmung
primär durch **chromosomale Faktoren** geregelt	durch **Umweltfaktoren** gesteuert
z. B. Geschlechtschromosomen, Haplodiploidie	z. B. Temperatur, Standort, äußere chemische Signale
Geschlecht wird **bei Befruchtung** festgelegt	Geschlecht wird **nach Befruchtung** festgelegt
Geschlechterverhältnis meist 1:1	Geschlechterverhältnis kann deutlich von 1:1 abweichen

- **Geschlechtsdifferenzierung**: Umsetzung der primären Signale in charakteristische **Geschlechtsmerkmale**
- **genetisches Geschlecht**: bestimmt durch Gene auf **Geschlechtschromosomen**
- **gonadales Geschlecht**: bestimmt durch Anwesenheit von männlichen oder weiblichen **Gonaden**
- **phänotypisches** (**somatisches**) **Geschlecht**: auch **morphologisches** Geschlecht
  - definiert nach inneren Sexualgängen und äußeren Genitalien
- **Hermaphroditen** (**Zwitter**): mit Kombination aus männlichen und weiblichen Gonaden (**Ovotestes**)

2.3.1 Genotypische Geschlechtsbestimmung

Die chromosomale Basis der Geschlechtsbestimmung ist bei den Organismen unterschiedlich

☐ *gelernt (Campbell S. 327)*

Geschlechtschromosomensysteme

einfache Geschlechtschromosomensysteme

- **XX/XY-Geschlechtschromosomensystem**: sehr häufig, z. B. bei Säugetieren
  - Weibchen **homomorph** (XX), Männchen **heteromorph** (XY)
- **ZW/WW-Geschlechtschromosomensystem**: z. B. bei Sauropsiden (Reptilien, Vögel), Schmetterlingen
  - Weibchen **heteromorph** (ZW), Männchen **homomorph** (ZZ)

- **XX/X0-Geschlechtschromosomensystem**: z. B. bei einigen Insekten (Heuschrecken, Käfer)
  - Y-Chromosom bei den Männchen völlig verloren gegangen

komplexe Geschlechtschromosomensysteme
- entstehen durch **Translokationen** ausgehend von XX/XY
- am häufigsten: X1X2X1X2/X1X2Y – durch Translokation von Y-Chromosom und Autosom

---

- **X-tragende Spermien** haben im Genitaltrakt des Menschen eine **längere Lebensdauer** als Y-tragende
- **Y-tragende Spermien** schwimmen schneller als X-tragende

Dosiskompensation

- **Ausgleich der Gendosis** der im Weibchen und Männchen unterschiedlich verteilten Sex-Chromosomen (Fehlen von zahlreichen Genen im Y-Chromosom)
- in der Evolution **Degeneration des Y-Chromosoms**, Unterdrückung der homologen Rekombination
- Kompensation durch:
  - **transkriptionelle Inaktivierung** des einen X-Chromosoms im **euploiden Karyotyp** (z. B. **Barr-Körperchen** beim Menschen)
  - **Hyperaktivität** des in der **Minderzahl** befindlichen Chromosoms (z. B. X-Chromosom der Männchen von *Drosophila melanogaster*)

fakultatives Heterochromatin
- Bezeichnung für **inaktiviertes X-Chromosom**
- Inaktivierung vorübergehend (Aufhebung in nächster Generation)

Barr-Körperchen
- stark kondensiertes, **transkriptionsinaktives X-Chromosom**
- bei Frauen oder Männern mit **Klinefelter-Syndrom** (47, XXY)
- **Zahl** der Barrkörperchen = Zahl der X-Chromosomen minus 1

Siehe hierzu auch den Abschnitt „Inaktivierung des X-Chromosoms bei weiblichen Säugetieren" in Campbells Biologie.

(Campbell S. 329) gelernt ☐

Sexuelle Differenzierung

sexuelle Differenzierung bei *Drosophila melanogaster*
- primärer Faktor: **Geschlechtsindex** – Verhältnis zwischen **Zahl der Autosomen** und **Zahl der Sex-Chromosomen**
- XX/XY-System mit 2 Sätzen von Autosomen (AA), aber Y-Chromosom spielt keine Rolle bei primärer Geschlechtsbestimmung
- Geschlechtsindex < 0,5 → **Männchen**; Geschlechtsindex > 1 → **Weibchen**; intermediärer Geschlechtsindex → **Intersexe**

- **Gynander** (**gynandromorphe Individuen**): Mosaiktiere aus männlichen und weiblichen Zellen
- bei ***Caenorhabditis elegans*** entstehen bei hohem Verhältnis von X:A **Hermaphroditen**

sexuelle Differenzierung bei Säugetieren

a) primäres Signal: TDF (SRY-Gen)

- XY-Chromosomenpaar mit partieller Homologie (**pseudoautosomale Region**): dort erfolgt **Rekombination**
- geschlechtsbestimmende Faktoren außerhalb dieser Region
- **männlicher Phänotyp** entwickelt sich unabhängig von Zahl der X-Chromosomen bei Vorhandensein von **Y-Chromosom**
- **TDF** (*testis-determining factor*): codiert durch **dominantes Gen** auf dem Y-Chromosom → führt zur Ausbildung von **Hoden**
- bei Fehler in der Rekombination (außerhalb der pseudoautosomalen Region): **Geschlechtsumkehr** (*sex reversal*)
- entscheidendes Gen für Geschlechtsdetermination: ***SRY*-Gen** (nur bei Differenzierung der Gonaden aktiv)

b) sekundäre Entwicklung (Geschlechtsdifferenzierung)

- **bisexuelle Anlagen**: **undifferenzierte Gonaden** und **ausführende Gänge** während der **Embryonalentwicklung** von männlichen und weiblichen Säugetieren
- **Genitalleisten**: daraus entstehen **somatische Zellen** der **Hoden** oder **Ovarien**
- **SRY** bewirkt Ausbildung von **Sertolizellen** in undifferenzierten Gonaden
- weitere **männliche Entwicklung** durch Hormone (**Androgene**)
  - **Wolff'scher Gang**: bildet **Samenleiter**, degeneriert bei Weibchen
- **weibliche Entwicklung**: fehlendes SRY → Bildung von Ovarien
  - weitere Entwicklung durch Hormone (**Östrogen**)
  - **Müller'scher Gang**: bildet **Eileiter**; degeneriert bei Männchen
- **Phallus** und **Genitalfalte**: bilden Penis oder Clitoris und kleine Schamlippen
- **Genitalschwellung**: bildet Hodensack oder große Schamlippen

Zum Aufbau des Geschlechtsapparats siehe auch:
Zur menschlichen Fortpflanzung gehören ein aufwändiger Geschlechtsapparat und komplexe Verhaltensweisen

☐ *gelernt (Campbell S. 1175)*

Haplodiploidie

- Form der **genotypischen Geschlechtsbestimmung**, z. B. bei **sozialen Insekten**
- Weibchen **diploid**, Männchen **haploid**
- echte **Arrhenotokie**: Männchen entstehen aus **unbefruchteten Eiern**

- **Pseudoarrhenotokie**: Eier zwar befruchtet, aber **Degeneration eines Genomteils** (meist der männliche)
- **funktionelle Haploidie**: ein Chromosomensatz inaktiviert

2.3.2 Phänotypische Geschlechtsbestimmung

- auch als **Geschlechtsbestimmung durch Umweltfaktoren** bezeichnet
- externe Faktoren wie **Temperatur**, **Standort** nach der Befruchtung
- z. B. bei Rotatorien, Nematoden, Polychaeten, Krebsen

Geschlechtsbestimmung bei einigen Reptilien

- neben **genotypischer** auch **phänotypische Geschlechtsbestimmung**
- entscheidender Faktor: **Temperatur** bei Eientwicklung in bestimmtem Zeitabschnitt
- bestimmte **Eidechsen** und **Krokodile**: bei konstant tiefer Temperatur entstehen nur Weibchen, bei höherer Männchen
- bestimmte **Schildkröten**: bei hoher Temperatur entstehen Weibchen, bei tiefer Männchen
- bei vielen Arten entstehen auch bei hoher und tiefer Temperatur Weibchen, bei mittlerer Männchen

---

endokrin wirksame Umweltschadstoffe

- **natürliche**, in Pflanzen vorkommende oder **synthetische**, in die Umwelt gelangte **Chemikalien** mit **hormonartiger Wirkung**
- **stören** z. B. die **Geschlechtsdifferenzierung** durch Eingriff in endokrines System (pseudöstrogene/pseudandrogene Wirkung)
- führen zu **abnormaler Geschlechtsentwicklung** (meist Verweiblichung)
- z. B. **Pestizidrückstände** mit Affinität zu Östrogenrezeptor (**Umweltöstrogene**, z. B. DDT), **Detergenzien** (z. B. Alkylphenole), **Weichmacher**, **Medikamente** (z. B. Diethylstilbestrol) oder **Phytoöstrogene** (z. B. Equol aus Sojabohnen)

---

3. Entwicklung

Ontogenese

- gesamte **Entwicklung** eines **Individuums** von der **Keimzelle** bis zum **Tod**
- untergliedert in mehrere **Entwicklungsabschnitte**

3.1 Entwicklungsabschnitte

Abschnitte im Lebenszyklus von Vielzellern

Embryonalphase (Embryogenese)	– grundlegende Entwicklungsprozesse: **Keimblätter**, **Organogenese**, **Gewebebildung** – auf zellulärer Ebene **Determination** und **Differenzierung** – Ende: Schlüpfen oder Geburt
Juvenilphase	– intensives **Wachstum** – **direkte Entwicklung**: Umbildungen beschränken sich auf sekundäre Geschlechtsmerkmale – **indirekte Entwicklung**: über ausgeprägte **Larvalstadien** und größere Umbildungen
Adultphase	– kaum noch Umbildungen (abgesehen von regenerativen Prozessen)
Seneszenzphase	– **Alterungsprozesse** bis zum **Tod**

Dauer der Abschnitte

- kann **sehr unterschiedlich** sein
- längster Abschnitt: bei Säugern meist Adultphase, bei Insekten Juvenilphase
- bei der Zikade *Magicicada septendecim* dauert die Juvenilphase 17 Jahre, die Adultphase nur wenige Wochen

Die Stadien der frühen Embryonalentwicklung bis zur Gastrulation können Sie sich in Abbildung 32.1 in Campbells Biologie *veranschaulichen.*

☐ *gelernt (Campbell S. 752)*

3.1.1 Furchung

Die Furchung unterteilt die Zygote in viele kleinere Zellen

(Campbell S. 1202) gelernt ☐

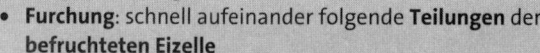

wichtige Grundbegriffe
- **Furchung**: schnell aufeinander folgende **Teilungen** der **befruchteten Eizelle**
- **Blastomeren**: einzelne **Zellen** der ersten mehrzelligen Entwicklungsstadien
- **Morula** (Maulbeerkeim): kompakter **Zellhaufen** aus Blastomeren, der an Maulbeerfrucht erinnert (Name!)
- **Blastula** (Blasenkeim): vielzelliges frühes Entwicklungsstadium in Form einer **Hohlkugel**
- **Blastocoel**: innerer Hohlraum der Blastula (wird zur **primären Leibeshöhle**; nicht ausgebildet in kompakter **Sterroblastula**)

Organisation der Eizelle
- **Dottermenge** sowie **Verteilung** von Dotter und Cytoplasma im Ei
- zusammen mit festgelegtem **Zellteilungsmuster** entscheidend für **Ablauf der Furchungsteilungen**

Organisationstyp	Kennzeichen	Beispiele
oligolecithal	dotterarm	Anneliden, Mollusken, Säuger
polylecithal	dotterreich	Vögel, Reptilien, Kloakentiere
isolecithal	Dotter gleichmäßig verteilt	*Branchiostoma*
telolecithal	Dotter in einer Hälfte konzentriert	Amphibien, Fische, Vögel, Reptilien
centrolecithal	Dotter in der Mitte konzentriert	Insekten

- **animaler Pol**: Pol der polarisierten Eizelle, an dem meist der **Zellkern** liegt
- **vegetativer Pol**: dem animalen Pol gegenüber liegender **dotterreicher Eipol**

Furchungstypen (Abb. 3.1)

Typ	Unterteilung	Kennzeichen	Beispiele
vollständige (totale, holoblastische) Furchung	**total-äqual** (holoblastisch-äqual)	Blastomeren **gleich** groß	dotterarme Eier, z. B. Echinodermen, sekundär bei Säugern
	total-inäqual (holoblastisch-inäqual)	Blastomeren **ungleich** groß	dotterarme Eier z. B. Amphibien
unvollständige (partielle, meroblastische) Furchung)	**partiell-** oder **meroblastisch-discoidal**	Bildung einer **Keimscheibe**	dotterreiche Eier, z. B. Vögel, Reptilien, Haie, Cephalopoden
	partiell-superficiell	Ausbildung eines **Epithels** um zentralen Dotter	centrolecithale Eier, z. B. Insekten

- dazwischen gibt es fließende Übergänge
- **Keimscheibe**: bei **dotterreichen Eiern** Ansammlung von **Furchungszellen**, die den **Embryo** bilden und der ungefurchten Dottermasse an einer Seite aufliegen

Art der Furchung nach Lage der Blastomeren

Bezeichnung	Furchungstyp	Kennzeichen	Beispiele
Radiärfurchung	holoblastisch	Teilungsebenen **parallel** (Meridiane) oder **senkrecht** (Breitengrade) zur Eiachse	Schwämme, Amphibien, Echinodermen
Bilateralfurchung	Spezialform der Radiärfurchung	frühe Ausbildung einer **Spiegelsymmetrie** zwischen linker und rechter Embryohälfte	Nematoden, Gastrotrichen, Ascidien, *Branchiostoma*
Spiralfurchung	holoblastisch	Teilungsebene in einem bestimmten **Winkel** (meist 45 °) zur Eiachse; streng festgelegte **Zellgenealogie**	Anneliden, Mollusken (außer Cephalopoden)

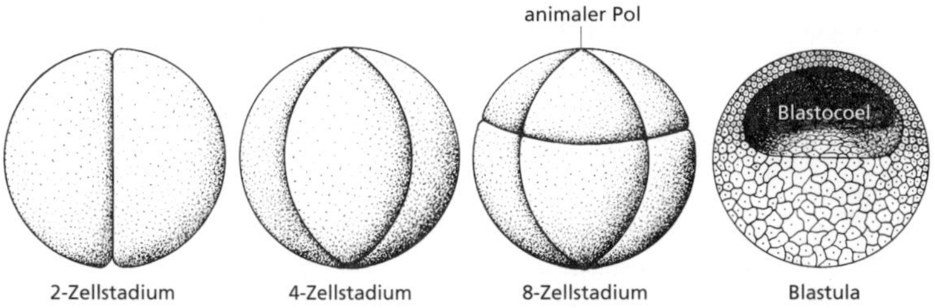

Abb. 3.1: Beispiel für eine Furchung: total-(holoblastisch-)inäquale Radiärfurchung.

Besonderheiten der Spiralfurchung
- die **ersten 4 Blastomeren** sind etwa gleich groß (**Makromeren**, 1A–1D)
- bei nächster Teilung entstehen kleinere **4 Mikromeren** (1a–1d)
- bei folgenden **synchronen Teilungen** entstehen aus Mikromeren immer **Mikromeren**, aus Makromeren immer **4 Makro- und 4 Mikromeren**

Besondere Bedeutung kommt der **Zelle 4d** zu: Es handelt sich um die **Urmesodermzelle**, aus der das **Mesoderm** hervorgeht.

Zu den verschiedenen Furchungstypen bei Protostomiern und Deuterostomiern siehe auch den Abschnitt „Furchung" in Campbells Biologie.

(Campbell S. 757) gelernt ☐

Blastomerenanarchie
- Sondertyp der **meroblastischen Furchung** bei manchen Turbellarien
- **isolierte Zellen** bilden nach Einwanderung in den Dotter den **Embryo**

3.1.2 Gastrulation und Bildung der Keimblätter

Die Gastrulation reorganisiert die Blastula, wodurch der Embryo dreischichtig wird und ein Urdarm entsteht

(Campbell S. 1204) gelernt ☐

Gastrulation (Abb. 3.2)
- Entwicklungsvorgang, der zur Ausbildung der **Gastrula** (aus der Blastula) und der **Keimblätter** führt

Gastrula
- **becherförmiges** Entwicklungsstadium
- entsteht im einfachsten Fall durch **Einstülpung der Blastula**
- Zellschichten entsprechen den ersten beiden **Keimblättern** (Ektoderm und Entoderm)

!
- entspricht prinzipiell der Organisation bei adulten Schwämmen, Cnidaria und Ctenophora

Keimblätter
- **embryonale Zellschichten**, die während der **Gastrulation** gebildet werden
- aus ihnen gehen die verschiedenen **Organsysteme** und **Gewebe** hervor
- äußeres Epithel: **Ektoderm** (1. Keimblatt)
- inneres Epithel: **Entoderm** (2. Keimblatt)
- bei **Bilateria** dazwischen zusätzlich **3. Keimblatt**: **Mesoderm**

primäre Leibeshöhle
- Körperhohlraum zwischen **Ekto- und Entoderm**, der aus dem **Blastocoel** hervorgeht
- Volumen wird bei **Einstülpung** während der Gastrulation eingeengt

Urmund (Blastoporus)
- **Einstülpungsstelle** des Urdarms

Urdarm (Archenteron)
- entodermaler **Hohlraum der Gastrula**, der durch Einstülpung des Blastulaepithels entsteht

Formen der Gastrulation

Invagination (Abb. 3.2)	– Bildung des **Urdarms** durch Einstülpung – z. B. bei *Branchiostoma*, Cnidaria, Echinodermen
Immigration	– Einwanderung von Zellen am vegetativen Pol (**primäre Mesenchymzellen**) ins Blastocoel, dann Invagination – z. B. bei Seeigeln
Epibolie	– Zellen des **animalen Pols** umschließen während der Gastrulation Zellen des **vegetativen Pols** (Dotterpfropf) – z. B. bei Amphibien
Delamination	– Entodermbildung durch **plattenartige Einwanderung** von Zellen von allen Seiten des Blastulaepithels – z. B. bei Cnidaria

Mesenchymzellen
- **Mesodermvorläufer**, z. B. beim Seeigel
- **primäre Mesenchymzellen**: ins Blastocoel immigrierte Zellen (s. o.)
- **sekundäre Mesenchymzellen**: nach Invagination an der Spitze des Urdarms

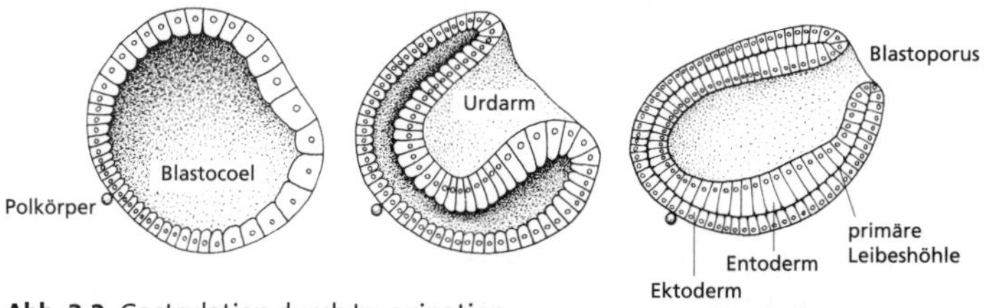

Abb. 3.2: Gastrulation durch Invagination.

Unterteilung der Metazoa nach Schicksal des Urmundes

Protostomier	Deuterostomier
Urmünder: Tierstämme, bei denen der **Urmund** der Gastrula zum **definitiven Mund** wird und der **After neu gebildet** wird	**Neumünder**: Tierstämme, bei denen sich in der Ontogenese der **definitive Mund neu bildet** und der **Urmund** zum **After** wird
z. B. Anneliden, Mollusken, Arthropoden	z. B. Echinodermen, Chordaten

- Sonderfall: **Spaltung des Urmundes** in definitiven Mund und definitiven After (z. B. bei vielen Anneliden, Onychophoren)

Vergleiche hierzu auch den Abschnitt „Die Aufspaltung in Protostomia und Deuterostomia" in Campbells Biologie.

(Campbell S. 757) gelernt ☐

Primitivstreifen (Primitivrinne)

- bei **dotterreichen Keimen**, z. B. bei Vögeln, Reptilien
- dem **Blastoporus** der Amphibien **homolog**
- Rinne zwischen Ekto- und Endoderm: **Weg der Mesodermzellen**
- Embryo liegt als **Scheibe** der Dottermasse auf
- geschlossenes **Darmrohr** bildet sich viel später

3.1.3 Organogenese

- Bildung der **Organe** aus den **Keimblättern**
- Ausbildung der **Gewebetypen**:
  - **Muskelgewebe**: quer gestreifte, schräg gestreifte, glatte und Herzmuskulatur
  - **Bindegewebe**: lockeres und formgebendes
  - **Nervengewebe**
  - **Epithelien**: Haut-, Darm-, Lungen-, Nieren- und Blasenepithel

Während der Organogenese entstehen aus den drei embryonalen Keimblättern die Organe des Tieres

☐ *gelernt (Campbell S. 1207)*

Einteilung von Organen nach ihrer Herkunft

ektodermale Organe	entodermale Organe	mesodermale Organe
– **Epidermis** und deren **Derivate** (Hautdrüsen, Haare, Schuppen, Federn) – **Nervensystem** und **Neuralleistenderivate** – **Plakoden** (beteiligt am Aufbau von Sinnesorganen) – Epithel von **Vorder- und Enddarm** (Stomodaeum, Proctodaeum) – **Protonephridien** vieler Wirbelloser – **Malpighi-Gefäße** der Insekten – **Tracheen** von Insekten und Spinnen	– **Mitteldarm** und **Anhangsorgane** (Mitteldarmdrüse, Leber, Bauchspeicheldrüse) – **Kiementaschen**, **Lungen** und **Schwimmblase** – einige **endokrine Organe** („**branchiogene** Organe“: Schilddrüse, Nebenschilddrüse, Ultimobranchialkörper) – **Thymus** – **Malpighi-Gefäße** der Spinnen	– **Muskulatur**, **Bindegewebe**, **Skelett**, **Blut-** und **Lymphgefäße** – **Exkretionsorgane** ((Meta)-Nephridien, Nieren) – **Gonaden** und Gonadenausführgänge – **Lederhaut** (Corium)

Ektodermale Organe

- **Plakoden**: **ektodermale Areale** im Embryo, am Aufbau von **Sinnesorganen** beteiligt; z. B. **Ohr-** und **Augenplakoden**
- **Neuralplatte** (**Medullarplatte**): **dorsaler** Bereich des **embryonalen Ektoderms**, aus dem sich das **Neuralrohr** bildet (**Neuroektoderm**; bei Chordaten)
- **Neuralleisten** (**Medullarleisten**): Ränder der Neuralplatte
- **Neuralrohr**: embryonale Anlage des **Zentralnervensystems** bei Chordaten

Neurulation

- auf die Gastrulation folgender **Entwicklungsvorgang** bei **Chordaten**
- Einfaltung der **Neuralplatte** → Aufwölbung der **Neuralleisten** → Einsinken der Neuralplatte → führt zur **Anlage des Neuralrohrs**
- aus **Neuralrohr** bilden sich als Teile des **ZNS** Hirnbläschen, Augenblase, Hypophysenhinterlappen und Rückenmark
- **Derivate der Neuralleisten**: z. B. Pigmentzellen, Cranial- und Spinalganglien, Hirnhäute, Knorpel und Knochen des Visceralskeletts (Hautknochen, Kiemenbögen), Teile des Seitenliniensystems

Mesodermale Organe

Mesoderm

- während Emryonalentwicklung in 3 Typen untergliedert
- **Chordamesoderm**: Mesodermgewebe, aus dem sich die **Chorda dorsalis** bildet (z. B. bei *Branchiostoma*)
- **segmentierte Somiten**: Ursegmente (segmentaler Anteil des Mesoderms); unterteilt in:
  - **Sklerotom** → bildet **Wirbel**
  - **Myotom** → bildet **Stammmuskulatur**
  - **Dermatom** → bildet **Unterhautgewebe** (Dermis)
- **Somitenstiele** → **Nierenanlagen**
- **unsegmentiertes Seitenplattenmesoderm**: lateraler Anteil des embryonalen Mesoderms
  - bildet **Körpercoelom** und **Gonadenanlagen**

Bei den **Wirbeltieren** sind Reste des **Chordamesoderms** in Form der **Zwischenwirbelscheiben** erhalten.

!

Coelom (s. auch Kap. 1, Tab. S. 11f)

- **sekundäre Leibeshöhle** zwischen Körper- und Darmwand
- **Entstehung** z. B. durch:
  - **Enterocoelbildung**: Abschnürung von Aussackungen des Entoderms; z. B. bei Echinodermen, Chordaten
  - aus **Urmesodermzelle** (**Zelle 4d** der Spiralier) bzw. deren Tocherzellen ($4d^1$, $4d^2$; **Mesoteloblasten**); z. B. bei Anneliden
- **Coelomepithelien**: z. B. embryonal **Splanchnopleura** (inneres Blatt um Darm) und **Somatopleura** (unter Integument bzw. Muskulatur)
- **hintereinander** liegende Coelomräume durch **Dissepimente** verbunden
- lateral in einem Segment **nebeneinander** liegende Coelomräume durch **Mesenterien** getrennt
- **Coelomräume**:
  - bei Archicoelomaten: **Proto-**, **Meso-** und **Metacoel** (z. B. Enteropneusta, Pterobranchia)
  - spezielle Terminologie bei Echinodermen: **Axo-**, **Hydro-** und **Somatocoel**
  - **Schizocoel** (z. B. Turbellarien)
  - **Pseudocoel** (z. B. Nematoden)
- bei vielen Tiergruppen Coelomräume auf Reste reduziert, z. B. **Perikard** (Herzbeutel), **Gonaden**- oder **Nierenhöhle**

Vergleiche hierzu auch den Abschnitt „Acoelomater, pseudocoelomater und eucoelomater Organisationsgrad" in Campbells Biologie.

(Campbell S. 756) gelernt ☐

Embryonalhüllen (Abb. 3.3)

- bei Wirbeltieren gebildet durch **embryonales Gewebe**
- bei **placentalen** Säugetieren abgeleitete Verhältnisse

Die Embryonen der Amnioten entwickeln sich im beschalten Ei oder im Uterus in einer flüssigkeitsgefüllten Blase

☐ *gelernt (Campbell S. 1208)*

Dottersack

- entsteht durch **Umwachsen der Dottermasse** von seitlichen Rändern
- mit ento-mesodermaler Hülle; dient **Ernährung des Embryos**
- bei Säugetieren als Relikt erhalten

Amnion

- ekto-mesodermale **innere Embryonalhülle** der **Amnioten** (Reptilien, Vögel, Säuger)
- **Amnionfalte** aus Ektoderm und extraembryonalem Mesodermepithel
- **Wand** der flüssigkeitsgefüllten **Amnionhöhle**, die den Embryo umgibt

Die Evolution der **Amnionhöhle** war ein wichtiger Schritt beim Übergang zum Leben an Land → ermöglichte **von Wasser unabhängige** Fortpflanzung.

Serosa

- **äußerste Embryonalhülle** der Amnioten
- zwischen Amnion und Serosa: **extraembryonales Coelom**
- bei Säugern → **Chorion**

Allantois

- Aussackung des Enddarms
- dient als **Exkretspeicher** und **Atmungsorgan**

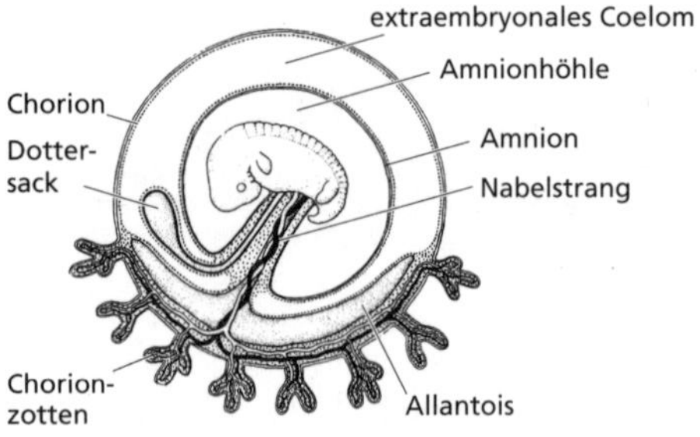

Abb. 3.3: Säugetierembryo mit Embryonalhüllen und Placenta.

Blastocyste
- frühes **Embryonalstadium** der **placentalen Säuger** am Ende der Furchung
- **Trophoblast**: äußeres **Epithel**; bildet Chorion
- **Embryoblast**: innere **Zellmasse**; bildet Amnionhöhle, Dottersack, Allantois und Embryo

Chorion
- bei placentalen Säugern aus **Serosa** hervorgegangen
- bildet zusammen mit **Allantois** den embryonalen Anteil der **Placenta**

Placenta
- **Verbindungsorgan** zwischen Embryo und Körper des Muttertieres
- **embryonaler** Anteil: **Chorion** (bildet Zotten mit vergrößerter Oberfläche) und **Allantois**
- **mütterlicher** Anteil: **Uteruswand**
- Aufgaben: **Ernährung**, **Transport von Abfallstoffen**, **Sauerstoffversorgung**, **Hormonproduktion**

Zur Entwicklung der extraembryonalen Membranen bei Vögeln und Säugern siehe auch die Abbildungen 47.14 und 47.15 in Campbells Biologie.

(Campbell S. 1210 und S. 1211) gelernt ☐

Embryonale und fötale Entwicklung des Menschen und anderer placentaler Säuger finden im Uterus statt

(Campbell S. 1186) gelernt ☐

3.1.4 Larvalentwicklung und Metamorphose

Larvalstadien
- **postembryonale Entwicklungsstadien**, die oft deutlich von der Gestalt, Physiologie und Lebensweise des adulten Tieres abweichen
- z. B. bei Froschlurchen (Anura):
  - **Larven** (Kaulquappen) aquatisch (mit Kiemen, Schwanz), herbivor
  - **Adulte** terrestrisch, carnivor

Larvenformen
- **Primärlarven**: bei Tiergruppen mit ursprünglichem **pelago-benthonischen Lebenszyklus** (Larven im Plankton, Adulte am Boden)
- **Sekundärlarven**: bei Tiergruppen, deren phylogenetische Ahnen keine Larvenstadien mehr hatten (z. B. Insekten, Wirbeltiere)

larvale Verbreitungsstadien
- besonders bei **sessilen** oder **bodenlebenden** Formen
- **Amphiblastula**, **Parenchymula**: bei Schwämmen

- **Planula**: bei Cnidariern
- **Trochophora**: bei Anneliden und Mollusken; mit Wimpernband, Ocellen und Schopforgan (s. Abb. 1.1, S. 16)
- **Müller'sche Larve**: bei Polykladen (modifizierte Trochophora)
- **Veliger-Larve**: bei vielen Mollusken (modifizierte Trochophora)
- **Nauplius**: Primärlarve bei Krebsen
- **Zoëa**: späteres Larvenstadium bei höheren Krebsen
- **Dipleurula**: **bilateralsymmetrische** Larve der Echinodermen; Weiterentwicklung zu klassenspezifischen Larvenformen (z. B. **Pluteus** der Seeigel)

! **Metamorphose**
- vollständige **Umgestaltung** zwischen Larven- und Adultphase
- z. B. bei einigen Parasiten, Echinodermen, vielen Insekten und Amphibien
- **hormonell gesteuert**, z. B. bei Insekten durch **Ecdyson** und **Juvenilhormon**, bei Amphibien durch **Schilddrüsenhormone**

Entwicklungsformen bei Insekten

ametabole Entwicklung	hemimetabole Entwicklung	holometabole Entwicklung
nahezu direkte Entwicklungsform	„unvollständige" Metamorphose ohne Puppenstadium	„vollkommene" Metamorphose mit Puppenstadium
bei primär flügellosen Insekten	z. B. bei Libellen, Wanzen	z. B. bei Hautflüglern, Käfern, Zweiflüglern, Schmetterlingen

- **Puppe**: letztes Entwicklungsstadium der holometabolen Insekten, in dem die vollständige Umwandlung zum Adulten erfolgt (kein Ruhestadium)
- **Imaginalscheiben**: embryonale Zellgruppen, aus denen sich im Puppenstadium **Organe** der Imago bilden (Flügel, Extremitäten)
- **Imago (Plural Imagines)**: geschlechtsreife **Adultform** von Insekten

Neotenie
- **Geschlechtsreife bei Larven**, Metamorphose unterbleibt
- z. B. bei manchen Amphibien (Axolotl, Grottenolm), Copelaten (Appendicularien) als neotene Ascidien interpretiert

3.1.5 Regeneration

- vollständige **Erneuerung** oder **Ersatz** von Körperteilen
- ausgehend von **toti-** oder **pluripotenten Stammzellen** oder durch **Dedifferenzierung** bereits differenzierter Zellen

- **physiologische Regeneration**: **kontinuierlicher** oder **periodischer Ersatz** von Gewebeteilen oder Zellen (z. B. oberste Hautschichten, Blutzellen)
- **reparative Regeneration**: Ersatz verloren gegangener Teile (z. B. bei Cnidariern, Echinodermen, Amphibien)
- **kompensatorische Regeneration**: Kompensation des Verlusts durch verstärktes Wachstum (z. B. Leber)

Autotomie

- **Selbstverstümmelung**: Fähigkeit, verletzte Organe an vorbestimmten Stellen **abzustoßen** und anschließend neu zu bilden
- Bildung eines **Blastems**: Gewebe aus dedifferenzierten, teilungsfähigen Zellen, die der Regeneration dienen

3.1.6 Altern und Tod

Altern

- zeitabhängige **Anhäufung irreversibler Veränderungen** im Organismus
- z. B. **schädliche Mutationen**, die zu Krebs führen
- z. B. Zunahme von **Fehlern** bei der **Reparatur** veränderter DNA
- **Abnutzungserscheinungen** von Skelettelementen oder Proteinen
- **Akkumulation** von schädlichen Stoffwechselprodukten oder reaktiven Sauerstoffspezies
- Expression von **Telomerase** in somatischen Zellen unterdrückt: Zellen können nur begrenzte Zahl von Teilungen durchmachen (wegen **Verkürzung der Telomere**)
- natürliche **Lebensspanne** artspezifisch (**Tod** folgt genetischem Programm)

- **einzellige Eukaryoten** sind **potenziell unsterblich**, weil schädliche Mutationen durch Neukombination des genetischen Materials bei der Konjugation eliminiert werden
- bei Vielzellern sind nur die **Zellen der Keimbahn** potenziell unsterblich

---

3.2 Determination und Differenzierung

Siehe hierzu auch:
Die Embryonalentwicklung umfasst Zellteilung, Zelldifferenzierung und Morphogenese
sowie
Die tierische Morphogenese führt zu spezifischen Veränderungen von Zellform, Zellposition und Zelladhäsion

(Campbell S. 472 und S. 1211) gelernt ☐

Determination
- **Entwicklungsvorgang**, durch den die späteren Entwicklungsmöglichkeiten **eingeschränkt** oder **bestimmt** werden
- z. B. Festlegung der **Körperachsen**: **anteroposterior** (Kopf/Schwanz), **dorsoventral** (Rücken/Bauch), **rechts-links**
- z. B. schrittweise Determination des **Schicksals** verschiedener **Zelltypen**

Differenzierung
- **Entwicklungsvorgang**, bei dem sich Zellen gemäß ihrer Bestimmung (**Determination**), **morphologisch** und **funktionell** entwickeln
- meist **zeitlich versetzt** zur Determination
- beruht auf Produktion **zelltypspezifischer Proteine** und somit auf **differenzieller Genaktivität**
- **differenzierte Zellen**: haben **definierte Morphologie**, produzieren **zelltypspezifische Proteine**

Mosaikentwicklung
- **streng determinierte Entwicklung** bestimmter Zellen aufgrund der **Verteilung cytoplasmatischer Faktoren** im Ei
- **Verlust** einzelner Zellen kann nicht ausgeglichen werden
- z. B. Entwicklung von **Nematoden** (**Eutelie** – festgelegte Zellzahl)

regulative Entwicklung
- Entwicklung, bei der **Verlust** einzelner Teile ausgeglichen werden kann, da **Determinierung erst später** erfolgt
- z. B. Entwicklung des **Menschen**

Ein Anlageplan kann bei Chordatenembryonen Zellgenealogien aufzeigen

☐ *gelernt (Campbell S. 1214)*

Transplantationsexperimente
- dienen zum Bestimmen des **Zeitpunkts der Determination**
- Transplantate können sich je nach Alter **ortsgemäß** oder **herkunftsgemäß** entwickeln
- **Kerntransplantation**: Transfer von **Zellkernen** aus **differenzierten Körperzellen** in **entkernte Eizellen**

Kernäquivalenz
- bei vielen Tieren sind **Furchungskerne totipotent** – enthalten jeweils **vollständige genetische Information** zur Bildung eines adulten Tieres
- nachgewiesen durch **Kerntransplantationsexperimente**
- weiterer Nachweis: z. B. **Klonschaf Dolly**

Totipotenz
- Eigenschaft von **Zellen** oder **Zellkernen**, die noch **alle Entwicklungsmöglichkeiten** besitzen, noch **nicht determiniert** sind

differenzielle Genaktivität
- vom **Differenzierungszustand** der Zellen abhängige **Transkription** unterschiedlicher Gene
- wird bei **Determination** programmiert

Vergleiche hierzu auch:
Unterschiedliche Zelltypen eines Organismus weisen die gleiche DNA auf sowie
Unterschiedliche Zelltypen produzieren unterschiedliche Proteine, wobei meist die Transkription reguliert wird

(Campbell S. 476 und S. 480) gelernt ☐

Stammzellen
- noch **nicht ausdifferenzierte** Zellen eines Organismus, die sich teilen und noch entwickeln können
- Formen unterscheiden sich durch **Differenzierungspotenz**
- **adulte Stammzellen**: organspezifisch, bereits **determiniert**, eingeschränkte Differenzierungspotenz
  - z. B. Stammzellen aus Knochenmark, Haut, ZNS
- **embryonale Stammzellen (ES-Zellen)**: sind **pluri-** oder **totipotent**
  - werden aus Blastocysten entnommen
- **primordiale Keimzellen**: werden aus abgegangenen Föten isoliert

3.3 Cytoplasmatische Determinanten und embryonale Induktion

- Furchungskerne sind **totipotent** → also müssen für Determination und Differenzierung **cytoplasmatische Faktoren** und/oder **Zell-Zell-Wechselwirkungen** eine Rolle spielen

---

Das Entwicklungsschicksal einer Zelle ist abhängig von Cytoplasmafaktoren und Zell-Zell-Induktion

(Campbell S. 1214) gelernt ☐

Die Eier der meisten Vertebraten enthalten cytoplasmatische Determinanten, die dazu beitragen, beim frühen Embryo die Körperachsen sowie Unterschiede zwischen den Zellen zu etablieren

(Campbell S. 1215) gelernt ☐

Determinanten
- **Determinationsfaktoren**: legen die spätere **Differenzierung der Tochterzellen** fest
- **gradientenhaft** verteilt
- z. B. **β-Catenin** im Seeigelembryo wichtig für Achsenbildung

Gradient
- **Konzentrationsgefälle** einer Komponente (eines determinierenden Faktors) innerhalb eines Gewebes: bewirkt **unterschiedliche Determination**

Corticalrotation
- **Umlagerung** cytoplasmatischer Bestandteile im Ei **nach Befruchtung** bei Amphibien
- bewirkt **Bilateralsymmetrie** des ursprünglich radiärsymmetrischen Eies

Induktion
- in der Entwicklungsphysiologie Vorgang, bei dem gewisse Faktoren **Determinationsvorgänge** im **benachbarten Gewebe** bestimmen
- **Induktionskette** z. B. bei Augenentwicklung von Wirbeltieren: Mesoderminduktion, Organisatorbildung, Neuralinduktion, Linseninduktion, Corneainduktion

Organisator
- Bereich oder Gewebeabschnitt im Embryo, der **Determinationsvorgänge** im **umgebenden Gewebe** induziert
- z. B. **dorsale Urmundlippe** in der Entwicklung von Molchen: **Transplantation** auf Ventralseite eines Spenderembryos bewirkt **sekundäre Embryonalanlage**
- molekulare Zusammensetzung: **Transkriptionsfaktoren** und **Proteine**, die als **Signalstoffe** oder **Inhibitoren** von Signalstoffen wirken

Induktive Signale treiben Differenzierung und Musterbildung bei Wirbeltieren voran

☐ *gelernt (Campbell S. 1216)*

Die transkriptionelle Regulation wird durch maternale (mütterliche) Moleküle im Cytoplasma und Signale von anderen Zellen gesteuert

☐ *gelernt (Campbell S. 482)*

3.4 Genetische Steuerung und Evolution von Entwicklungsprozessen

Wissenschaftler untersuchen die Entwicklung anhand von Modellorganismen, um so allgemeine Prinzipien zu erkennen

☐ *gelernt (Campbell S. 474)*

Modellorganismen für die Erforschung der Entwicklung
- wichtige Eigenschaften:
  - **Handhabbarkeit** im Labor
  - Zahl der **Nachkommen**

  - kurzer **Entwicklungszyklus**
  - Möglichkeit zu **Manipulationen** (Transplantationen, Mikroinjektion, gezielte Mutagenese)
- Beispiele: die Polypen *Hydra vulgaris* und H. *viridissima*, der Nematode *Caenorhabditis elegans*, die Fruchtfliege *Drosophila melanogaster*, die Krallenfrösche *Xenopus laevis* und *X. tropicalis*, das Haushuhn *Gallus gallus*, die Hausmaus *Mus musculus*, der Zebrabärbling *Danio rerio*, die Seescheide *Ciona intestinalis*

Musterbildung bei *Drosophila*

Genetische Untersuchungen an Drosophila *bringen ans Licht, wie Gene die Entwicklung steuern*

(Campbell S. 483) gelernt ☐

entwicklungssteuernde Gene bei *Drosophila*
- auch als **Muster-** oder **Selektorgene** bezeichnet
- viele inzwischen auch bei anderen Organismen entdeckt: **molekulare Grundmechanismen** vieler Entwicklungsprozesse in Evolution erhalten geblieben
- davon **codierte Proteine** regeln als **Transkriptionsfaktoren** Aktivität nachgeschalteter Gene

Typen entwicklungssteuernder Gene bei *Drosophila*

Typ	Auswirkungen
Maternaleffektgene	– Bildung der **anteroposterioren Achse** – Beeinflussung der **Expression der Lückengene** (z. B. **Positionsinformation** für Bildung von Protein)
Lückengene (*gap*-Gene)	– Bildung großer Bereiche mit je mehreren **Parasegmentalanlagen** – **Aktivierung der Paarregelgene**
Paarregelgene	– Bildung von **Parasegmenten**
Segmentpolaritätsgene	– Festlegung der **Polarität** innerhalb der Segmente
homöotische Gene	– Festlegung der **Identität** der Segmente

- **Parasegmente**: entsprechen nicht zukünftigen Segmenten – enthalten posterioren Teil des einen und anterioren des folgenden Segments
- Bildung der **dorsoventralen Achse** ebenfalls von **Maternaleffektgenen** gesteuert

homöotische Mutationen

- Mutationen in den **homöotischen Genen** (→ legen die **räumliche Struktur** von Zellen und Organen fest)
- wirken sich oft dramatisch aus: Segmente weisen **Merkmale anderer Segmente** auf
- z. B. **Mutante *antennapedia***: mit Laufbeinen anstelle von Antennen am Kopf
- z. B. **Mutante *bithorax***: Umwandlung des Metathorax zu 2. Mesothorax und der Halteren zu 2. Flügelpaar

---

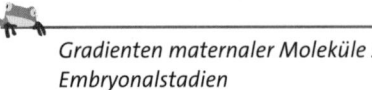

Gradienten maternaler Moleküle steuern die Achsenbildung in frühen Embryonalstadien

☐ *gelernt (Campbell S. 485)*

Das Muster der Segmentierung bei Drosophila *wird durch eine hierarchische Kaskade von Genaktivierungen gesteuert*

☐ *gelernt (Campbell S. 487)*

Homöotische Gene steuern die Identität von Körperteilen

☐ *gelernt (Campbell S. 488)*

Homöobox-Gene

Homöobox

- stark **konservierte Nucleotid-Sequenz** der **homöotischen Gene**
- DNA-Abschnitt von ca. **180 Basenpaaren** – ist der Nucleotidsequenz **aller Gene** gemeinsam, die die **räumliche Organisation** regulieren
- codiert für **DNA-bindendes Motiv** in den Proteinen, die **Homöodomäne**
- bei zahlreichen Tieren entdeckt (z. B. *Hydra*, Nematoden, Crustaceen, Wirbeltiere)

Hox-Gene (Homöobox-Gene)

- regulieren z. B. die **segmentspezifische Ausprägung** einzelner Merkmale während der Ontogenese (**Identität von Segmenten**)
- enthalten **Homöobox**
- bei *Drosophila* in einem Komplex (**HOM-C**) auf **Chromosom 3** angeordnet
- bei Maus in 4 Clustern (**Hox A** – **Hox D**) auf **4 Chromosomen**
- Anordnung bei beiden relativ gleich
- spielen bei Vertebraten Rolle bei der **Achsenbildung** und **Musterbildung in der Extremitätenknospe**

Homöobox-Gene blieben im Lauf der Evolution weitgehend unverändert erhalten

(Campbell S. 489) gelernt ☐

Musterbildung bei Extremitäten

Extremitätenknospe

- **embryonale Anlage** der Extremitäten bei Wirbeltieren
- **Organisatorregion**: epidermale Apikalleiste (**AER**, *apical ectodermal ridge*)
- darunter liegt **Progressionszone**
- posterior **Zone mit polarisierender Aktivität** (**ZPA**): enthält Positionsinformation
- 3 Achsen (proximodistal, anteroposterior, dorsoventral)

Vergleiche hierzu den Abschnitt „Musterbildung in der Vertebratenextremität" in Campbells Biologie.

(Campbell S. 1217) gelernt ☐

Apoptose

- **programmierter Zelltod**
- Zellen begehen **genetischem Programm** folgend Selbstmord
- z. B. verantwortlich für Bildung des **Zwischenraums** zwischen Fingern und Zehen

In der Entwicklung des Nematoden ***Caenorhabditis elegans*** findet 131 Mal ein zeitgerechtes Absterben (**Apoptose**) statt.

Siehe hierzu auch den Abschnitt „Programmierter Zelltod (Apoptose)" in Campbells Biologie

(Campbell S 491) gelernt ☐

Evolution von Entwicklungsprozessen

- viele **entwicklungssteuernde Genprodukte** in ihrer Funktion **stark konserviert**
- **analoge** Funktion in verschiedenen Organismen
- **Aktivität** innerhalb eines Organismus zu verschiedenen Entwicklungszeitpunkten und bei unterschiedlichen Prozessen

4. Nervengewebe und Nervensysteme

4.1 Allgemeine Funktion des Nervensystems

Sensorischer Eingang, Integration der Information und motorischer Ausgang sind die drei überlappenden Hauptaufgaben von Nervensystemen

☐ *gelernt (Campbell S. 1224)*

! charakteristisches Merkmal tierischer Organismen:
- die **Aufnahme von Reizen** aus der Umgebung (**Input**)
- die **Weiterverarbeitung** der Reize
- die spezifische **Reaktion** auf die Reize (**Output**)
- verknüpft mit der **Bildung** und **Weiterleitung elektrischer Signale**
- dafür spezialisiertes Gewebe: **Nervengewebe**
- bei komplexeren Organismen Ausbildung eines **Nervensystems**

Nervensystem
- Organsystem zur schnellen **Koordination von Körperfunktionen**
- wird gebildet von **Nervengewebe**, das spezielle **Bahnen** bildet
- bei **höheren Organisationsstufen** Unterscheidung:

a) Zentralnervensystem (ZNS)
  - Teil des Nervensystems, der Signale von der Außenwelt erhält, sie verarbeitet und zurückleitet
  - z. B. **Strickleiternervensystem** (Annelida, Arthropoda), **Gehirn** und **Rückenmark** (Vertebrata)

b) peripheres Nervensystem (PNS)
  - stellt Verbindung zwischen ZNS und der Peripherie (Körperoberfläche, Extremitäten) her

Neben dem **Nervensystem** koordiniert auch **Hormonsystem** (zusätzlich noch das Immunsystem) Reaktionen des Körpers, allerdings wesentlich langsamer (beide stehen aber in **Wechselwirkung**):
- **Reizverarbeitung** und **Informationsvermittlung** über die **elektrischen Signale** erfolgen innerhalb von einigen hundert **Millisekunden**
- über **Hormone** in **Minuten** oder länger und nicht in eigenen Bahnen (Wirkung hält aber länger an)

Elektrische Erregungsleitung gibt es nicht nur im Tierreich: auch bei einigen Pflanzen, z. B. bei den Blattbewegungen von Mimosen.

4.2 Zelltypen des Nervengewebes

- Grundelemente: **Nervenzellen** und **Glia**

Netzwerke von Neuronen mit komplizierten Verbindungen bilden Nervensysteme

(Campbell S. 1225) gelernt ☐

Neuronen (Nervenzellen) (Abb. 4.1)
- **Grundelemente** des Nervengewebes
- **funktionale** und **morphologische Einheiten** des Nervensystems: verantwortlich für **Erzeugung**, **Verarbeitung** und **Weiterleitung** der elektrischen Signale
- differenzieren sich aus **Neuroblasten**
- im ausdifferenzierten Zustand **nicht mehr teilungsfähig**
- zeigen typische **Kompartimentierung** tierischer Zellen
- viele **unterschiedliche Typen**
- **Besonderheit** gegenüber anderen Zellen: können **elektrische Signale** bilden und weiterleiten

Ausdifferenzierte Nervenzellen sind zwar nicht mehr teilungsfähig, aber in beschränktem Umfang ist z. B. im Gehirn aus **Stammzellen** eine sehr langsame **Neubildung** möglich.

Glia
- **Bindegewebe** des Nervensystems aus **Gliazellen**
- **Ernährungs-**, **Schutz-** und **Stützfunktion**, u. a. **elektrische Isolation** von Nervenfasern
- differenzieren sich aus **Glioblasten**
- im ausdifferenzierten Zustand **(bedingt) teilungsfähig**

Bau der Neuronen

Soma (Perikaryon)
- **Zellkörper** der Nervenzelle
- enthält **Zellkern** und **Organellen**
- mit Fortsätzen: **Dendriten** und **Axon (Neurit)**

Dendriten
- dem Soma entspringende **Verzweigungen** der Nervenzelle
- dienen der **Signalaufnahme**
- meist zahlreich und kurz

Axon (Neurit)
- **langer** Fortsatz der Nervenzelle, entspringt an **Axonhügel**
- dient der **Signalweiterleitung**
- meist wenige und lang
- an den Enden Verdickungen: **Synapsen**

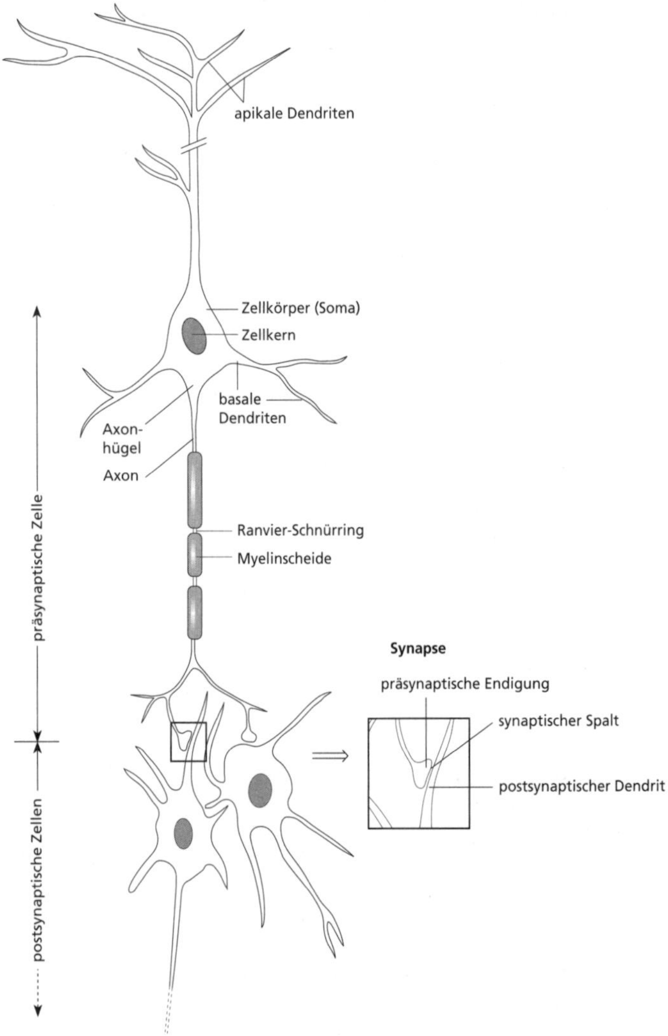

Abb. 4.1: Neuron: Bau und Verbindung zu benachbarten Neuronen.

Nervenfasern
- **parallel** verlaufende **Axone** mit z. T. gemeinsamer Bindegewebshülle

Die Verbindung von ZNS und Peripherie stellen lange **Nervenfasern** her, die über 1 m lang werden können.

morphologische Typen von Neuronen
- **amakrine Zellen**: ohne Axone; z. B. im ZNS von Wirbeltieren
- **bipolare Neuronen**: Fortsätze an zwei Enden
- **multipolare Neuronen**: Verzweigungen gleichmäßig verteilt
- **unipolare Neuronen**: Verzweigungen nur auf einer Seite

Nerven
- **Leitungsbahnen** zur Peripherie ohne Somata (d. h. ohne Perikaryen – im Unterschied zu Markfasern
- **Neuritenbündel**, umgeben von **Bindegewebshülle**

funktionelle Neuronentypen

sensorische Neuronen	nehmen Reize aus der Umwelt auf und übersetzen sie in elektrische Signale (**afferent**)
motorische Neuronen (Motoneuronen)	leiten Signale vom ZNS her und innervieren die Muskulatur (**efferent**)
Interneuronen: (Zwischenneuronen)	zwischen sensorische und motorische Neuronen eingeschaltet (**afferent** oder **efferent**); zahlenmäßig wichtigster Neuronentyp

afferente Nervenfasern	efferente Nervenfasern
leiten Signale von den **Sinnesorganen zum ZNS**	leiten Signale vom **ZNS zum Zielorgan**
z. B. Axone von Sinneszellen oder von mit den Sinneszellen in Kontakt stehenden Neuronen	z. B. Motoneuronen

Verbindungen zwischen Neuronen
- **Synapsen**: verdickte, bläschenartige Strukturen (s. auch 4.3.4)
- je nach Kontakt: **axodendritische**, **axosomatische** oder **axoaxonische** Synapsen
- **präsynaptisches Neuron**: vor der Synapse; **überträgt** Signal auf nachfolgendes Neuron
- **postsynaptisches Neuron**: nach der Synapse; **erhält** das Signal vom präsynaptischen Neuron

synaptischer Spalt

- **Extrazellularraum** im Bereich der Synapse
- zwischen **synaptischer Membran** des präsynaptischen Neurons und **Zellmembran** des nachfolgenden Neurons
- hier hinein wird z. B. bei chemischen Synapsen **Transmitter** ausgeschüttet

myelinisierte Nervenfasern	nicht-myelinisierte Nervenfasern
auch **markhaltige** oder **weiße** Nervenfasern	auch **marklose** oder **graue** Nervenfasern
von **Myelinscheide** umgeben: erhöht die Leitungsgeschwindigkeit (→ saltatorische Erregungsleitung)	**ohne** Myelinscheide, aber auch von Gliazellen umgeben

Myelinscheide (Markscheide)

- weitgehend aus **Lipiddoppelschichten** bestehende, isolierende **Umhüllung der Axone** von Wirbeltieren
- besteht aus **Gliazelle**, die sich um Axon gewickelt hat
- **Cytoplasma** zwischen den Membranen wird weitgehend verdrängt
- **Myelin**: lipidreiche, isolierende Substanz der Markscheide
- ermöglicht **schnellere Erregungsleitung**

Multiple Sklerose

- charakterisiert durch **Zerfall des Myelins**
- **Signalweiterleitung** beeinträchtigt oder blockiert

Ranvier-Schnürringe

- **myelinfreie Stellen** zwischen myelinisierten Abschnitten am Axon
- Raum zwischen 2 **Schwann-Zellen** oder **Oligodendrocyten**
- wichtig für **saltatorische Erregungsleitung**

Typen von Gliazellen bei Wirbeltieren

- **Schwann-Zellen**: Gliazellen des peripheren Nervensystems; wickeln sich um Axone und bilden so die **Markscheide**
- **Oligodendrocyten**: mit wenigen Fortsätzen; bilden **Myelinscheiden des ZNS**
- **Astrocyten**: mit zahlreichen Verzweigungen; **Nähr-** und **Stützfunktion** im Zentralnervengewebe
- **Microglia**: kleine, verteilte Zellen; an **Reparatur** beteiligt

4.3 Erregungsvorgänge an der Nervenzelle

Jede Zelle hat eine Spannung – das Membranpotenzial – über ihrer Plamamembran

(Campbell S. 1228) gelernt ☐

Membranpotenzial
- **elektrische Potenzialdifferenz** über einer Membran
- fast an **jeder Zellmembran** zu messen, besonders an Nerven- und Muskelzellen
- entsteht durch **unterschiedliche Ionen- und Ladungsverteilung** zwischen intra- und extrazellulärem Raum
- **Ruhepotenzial**: Membranpotenzial im **Ruhezustand** der Zellen
- **Aktionspotenzial**: Membranpotenzial aktiver, **elektrisch erregter** Zellen
- **synaptisches Potenzial**: nach Signalübertragung in **postsynaptischer** Zelle gebildet

Voraussetzungen für Membranpotenzial
- **selektive Permeabilität** der Membran (**Impermeabilität** für **organische Anionen**)
- **ungleiche Verteilung** verschiedener **Ionen** auf beiden Seiten
- aktive **Ionentransportprozesse**

Messung des Membranpotenzials
- Einstechen von **Messelektrode** (Ableitelektrode) in Nervenzelle
- **Referenzelektrode** im Außenmedium
- Messen der **Potenzialdifferenz** mit **Spannungsmessgerät**

Ruhepotenzial
- Membranpotenzial im **Ruhezustand**, bei Nervenzellen ca. **60–70 mV**
- **außen**: hohe Konzentration an **Na^+-** und **Cl^--Ionen**
- **innen**: hohe Konzentration an **K^+-Ionen**
- **nur innen**: organische Anionen → daher innen **negativere Ladung**
- durch **selektive Permeabilität** der Membran kein uneingeschränkter Ausgleich

Nernst-Gleichung
- beschreibt den Zusammenhang zwischen **elektrischer Potenzialdifferenz** über einer Membran und den **Konzentrationen eines bestimmten Ions** beiderseits der Membran
- hier: Gleichgewichtszustand in der Verteilung der **K^+-Ionen**
- **Goldmann-Gleichung**: Erweiterung der Nernst-Gleichung – berücksichtigt **weitere Ionen** sowie die **unterschiedliche Permeabilität** der Membran für diese Ionen

Permeabilität

- **Durchlässigkeit** einer Membran für Ionen
- ändert sich bei einem **Aktionspotenzial**
- **selektive Permeabilität**: unterschiedliche Durchlässigkeit für verschiedene Ionen

Na^+/K^+-Pumpe

- Enzym: **Na^+/K^+-ATPase**
- sorgt für **Aufrechterhaltung des Ionengradienten**
- **Austausch** von Na^+ gegen K^+ → Erhaltung des **Membranpotenzials**
- arbeitet unter **ATP-Verbrauch**

4.3.1 Ionenkanäle

- **hydrophile Poren** in der Zellmembran, durch die **Ionen** die Membran durchqueren können
- gebildet von **kanalformenden Proteinen**
- sind **ionenselektiv**
- **Ionentransport** erfolgt **passiv**
- können in **geöffnetem**, **geschlossenem** oder **inaktivem** Zustand vorliegen
- können **liganden-** oder **spannungsabhängig** sein

Familien von Ionenkanälen

ligandenabhängige Ionenkanäle	spannungsabhängige Ionenkanäle
auch **chemisch gesteuerte** Ionenkanäle oder **Rezeptoren** (wegen der Bindungsstellen für Signalmoleküle)	auch **spannungsgesteuerte** Ionenkanäle
Öffnungszustand bestimmt durch die **Bindung von Signalmolekülen**	Durchlässigkeit bzw. Öffnungszustand abhängig von **Höhe des Membranpotenzials**
z. B. nicotinischer Acetylcholin-Rezeptor	z. B. Na^+-Kanal

4.3.2 Entstehung von Erregungspotenzialen

Veränderungen des Membranpotenzials eines Neurons führen zu Nervenimpulsen

☐ *gelernt (Campbell S. 1230)*

Potenzialänderungen durch Reize

Hyperpolarisierung	Depolarisierung
Membranpotenzial wird **negativer** als das Ruhepotenzial	Membranpotenzial wird **positiver** als das Ruhepotenzial
Potenzialdifferenz wird **größer**	Potenzialdifferenz wird **geringer**

elektrotonisches Potenzial

- lokal begrenzte **Änderung des Membranpotenzials** aufgrund der **passiven Ausbreitung** des Stromes
- **Abnahme der Spannungsänderung** mit zunehmender Entfernung (daher nur **eingeschränkte Reichweite**)
- z. B. **synaptische Potenziale**, **Rezeptorpotenziale**

!

Aktionspotenzial (Abb. 4.2)

- auch als **Spike** bezeichnet
- kurzzeitige **Umpolung des Membranpotenzials** durch **Einstrom von Na^+** ins Zellinnere
- erfolgt durch kurzzeitige **Öffnung** spannungsabhängiger Kanäle
- dient der **Erregungsweiterleitung** über **größere Entfernungen**
- entsteht erst, wenn ein **Schwellenwert der Depolarisierung** überschritten wird (ca. 30 mV über dem Ruhepotenzial)
- erfolgt nach **Alles-oder-Nichts-Regel**
- **Potenzialgröße** spiegelt **nicht** die Reizstärke wider (Höhe immer konstant)
- **Na^+-Kanäle** schließen sich wieder, **K^+-Kanäle** öffnen sich
- **Ausstrom von K^+** bewirkt **Repolarisation**
- anschließend Phase der **Hyperpolarisierung**

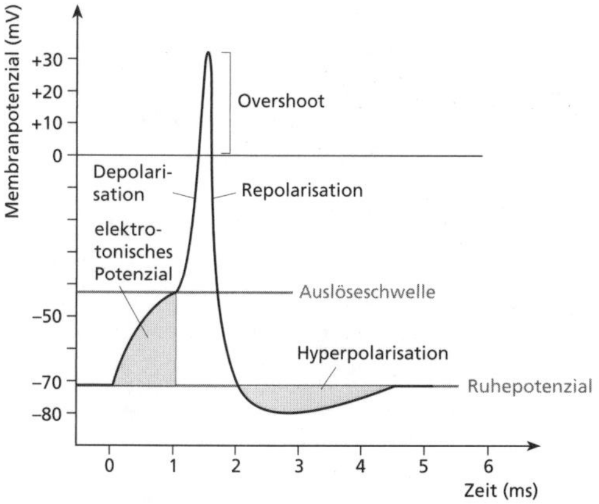

Abb. 4.2: Entstehung eines Aktionspotenzials.

- die **Dauer eines Aktionspotenzials** beträgt bei Wirbeltierneuronen im typischen Fall 1–2 Millisekunden, bei Wirbellosen meist viel länger (bis zu 50 Millisekunden)
- **stärkerer Reiz** bewirkt nicht höheres Potenzial, sondern höhere **Anzahl von Nervenimpulsen** (schnellere Folge von Aktionspotenzialen)

Welche Rolle die spannungsgesteuerten Ionenkanäle bei der Entstehung eines Aktionspotenzial spielen, lässt sich gut in Abbildung 48.9 in Campbells Biologie *nachvollziehen.*

☐ *gelernt (Campbell S. 1232)*

Refraktärzeit

- **absolute**: Zeit unmittelbar nach einem Aktionspotenzial, in der **kein weiteres Aktionspotenzial** ausgebildet werden kann
- **relative**: Ruhepotenzial noch nicht wieder hergestellt, **überschwellige Reize** können jedoch schwächere Aktionspotenziale auslösen
- bewirkt, dass sich Aktionspotenzial nur in **einer Richtung** entlang Nervenfaser ausbreiten kann

Patch-clamp-Methode

- dient zur **Messung der Ionenströme** durch **einzelne Membrankanäle**
- Isolierung eines Membranflecks (Patch) mit Glaspipette

Tetrodoxin ist ein bekanntes **Neurotoxin**, das gezielt spannungsabhängige Na^+-Kanäle blockiert. Es bewirkt Lähmungen und Krämpfe und kommt z. B. in japanischen Kugelfischen vor.

4.3.3 Weiterleitung der Aktionspotenziale

Erregungsleitung

- gebildetes **Aktionspotenzial wandert** entlang der Nervenzellmembran
- geschieht durch **Depolarisation benachbarter Membranbereiche**
- dort wird dadurch ebenfalls **Aktionspotenzial ausgelöst**
- dies wiederholt sich entlang der Membran
- **Leitungsgeschwindigkeit**: abhängig von **elektrischer Leitfähigkeit** der Nervenfaser (abhängig vom Durchmesser) und **Ladungsverlust** über der Zellmembran
- bei Weiterleitung in **nicht-myelinisierten Nervenfasern** treten über Membran erhebliche **Ladungsverluste** auf (sind nur unzureichend isoliert)

Nervenimpulse werden entlang eines Axons fortgeleitet

☐ *(Campbell S. 1233) gelernt*

Riesenfasern
- Nervenfasern mit besonders **großem Durchmesser**
- Reize werden **schnell weitergeleitet** → wichtig für Fluchtverhalten
- v. a. bei **Wirbellosen**, z. B. Kalmare, Regenwurm

Weiterleitung in myelinisierten Fasern
- nur bei **Wirbeltieren**
- Nervenfasern gut **elektrisch isoliert** durch **Myelin**
- dadurch **hohe Leitungsgeschwindigkeit** bei geringem Faserdurchmesser
- **Ranvier-Schnürringe**: myelinfreie Stellen der myelinisierten Nervenfasern mit hoher Dichte **von Na^+-Kanälen**

saltatorische Erregungsleitung
- Ausbreitung der Aktionspotenziale **von Schnürring zu Schnürring**
- **Ausgleichsströme** nur im **nicht-myelinisierten** Bereich möglich, da nur hier vermehrt Ionenkanäle
- **schnelle Ausbreitung** des Stroms bei Wirbeltieren

4.3.4 Synaptische Übertragung

Chemische und elektrische Signalübertragung zwischen Nervenzellen findet an Synapsen statt

(Campbell S. 1235) gelernt ☐

!

Synapsen (Abb. 4.3)
- **Kontaktstellen** zwischen benachbarten Nervenzellen oder Nervenzelle und Zielzelle
- dienen der **Signalübermittlung** von einer Zelle auf die nächste
- zwischen **präsynaptischer** und **postsynaptischer Membran** muss **synaptischer Spalt** überbrückt werden

a) elektrische Synapsen
- Übertragung des elektrischen Signals über ***gap-junctions*** direkt auf die nächste Zelle
- praktisch verzögerungsfreie Weiterleitung, aber **keine weitere Informationsverarbeitung**
- **schmaler** synaptischer Spalt
- z. B. im **Herzmuskel**

b) chemische Synapsen
- Signalübertragung über eine **chemische Substanz (Transmitter)**
- **häufiger** als elektrische Synapsen
- **breiterer** synaptischer Spalt

Transmitter (Neurotransmitter)
- chemischer **Botenstoff der Signalübertragung** zwischen Neuronen
- von **unterschiedlichen Substanzgruppen** gebildet
- über **Exocytose** von **Vesikeln** aus **präsynaptischer Neuronenendigung** entlassen

!
- bindet an **Rezeptormoleküle** der **postsynaptischen Membran**
- führt so zu **Änderung des postsynaptischen Membranpotenzials**
- freigesetzte **Transmittermenge** abhängig von **Erregungsstärke**

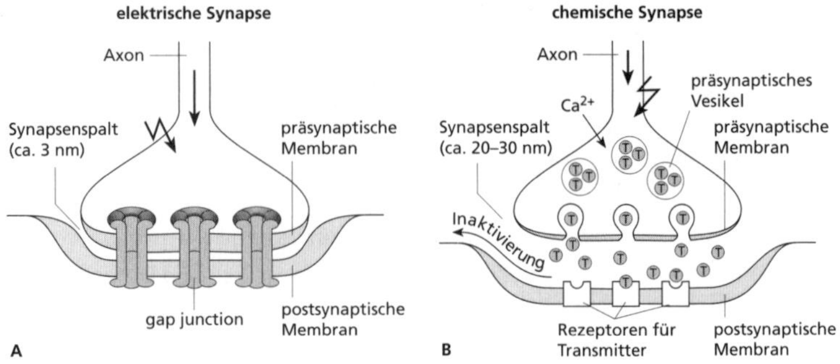

Abb. 4.3: Synapsentypen: (A) elektrische Synapse, (B) chemische Synapse.

postsynaptisches Potenzial

- **Änderung des Membranpotenzials** der postsynaptischen Zelle durch Bindung von Transmitter (bewirkt **Öffnung** oder **Schließen** von **Ionenkanälen**)
- Form des **elektrotonischen Potenzials**
- **Höhe** abhängig von freigesetzter **Transmittermenge**
- **EPSP**: erregendes oder **exzitatorisches postsynaptisches Potenzial** → **depolarisierend**
- **IPSP**: hemmendes oder **inhibitorisches postsynaptisches Potenzial** → **hyperpolarisierend**

Neurotransmittertypen

Transmitter	Wirkung	Vorkommen
Acetylcholin	erregend	neuromuskuläre Endplatte, Parasympathikus, ZNS
biogene Amine		
– **Noradrenalin**	erregend, hemmend	Sympathikus
– **Dopamin**	erregend, hemmend	ZNS
– **Serotonin**	hemmend, erregend	Mittelhirn
Aminosäuren		
– **GABA** (γ-**Aminobuttersäure**)	hemmend	ZNS, neuromuskuläre Endplatte (Invertebraten)
– **Glycin**	hemmend	Rückenmark
– **Glutaminsäure**	erregend	ZNS, neuromuskuläre Endplatte (Invertebraten)

Transmitter	Wirkung	Vorkommen
Neuropeptide		
– **Substanz P**	erregend	ZNS
– **Met-Enkephalin** (ein Endorphin)	meist hemmend	ZNS

Der gleiche Neurotransmitter kann je nach Zelltyp unterschiedliche Effekte bewirken

(Campbell S. 1239) gelernt ☐

Transmittersysteme und Medikamenten-/Drogenwirkung

- **Neuroleptika** (auf die Psyche wirkende Medikamente) und **Drogen** beeinflussen Neurotransmittersysteme
- **serotonerges Transmittersystem**: steuert emotionale Zustände; beeinflusst durch LSD, Ecstasy, Prozac (Fluoxetin)
- **dopaminerges Transmittersystem**: steuert Motorik, Planen und Handeln; beeinflusst durch Haloperidol, Kokain
- **opioides Transmittersystem**: steuert z. B. Schmerzlinderung und Belohnung; beeinflusst durch Endorphine, Opiate, Heroin
- **GABAerges Transmittersystem**: steuert neuronale Aktivitäten im Gehirn; beeinflusst durch Benzodiazepine, Prozac, Valium

Synaptische Integration

Neurale Integration findet auf zellulärem Niveau statt

(Campbell S. 1237) gelernt ☐

Summation

- **Addition synaptischer Potenziale** von mehreren präsynaptischen Neuronen an einem postsynaptischen Neuron
- dadurch wird **Auslöseschwelle** zum Entstehen eines Aktionspotenzials erreicht
- **räumliche Summation**: von Potenzialen, die **gleichzeitig** an **verschiedenen Stellen** der postsynaptischen Membran entstehen
- **zeitliche Summation**: von Potenzialen an der **gleichen** Stelle, die sich **zeitlich überlagen**

Axonhügel

- Übergangsbereich von Soma zum Axon
- **Auslöseort** für die **Entstehung eines Aktionspotenzials** an der Basis des Axons der postsynaptischen Zelle
- **Auslöseschwelle** für Aktionspotenzial hier besonders niedrig: **Triggerzone** (Auslösezone)

4.4 Nervensysteme von Wirbellosen

Die Fähigkeit von Zellen, auf die Umgebung zu reagieren, entwickelte sich über Milliarden von Jahren

☐ *gelernt (Campbell S. 1241)*

4.4.1 Evolution des Nervensystems

- alle tierischen Organismen reagieren auf **äußere Reize**
- **einzellige Eukaryoten**: elektrische Erregungsvorgänge an der Zellmembran
- Schwämme: noch **kein Nervensystem**
- einfachstes Nervensystem: **Nervennetz** der Cnidaria
- Bilateria: Kopfbildung am Vorderende (**Cephalisation**)
- damit in Zusammenhang: Ausbildung eines **Gehirns**
- mit zunehmender **Organisationshöhe** komplexere **Gehirnbildung** und **Differenzierung** des Nervensystems; auch höhere **Zahl von Nervenzellen**

Gehirn
- **Verschaltungs- und Koordinationszentrum**: Ansammlung und Verschaltung von Nervenzellen, die als **Kontrollorgan** dem übrigen Nervensystem übergeordnet ist
- Teil des **ZNS**

Ganglion
- lokale **Ansammlung von Nervenzellen**
- **Cerebralganglion**: im Kopfbereich von **Invertebraten** mit übergeordneter Kontrollfunktion
- bei **Vertebraten** zusätzlich neben dem Gehirn, z. B. **Spinalganglien**

Nervensysteme existieren in vielen Organisationsformen

☐ *gelernt (Campbell S. 1241)*

4.4.2 Beispiele für Wirbellosen-Nervensysteme

Nervensystem der Cnidaria
- **diffuses Nervennetz** mit spezialisierten Nervenzellen
- Neuronen **gleichmäßig verteilt**, bis auf Schlundbereich keine Konzentration
- keine Neuroglia

Nervensystem der Plathelminthes

- einfachste Form eines **ZNS**: **Gehirn** im Kopfbereich, **8 Markstränge** (Nervenfaserbündel), verbunden durch Querverbindungen

Nervensystem der Cycloneuralia

- **Cycloneuralia**: Taxon der phylogenetischen Systematik – entspricht den **Nemathelminthes** (Nematoda, Gastrotricha, Priapulida, Kinorrhyncha und Loricifera)
- **Schlundring** und **2 Markstränge**
- Nervenbahnen mit Ganglien

- **Besonderheit der Cycloneuralia**: das Nervensystem besteht bei allen Individuen aus einer **konstanten Zellzahl**, z. B. bei *Caenorhabditis elegans* 302 Neuronen
- **Besonderheit der Nematoda**: Innervierung der Muskelzellen nicht über Fortsätze von Motoneuronen, sondern über **Fortsätze der Muskelzellen** (ebenfalls bei **Cephalochordata**)

Nervensystem der Mollusca

- große Vielfalt im Bau der Nervensysteme
- bei **Polyplacophora**: Schlundring und Markstränge ohne Ganglien
- Grundbauplan der höheren Gruppen: **tetraneurales Nervensystem**
  - **Schlundring** und 2 Paar Nervenstränge: **Pedalstränge** zum Fuß, **Pleuralstränge** (Pleuroviszeralstränge) zum Rumpf
  - meist **5 Ganglienpaare**: Cerebral-, Pleural-, Pedal-, Parietal- und Visceralganglion
  - davon zahlreiche Abweichungen
- **Streptoneurie** (**Chiastoneurie**): **Überkreuzung** der Hauptnervenstränge infolge **Torsion** des Eingeweidesacks; bei ursprünglichen **Prosobranchia**
  - teilweise wieder aufgehoben (**Euthyneurie**)
- bei **Cephalopoden**: die meisten Ganglien zu **komplexem Gehirn** verschmolzen (**höchstentwickeltes Wirbellosengehirn**); aufgrund der Körpergröße aber sekundäre **Neubildung von Ganglien** in der Körperperipherie

Nervensystem der Annelida

- ventrales **Strickleiternervensystem**
- paarige, **segmentale Ganglien**, die untereinander verbunden sind
- **Konnektive**: Nervenverbindung zwischen Ganglien in der Körperlängsachse
- **Kommissuren**: Nervenquerverbindung zwischen Ganglien eines Segments
- am Vorderende **Gehirn**, meist ohne übergeordnete Funktion

Nervensystem der Arthropoda

- Bauplan entspricht im **Grundmuster** dem bei Anneliden
- aber stärkere **Spezialisierung** der segmentalen Ganglien
- mit zunehmender Organisationshöhe **Verschmelzung von Ganglien**

- Hauptabschnitte des **Gehirns** mit **übergeordneter Funktion**:
  - **Oberschlundganglion**: Innervierung der Sinnesorgane, Informationsverarbeitung
  - **Unterschlundganglion**: Innervierung der Mundwerkzeuge

4.5 Nervensystem der Wirbeltiere

Die Nervensysteme der Wirbeltiere haben zentrale und periphere Anteile

☐ *gelernt (Campbell S. 1243)*

4.5.1 Zentralnervensystem (ZNS)

!
- besteht aus **Gehirn** und **Rückenmark**
- liegt **dorsal** (im Gegensatz zu Wirbellosen)
- wird in **Ontogenie** während der **Neurulation** angelegt (s. Kap. 3)
- Lumen des **Neuralrohrs** durchzieht als **Zentralkanal** das **Rückenmark**
- **graue Substanz**: v. a. aus **Zellkörpern** von Nervenzellen
- **weiße Substanz**: aus **Nervenfasern**, enthält nur wenige Zellkörper

Blut-Hirn-Schranke
- **Barriere**, die verhindert, dass **im Blut gelöste hydrophile Substanzen** ins Gehirn übertreten
- bedingt durch **Impermeabilität** der Gefäßepithelzellen für bestimmte Stoffe, speziell in den **Gehirnkapillaren**
- dadurch bleibt Zusammensetzung der **interstitiellen Flüssigkeit** im Hirngewebe relativ **konstant** → **Schutz vor Giftstoffen** im Blut

Umgangen werden kann die **Blut-Hirn-Schranke** z. B. durch **lipophile Substanzen**, für die keine Barriere besteht, oder durch Injektion von Medikamenten direkt in die Cerebrospinalflüssigkeit.

Cerebrospinalflüssigkeit (Liquor cerebrospinalis)
- Flüssigkeit in **Ventrikeln** (Hohlräumen des Gehirns) und im **Rückenmarkskanal**
- dient dem **Stoffaustausch** innerhalb des Gehirns

Grundbauplan des Vertebratengehirns

!
- **embryonal** zunächst 2 Abschnitte: **Prosencephalon** (**Vorderhirn**) und **Rhombencephalon** (**Rautenhirn**, einschl. Mesencephalon, z. T. als eigener Abschnitt angesehen)
- **Grundbauplan** aus 5 Abschnitten: **Telencephalon, Diencephalon, Mesencephalon, Metencephalon, Myelencephalon**

- Unterteilung in verschiedene **Areale**, die für bestimmte Aufgaben zuständig sind
- Neuronen darin in Gruppen konzentriert: **Kerne** (**Nuclei**) mit unterschiedlicher Funktion
- bei verschiedenen Tiergruppen unterschiedliche **Spezialisierungen** einzelner Strukturen

Gliederung des Wirbeltiergehirns (Abb. 4.4)

embryonale Struktur	Gehirnabschnitt	wichtige Strukturen
Prosencephalon (Vorderhirn)	**Telencephalon** (Endhirn)	– Cortex – Basalganglien
	Diencephalon (Zwischenhirn)	– Thalamus – Hypothalamus – Hypophyse, Epiphyse
Rhombencephalon (Rautenhirn)	**Mesencephalon** (Mittelhirn)	– Vierhügelplatte – Tectum opticum
	Metencephalon (Hinterhirn)	– Kleinhirn (Cerebellum)
	Myelencephalon (Nachhirn), **Medulla oblongata** (verlängertes Rückenmark)	– Formatio reticularis

Die Embryonalentwicklung des Wirbeltiergehirns spiegelt seine evolutive Entstehung aus drei vorderen Bläschen des Neuralrohrs wider
Vergleiche dazu auch Abb. 48.19 in Campbells Biologie.

(Campbell S. 1245) gelernt ☐

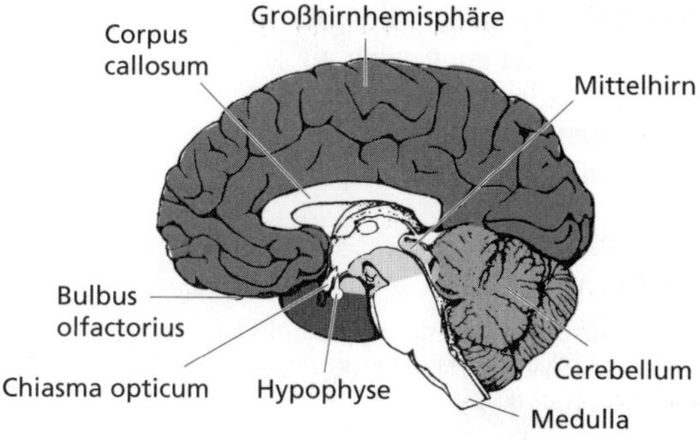

Abb. 4.4: Gehirn eines Menschen.

Das **Gehirn eines Menschen** enthält ungefähr 10^{12} Nervenzellen.

Stammhirn (Hirnstamm)

- Zusammenfassung der **hinteren 3 Abschnitte** des Wirbeltiergehirns: **Medulla oblongata**, **Metencephalon** (ohne Kleinhirn) und **Mesencephalon**
- enthält zahlreiche **motorische Kerngebiete**
- ventraler Bereich: **Tegmentum**
- Ursprung **aller Gehirnnerven** außer Seh- und Riechnerven
- durchzogen von **Formatio reticularis** (neuronales Netzwerk)
- wirkt **regulierend** auf **Atmung**, **Herzrhythmik**, **Blutdruck**, aber auch **Wachzustand** und Zustände der **Aufmerksamkeit**

Evolutiv alte Strukturen des Gehirns regulieren grundlegende automatische und integrative Funktionen

☐ *gelernt (Campbell S. 1246)*

Medulla oblongata

- bildet Übergang von Gehirn zum Rückenmark: auch **verlängertes Rückenmark** genannt
- entsteht aus **Myelencephalon**
- enthält zahlreiche **Reflexzentren**, z. B. für Schutz- oder Verdauungsreflexe

Metencephalon (Hinterhirn)

- dorsaler Teil: **Cerebellum**

Cerebellum (Kleinhirn)

- **übergeordnetes motorisches Zentrum**
- **Koordination** von **Bewegungsabläufen**, Gleichgewichtsreaktionen
- besteht aus **2 Hemisphären** (funktionelle Einheit)
- bildet geschichteten **Cortex**
- wichtigster Zelltyp: **Purkinje-Zellen** (efferente Neuronen)
- **Rindenschicht** kann stark gefaltet sein
- bei Säugetieren: **Pons** (**Brücke**) stellt Verbindung **Kleinhirn–Neocortex** her

- das **Kleinhirn** kann **Bewegungsabläufe** nicht auslösen, nur kontrollieren und koordinieren → bei **Schädigung** daher nur Koordination von Bewegungselementen gestört
- **Größe**: besonders gut ausgebildet bei Fischen, Vögeln und Säugern, die sich im **dreidimensionalen Raum** bewegen

Mesencephalon (Mittelhirn)

- **akustische** und **visuelle** Funktionen
- wichtigstes **Assoziationszentrum** bei **niederen Wirbeltieren**
- **primäres Sehzentrum** bei allen Wirbeltieren außer Säugern (**Tectum opticum**); dieses besonders groß bei Vögeln

- dorsaler Bereich: **Tectum** (**Mittelhirndach**)
- bei Säugern: Differenzierung des Tectums in **Vierhügelplatte** aus **Colliculi superiores** und **C. inferiores**

Diencephalon (Zwischenhirn)

a) Thalamus

- **dorsolateraler** Bereich des Diencephalon
- Schaltstation für **sensorische Meldungen** zum Cortex
- bei Säugern besonders ausgeprägt: **Kniehöcker** (jeweils paarig)
  - **Corpus geniculatum laterale**: seitlicher Kniehöcker; Verarbeitung und Weiterleitung **visueller** Informationen
  - **Corpus geniculatum mediale**: mittlerer Kniehöcker; Teil der **Hörbahn**
- **Epiphyse**: dem Thalamus zugeordnete **Hormondrüse**

b) Hypothalamus

- **ventraler** Bereich des Diencephalon
- Zentrum zur Steuerung **vegetativer Prozesse** (z. B. Aufrechterhaltung des inneren Milieus, Schlaf-Wach-Rhythmus, Nahrungsaufnahme etc.)
- **hormonelle Kontrolle** (in Verbindung mit der **Hypophyse**)
- **Hypophyse** (**Hirnanhangsdrüse**): an der Basis des Hypothalamus
  - neuronaler Anteil: **Neurohypophyse**
  - endokriner Anteil: **Adenohypophyse**

Telencephalon (Endhirn)

- erhält bei niederen Wirbeltieren v. a. Informationen vom **Bulbus olfactorius** (**Riechzentrum**)
- mit Organisationshöhe immer bedeutender als **Kontroll-** und **Integrationszentrum**, zuständig für **Lernen** und **Gedächtnis**
- **2 Hemisphären** (**Großhirnhemisphären**)
- **graue Substanz** unterteilt in:
  - ventrale **Basalkerne** (Basalganglien): aus **Striatum** und **Pallidum**; zuständig für Bewegungskoordination
  - dorsales **Pallium** (Mantel): aus **Palaeo-**, **Archi-** und **Neopallium**
- aus dem Pallium entwickelt sich bei Säugern der **Cortex**
- **Ventrikel**: mit **Cerebrospinalflüssigkeit** gefüllte Hohlräume

Das Großhirn stellt die am höchsten entwickelte Struktur des Säugergehirns dar

(Campbell S. 1250) gelernt ☐

Funktionsstörungen der **Basalkerne** führen zu **Bewegungsstörungen**, z. B. bei der **Parkinsonschen Krankheit**, die auf **Dopaminmangel** in den Basalkernen beruht.

Cortex (Cortex cerebri, Großhirnrinde)

- aus Pallium hervorgegangene Struktur des Endhirns bei **Säugetieren**
- Nervenzellen flächig in **Schichten** angeordnet

- **Neocortex**: 6-lagige, gefaltete äußere Schicht bei Säugern
- **limbisches System**: ältere Anteile der Hirnrinde bei Säugern; zuständig für **Emotionen**
- **Hippocampus**: geht aus Archipallium hervor; u. a. zuständig für **Lernen**

Funktionelle Organisation des Cortex

Die einzelnen Regionen des Großhirns sind auf unterschiedliche Funktionen spezialisiert

☐ *gelernt (Campbell S. 1251)*

- **höchste Verarbeitungsebene**, v. a. bei Vögeln und Säugern
- am höchsten entwickelt bei **Primaten**
- entscheidend für **Verarbeitung von Sinneseindrücken** und **bewusste Wahrnehmungen**
- Hirnoberfläche unterteilt in 4 Lappen: **Frontal-**, **Parietal-**, **Temporal-** und **Okzipitallappen**

Corpus callosum (Balken)
- **Faserverbindung** der beiden Endhirnhälften (**Großhirnhemisphären**)
- dient dem **Informationsaustausch**
- bei **placentalen Säugetieren**

corticale Felder (s. auch Kap. 6 und Abb. 6.1)
- im Cortex **anatomisch** und auch **funktional** abgrenzbare Gebiete
- z. B. Integration von Sehsystem und Hörbahn im **visuellen** bzw. **auditorischen Cortex**
- **Assoziationsfelder**: komplexe sensorische Informationsverarbeitung, Integration und motorische Antwort
- **Lateralisation:** Hemisphären morphologisch gleich, aber **funktionell unterschiedlich**

Beim **Menschen** ist die **linke Hirnhälfte** z. B. zuständig für Sprache, Sprachverständnis und Lesen, die **rechte** für nicht-sprachliche akustische Reize wie Musik sowie visuelle Muster.

Rückenmark (Abb. 4.5)

- Leitungsweg für **Nervenfasern** vom Gehirn zur Peripherie und zurück
- Zentrum für viele **Reflexe**
- im Querschnitt innen um **Zentralkanal** herum **graue Substanz** (Somata und marklose Fasern), außen **weiße Substanz** (markhaltige Fasern)
- **graue Substanz** schmetterlingsförmig: **Vorderhörner** (Zellkörper der **efferenten Neuronen**) und **Hinterhörner** (Eintritt der **afferenten Neuronen**)

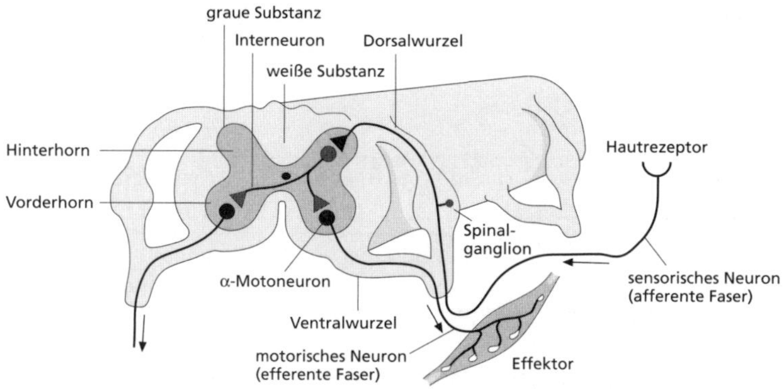

Abb. 4.5: Schematischer Querschnitt durch das Rückenmark mit sensorischen und motorischen Fasern. Dargestellt ist als Beispiel der Reflexbogen zwischen Hautrezeptoren und Motoneuronen.

4.5.2 Peripheres Nervensystem (PNS)

!

- besteht aus **paarigen Hirn-** und **Rückenmarksnerven** (**Spinalnerven**) und den dazugehörigen **Ganglien**
- gebildet aus Zellen der **Neuralleisten** zwischen Neuralplatte und Ektoderm
- funktionelle Unterscheidung zwischen **vegetativem** und **somatischem Nervensystem**

Nerv

- **Faserbündel**, das Verbindung zwischen ZNS und Peripherie herstellt

Gehirnnerven

- **12 paarige Nerven**, die ausgehend vom Gehirn Sinnesorgane und Körperteile versorgen

Hirnnerv	Name	sensorisch/motorisch	Funktion
I	N. olfactorius	sensorisch	Riechnerv
II	N. opticus	sensorisch	Sehnerv
III	N. oculomotoricus	motorisch	Augenmuskeln
IV	N. trochlearis	motorisch	Augenmuskeln
V	N. trigeminus	motorisch/sensorisch	Kopfregion, Kiefermuskulatur
VI	N. abducens	motorisch	Augenmuskeln
VII	N. facialis	motorisch/sensorisch	Kopfregion, Gesichtsmuskulatur

Hirnnerv	Name	sensorisch/motorisch	Funktion
VIII	N. stato-acusticus	sensorisch	vom Gehör-/Gleichgewichtsorgan
IX	N. glosso-pharyngeus	motorisch/sensorisch	Zungengrund, Schlund
X	N. vagus	motorisch/sensorisch	gesamter Körper, Parasympathikus
XI	N. accesorius	motorisch/sensorisch	gesamter Körper
XII	N. hypoglossus	motorisch	Zungenmuskulatur

Tractus
- **Faserbündel** innerhalb des Gehirns, z. B. **Sehnerv**

Spinalnerven
- zweigen **paarig** von Rückenmark ab
- aus Vereinigung von 2 Nervenbündeln: **Hinterhornwurzeln** (Dorsalwurzeln) und **Vorderhornwurzeln** (Ventralwurzeln)
- Zellkörper der sensorischen Fasern liegen in **Spinalganglien**

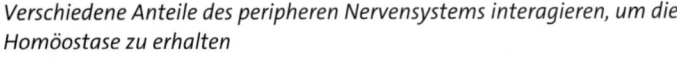

Verschiedene Anteile des peripheren Nervensystems interagieren, um die Homöostase zu erhalten

☐ *gelernt (Campbell S. 1243)*

somatisches Nervensystem
- ist für Funktionen in **Wechselwirkung mit der Außenwelt** zuständig
- **efferente Nerven**, v. a. motorische Innervation der **Skelettmuskulatur**
- Zellkörper liegen innerhalb des **ZNS**
- Vorgänge z. T. **willkürlich** und **bewusst** gesteuert, aber auch Reflexe

vegetatives (autonomes) Nervensystem
- reguliert Prozesse im Körperinneren: **Energie-** und **Stoffwechselvorgänge**, z. B. Herzschlagfrequenz, Blutdruck, Verdauung
- Zellkörper liegen in **Ganglien**; im ZNS: **präganglionäre Neuronen**; Innervierung der Organe: **postganglionäre Neuronen**
- unter Kontrolle des **Hypothalamus**
- Vorgänge **unabhängig** von willkürlicher Steuerung
- antagonistische Anteile: **Sympathikus** und **Parasympathikus**; wirken aber auch synergistisch

a) Sympathikus
  - steuert v. a. Vorgänge, die bei **schnellen Reaktionen** erforderlich sind, z. B. Flucht
  - z. B. Aktivierung der Herzfrequenz

- Ganglien bilden **Grenzstränge** entlang des Rückenmarks
- **Transmitter**: präganglionär **Acetylcholin**, postganglionär **Noradrenalin**

b) Parasympathikus

- steuert v. a. Vorgänge, die unter **normalen Bedingungen** ablaufen
- z. B. Atmung, Verdauung, Ausscheidung
- wichtigster Nerv: **Vagus** (**X. Hirnnerv**) – innerviert wichtige innere Organe
- **Transmitter**: präganglionär und postganglionär **Acetylcholin**

In Abbildung 48.18 in Campbells Biologie *sind die Hauptfunktionen von Sympathikus und Parasympathikus im Überblick dargestellt.*

(Campbell S. 1244) gelernt ☐

4.6 Motorische Innervation

Motoneuronen
- innervieren **Muskulatur**
- dadurch Ausbildung von **Muskelpotenzialen** in Muskelfasern

Motorische Innervation bei Wirbeltieren

motorische Einheit
- Anzahl von **Muskelfasern**, die **gemeinsam** von einem **Motoneuron** innerviert werden
- Zahl der Fasern abhängig von Art des Muskels

motorische (neuromuskuläre) Endplatte
- **synaptische Verbindung** zwischen Motoneuron und Muskelfaser
- charakteristisch für **Vertebraten**
- **Aktionspotenzial** eines Motoneurons löst in Muskelfaser **postsynaptisches Potenzial** aus, dieses führt zu **Muskelaktionspotenzial**
- nur **erregende Innervierung**

Vergleiche hierzu auch:
Die Vielfalt an Körperbewegungen erfordert eine hochgradig variable Muskelaktivität

(Campbell S. 1293) gelernt ☐

Motorische Innervation bei Wirbellosen

- Innervation der Muskulatur **anders** als bei Vertebraten

polyneuronale Innervation
- Innervation einer Muskelfaser durch **mehrere Motoneuronen**: mindestens **1 erregendes** und **1 hemmendes Neuron**
- charakteristisch für **Invertebraten**
- Motoneuronen bilden mehrere Synapsen mit Muskelfaser: **polyterminale Innervierung**

4.6.1 Reflexe

Reflex
- einfache, **stereotype motorische Reaktion** – verläuft weitgehend automatisch
- bei Wirbeltieren vielfach über das **Rückenmark**
- **keine weitere Informationsverarbeitung** im ZNS
- **Eigenreflex**: sensorisches Neuron und motorische Endstrecke im **selben** Organ
  - z. B. Muskeldehnungsreflex wie Kniesehnenreflex
- **Fremdreflex**: sensorisches Neuron und motorische Endstrecke in **verschiedenen** Organen
  - z. B. Rückziehreflex bei Berühren eines heißen Gegenstands

Reflexbogen
- **neuronale Verschaltung**, die einem Reflex zugrunde liegt
- besteht aus **sensorischem Neuron**, **motorischem Neuron** und (eventuell) **Interneuronen**
- **monosynaptischer Reflex**: sensorisches Neuron bildet **direkt** synaptische Verbindung mit Motoneuron (**ohne Interneuronen**)
- **polysynaptischer Reflex**: zwischen sensorischem und motorischem Neuron liegen **mehrere** weitere Neuronen (**Interneuronen**) und **Synapsen**

Vergleiche hierzu den Abschnitt „Ein einfacher Neuronenschaltkreis – der Reflexbogen" sowie zum Kniesehnenreflex Abbildung 48.3 in Campbells Biologie.

(Campbell S. 1225 und S. 1226)

Muskeldehnungsreflex
- einziger bekannter **monosynaptischer Reflex** bei Wirbeltieren
- dient **Längenkontrolle** des Muskels
- z. B. **Kniesehnenreflex**
- trägt auch zur Aufrechterhaltung des **Muskeltonus** bei

Bau und Funktion der Muskelspindel

Muskelspindel
- aus Bündel **intrafusaler Muskelfasern** mit Bindegewebshülle
- zentraler Abschnitt **nicht kontraktil**, nur Enden
- **mechanisches Sinnesorgan** der Muskulatur
- Messung der **Länge** der Muskulatur (Kontrolle des **Kontraktionszustands**)

Muskelfasern von Vertebraten

extrafusale Muskelfasern	intrafusale Muskelfasern
– Fasern der **Arbeitsmuskulatur** – außerhalb der Muskelspindel	– Fasern der **Muskelspindel** – spezialisierte, nicht an Kraftentwicklung des Muskels beteiligte Fasern
– innerviert durch **α-Motoneuronen**	– sensorisch innerviert durch **Ia-Afferenzen** – motorisch innerviert durch **γ-Motoneuronen**

- **α-Motoneuronen**: innervieren die **extrafusalen Muskelfasern**
- **Ia-Afferenzen**: **sensorische Neuronen**, welche die **intrafusalen Fasern** der Muskelspindel innervieren bzw. umwickeln
  - ziehen zum **Rückenmark**, übermitteln **Dehnungszustand**
- **γ-Motoneuronen**: **efferente** Fasern, die die **Muskelspindeln motorisch** innervieren

α-γ-Coaktivierung
- bei **passiver Dehnung** des Muskels (z. B. durch Schlag bei Kniesehnenreflex): auch Spindelfasern werden gedehnt → Erregung der Ia-Afferenzen → Übertragung auf α-Motoneuronen → **Muskelkontraktion** (**Reflex**)
- bei **aktiver Dehnung** des Muskels über ZNS → **γ-Motoneuronen** aktivieren über Ia-Afferenzen die **α-Motoneuronen**; diese werden aber v. a. auch **direkt** durch ZNS aktiviert

4.7 Entwicklung des Nervensystems

- beginnt mit **Abschluss der Neurulation**
- frühe Entwicklungsvorgänge rein **genetisch gesteuert**
- später **Wechselwirkungen** mit der **Umwelt**

grundlegende Vorgänge bei der Ontogenie des Nervensystems
- **Entstehung** und **Differenzierung** der **neuronalen Vorläuferzellen**
- **Wanderung** (**Migration**) der Neuronen oder Vorläuferzellen
- **Auswachsen der Axone** mit ihren Wachstumskegeln
- **Synapsenbildung** und **Feinabstimmung** der Verbindungen

Siehe hierzu:
Die Forschung zur Neuronenentwicklung und an neuralen Stammzellen kann zu neuen Ansätzen für die Behandlung von Verletzungen und Erkrankungen des ZNS führen

(Campbell S. 1255) gelernt ☐

Neuroblasten
- **Stammzellen** der Neuronen
- stammen von **Neuroektoderm**
- bei **Wirbeltieren**:
  - **Neuronen des ZNS** entstehen aus Vorläuferzellen des **Neuralrohrs**
  - **Neuronen des PNS** entstehen aus Zellen der **Neuralleisten**
- **Differenzierung** führt zu Neuronen mit unterschiedlichen Eigenschaften
- beeinflusst durch: **Art der Vorläuferzellen** und **Wechselwirkung mit benachbarten Zellen**

Migration
- **Wanderung** der neuronalen Vorläuferzellen vom **Entstehungsort** zu ihrem **Bestimmungsort**
- **Wanderungsrichtung** vorgegeben durch **Gerüstzellen**
- dies können auch **Gliazellen** sein (z. B. im **Cortex** der Wirbeltiere)

Wachstumskegel
- **amöboid bewegliche Endstruktur** von Axonen
- dient dem **Wachstum der Axone** und der **Kontaktaufnahme** mit benachbarten Neuronen

NGF (*nerve growth factor*)
- **Protein**, das **neuronales Wachstum** fördert

Oberflächenerkennungsmoleküle
- **Glykoproteine** auf Membranoberflächen in **Zielgebieten** für auswachsende Neuronen
- **N-CAMs** (*neural cell adhesion molecules*): **neuronale Zelladhäsionsmoleküle**
- **Cadherine**

Synapsenbildung
- **Chemoaffinitätshypothese**: **chemische Eigenschaften** von verschiedenen Neuronen bestimmen, ob **Synapsen** ausgebildet werden
- erfolgt nur zwischen Neuronen mit **passenden molekularen Mustern**

Synapsen werden in großer Zahl gebildet. Bestehen bleiben aber nur solche, die auch **aktiviert** werden (Aktionspotenzial ausbilden), andere werden wieder **abgebaut**.

Zelltod
- Prozess der **neuronalen Entwicklung**
- **überschüssige Neuronen** sterben ab

Plastische Entwicklungsvorgänge

Plastizität
- **zeitlich begrenzter** Entwicklungsprozess
- beschreibt **Veränderungen** in den **neuronalen Verschaltungen** aufgrund von **Wechselwirkungen mit äußeren Einflüssen**

- v. a. in **späteren** Stadien der Entwicklung
- z. B. automatischer **Spracherwerb** beim Menschen

Regeneration von Nervengewebe

- **Wiederherstellung** der Funktion nach **Beschädigung** von Nervengewebe
- Nervensystem nur mit **begrenzter Regenerationsfähigkeit**
- **ausdifferenzierte Nervenzellen** nicht mehr teilungsfähig
- Ausnahme: **Riechepithel** der Wirbeltiere: enthält noch **Neuroblasten**
- i. A. können Nervenzellen **nicht ersetzt** werden, aber **Neuriten** können neu auswachsen und synaptische Verbindungen herstellen
- **hohe** Regenerationsfähigkeit: **embryonales Nervengewebe**

4.8 Lernvorgänge

- **Lernen**: durch **Erfahrung** bewirkte **Verhaltensänderung** (s. auch Kap. 9)
- Lernvorgänge ermöglichen **funktionale Veränderungen** auch **nach Abschluss der Ontogenese** des Nervensystems
- z. B. wird **Effektivität der synaptischen Übertragung** beeinflusst
- **einfache Lernvorgänge** schon bei **Wirbellosen**

nicht-assoziative Lernvorgänge
- die **Wirksamkeit eines Reizes** verändert sich
- **Habituation**: die Reizwirkung wird **schwächer** → durch **verringerte Signalübertragung** an den Synapsen
- **Sensitivierung**: die Reizwirkung wird **stärker** → durch **Neuromodulation**

klassische Konditionierung (vgl. Kap. 9)
- **unbedingter Reiz** löst **Reflexantwort** aus
- **bedingter Reiz** ist zunächst unwirksam, löst nach **Konditionierung** ebenfalls **Antwort** aus → erfolgt durch **präsynaptische Verstärkung**

Kurzzeitgedächtnis
- **Speicherung** von Lerninhalten über **kurze Zeiträume**
- **synaptische Veränderungen** nur auf funktionaler Ebene

Langzeitgedächtnis
- **Speicherung** von Lerninhalten über **längere Zeiträume**
- Beteiligung des **Hippocampus**
- **Langzeitpotenzierung** (**LTP**): nach kurzer intensiver Reizung von Faserbündeln im Hippocampus bilden postsynaptische Neuronen **stärkere postsynaptische Potenziale** aus

---

Siehe hierzu auch den Abschnitt „Lernen und Gedächtnis" in Campbells Biologie.

(Campbell S. 1254) gelernt ☐

5. Sinneszellen und Sinnesorgane

Siehe hierzu auch die Einleitung des Abschnitts „Einführung in die sensorische Rezeption" in Campbells Biologie.

☐ *(Campbell S. 1265)*

5.1 Reizaufnahme

!
- Tiere nehmen die unterschiedlichsten **Reize** auf
- Reize werden in **elektrisches Signal** (**Rezeptorpotenzial**) umgewandelt
- dieses kann vom **Nervensystem** weitergeleitet werden

5.1.1 Rezeptoren

!
Rezeptoren (Rezeptorzellen)
- allgemein: **Empfänger eines Signals**
- speziell: **Sinneszellen** oder **Sensoren**
- verfügen über morphologische Struktur für die **Reizaufnahme** aus der Umwelt
- setzen diesen dann in **elektrisches Signal** um (**Transduktion**)
- weitere Aufgaben: **Reizfilterung** und **Signalverstärkung**
- bei primären Sinneszellen auch **Weiterleitung** (**Transmission**)
- kommen **einzeln** vor oder zu mehreren in **Sinnesorganen**
- je nach **Reizmodalität spezifische** Rezeptoren

Typen von Rezeptorzellen

primäre Sinneszellen	sekundäre Sinneszellen
neuronaler Herkunft	**epithelialer** (ektodermaler) Herkunft
Weiterleitung **elektrischer Signale** über **eigenes Axon**	**ohne** eigenes Axon
Reizaufnahme, **Transduktion** und **Weiterleitung** des elektrischen Signals finden **in derselben Zelle** statt	nur **Reizaufnahme** und **Transduktion**; für **Signalweiterleitung** ist **synaptische Verbindung** zu Neuron erforderlich
z. B. **Riechrezeptoren** und **Sehzellen** von Wirbeltieren	z. B. **Haarzellen** und **Geschmacksrezeptoren** von Wirbeltieren

Sinnesnervenzellen

- spezielle Form **primärer Sinneszellen**
- Soma liegt weit von der Rezeptorstruktur entfernt, z. B. in **Spinalganglien** des Rückenmarks
- z. B. **Mechanorezeptoren** der Haut von Wirbeltieren

Mitunter werden auch alle Rezeptoren, die trotz Besitz eines Axons kein Aktionspotenzial bilden, als **sekundäre Sinneszellen** bezeichnet, und alle, die Erregung über Aktionspotenzial weiterleiten, als **primäre Sinneszellen**.

Bau der Rezeptoren

- trotz **unterschiedlicher Sinneszelltypen** Gemeinsamkeiten im Bau
- **Außenglied** (**Außensegment**): spezialisierte Struktur der Sinneszelle zur **Reizaufnahme** und **Transduktion**
  - z. B. spezialisierte **Cilien** oder **Mikrovilli**
- **Hilfsstruktur** (**akzessorische Struktur**): von Sinneszelle unabhängige Gewebestruktur, die den **Transduktionsprozess** beeinflusst (**Reizfilterung**)
  - z. B. **Bindegewebslamellen** in den Pacini-Körperchen

rezeptive Felder

- räumliche Bereiche eines Rezeptors, in denen Reize eine **Antwort** auslösen können
- rezeptive Felder verschiedener Rezeptoren können sich **überlappen**

Sensorische Rezeptoren (Sinneszellen) wandeln die Energie eines Reizes um (Transduktion) und leiten Signale an das Nervensystem weiter

(Campbell S. 1265) gelernt ☐

5.1.2 Reize und Reiztransduktion

Transduktion

- **Reiz-Signal-Umwandlung** (Umwandlung eines aufgenommenen Reizes in ein elektrisches Signal)
- Reiz bedingt durch **Öffnen** und **Schließen** von **Ionenkanälen** eine Änderung des **Membranpotenzials** der Rezeptorzelle
- dies erfolgt je nach **Reizmodalität** unterschiedlich

Rezeptorpotenzial

- **Potenzialänderung** der Rezeptorzelle aufgrund eines Reizes
- **graduiertes** Potenzial: Größe abhängig von der **Reizstärke**
- beruht auf **Öffnen** und **Schließen** von Ionenkanälen

Wirkungen unterschiedlicher Reizmodalitäten

- **chemisch-physikalische Veränderung** von Molekülen (z. B. von Photopigmenten durch Lichtreize)

- **mechanische Deformation** (bei Mechanorezeptoren)
- **Bindung von Reizmolekülen** an Rezeptorproteine (Chemorezeptoren)
- dadurch kann jeweils **Enzymkaskade** aktiviert werden, die **Aktivierung** oder **Deaktivierung** von Ionenkanälen bewirkt

adäquate Reize
- Reize, auf deren **Transduktion** eine Sinneszelle **spezialisiert** ist
- **geringe Reizintensität** ist ausreichend, um **Reizschwelle** zu überwinden
- selten bei **inadäquatem Reiz** infolge **hoher Reizstärke** ebenfalls Reizantwort

5.1.3 Reizantwort

- nimmt **logarithmisch** zur Reizstärke zu
- nicht beliebig steigerbar – **Sättigungswert** wird erreicht
- nicht nur von **Reizstärke** abhängig, sondern auch von **Reizparametern** wie **Wellenlänge** des Lichts oder **Schallfrequenz**
- **Reizschwelle**: erforderliche Mindeststärke eines Reizes für eine Anwort
- **Adaption**: Anpassung – **vorübergehende Verringerung** der Antwort auf einen **wiederholten** oder **lang andauernden** Reiz – temporäre **Erhöhung der Auslöseschwelle**
- **Entladungsstärke**: Anzahl der **Aktionspotenziale** → codiert **Reizstärke** bei Weiterleitung ans Gehirn

Antwortmuster
- **Aktionspotenziale** treten während Reizdauer **nicht gleichmäßig** auf
- **tonische Antwort**: gleichmäßiges Entladungsmuster während der Dauer eines Reizes
- **phasische Antwort**: Reizbeginn, Reizende oder Reizänderungen werden beantwortet
- **phasisch-tonische Antwort**: häufigste Form
  - **deutliche** Antwort bei **Reizänderung**
  - **kontinuierliche**, aber **geringere** Antwort während **Andauern** des Reizes

5.1.4 Reizerkennung

Perzeption
- **bewusste Wahrnehmung** unterschiedlicher Reize und Reizmodalitäten
- durch **Verarbeitung der Erregung** von Rezeptoren zu **Sinneseindruck** im **ZNS**

Unterscheidung verschiedener Reize
- erst durch **Verschaltung** mehrerer **Rezeptoren** für die gleiche Reizmodalität möglich
- erfordert verschiedene **unterschiedlich empfindliche Rezeptorzelltypen**, z. B. Stäbchen und Zapfen im Auge, Warm- und Kaltrezeptoren

Die **Stäbchen** der Netzhaut werden alle durch Licht einer Wellenlänge um 500 nm erregt und liefern daher keine Information über die Wellenlänge eines Lichtreizes, nur über **Helligkeitsunterschiede**.

5.2 Reizmodalitäten und darauf spezialisierte Rezeptoren

- für verschiedene Reizmodalitäten jeweils **spezialisierte Rezeptoren**
- **Exterorezeptoren**: nehmen Signale **aus der Außenwelt** auf
- **Proprio-** oder **Enterorezeptoren**: nehmen Signale **aus dem Körperinneren** auf

Sensorische Rezeptoren werden nach der von ihnen umgewandelten Energieform eingeteilt

(Campbell S. 1267) gelernt ☐

5.2.1 Photorezeptoren

- nehmen **Lichtreize** auf
- adäquate Reize: **elektromagnetische Wellen** eines bestimmten Spektrums
- Bautypen: **ciliärer Typ** (Wirbeltiere, einige Wirbellose) und **Rhabdomertyp** (Arthropoden, Mollusken)
- entscheidend für Transduktion: **Sehpigmente**

Rhodopsin

- **Sehpigment** aus **11-*cis*-Retinal** und **Opsin**
- **Retinal** (Aldehyd von Vitamin A) ist **Chromophor** (Licht absorbierende Komponente)
- **Opsin** (Proteinanteil in verschiedenen Varianten) bestimmt **spektrale Empfindlichkeit**
- **Sehpurpur**: Rhodopsin der Stäbchen; **Absorptionsmaximum** bei 500 nm

Das Licht absorbierende Pigment Rhodopsin löst einen Signalübertragungsweg aus

(Campbell S. 1273) gelernt ☐

Photorezeptoren von Vertebraten

a) Zapfen
- an der **Farbunterscheidung** beteiligt
- **Außensegment**: modifiziertes **Cilium** mit vergrößerter Oberfläche durch Einfaltungen

b) Stäbchen
- besonders **lichtempfindlich**
- beteiligt am **Hell-Dunkel-Sehen**, bei **geringer Lichtintensität**
- Einfaltungen geldrollenartig abgeschnürt (***disks***)

- **nachtaktive Säugetiere** müssen sich bei geringer Lichtstärke orientieren können, benötigen daher v. a. lichtempfindliche Rezeptoren: **Stäbchen**
- **tagaktive Säugetiere** weisen mehr **Zapfen** auf, weil genügend Licht vorhanden ist
- die **menschliche Retina** enthält rund 120 Mio. Stäbchen und 6 Mio. Zapfen

Phototransduktion (bei Wirbeltieren)
- **Absorption** der **Photonen** durch Sehpigment (**Rhodopsin**)
- **Konformationsänderung** von **11-*cis*-Retinal** zu **all-*trans*-Retinal**
- durch diese **Isomerisierung** startet **Enzymkaskade**
- Aktivierung eines **G-Proteins** (**Transducin**)
- dieses aktiviert **Phosphodiesterase**
- diese **hydrolysiert cGMP**, das im Dunkeln Na^+-Kanäle der Membran der Sehzellen offen hält
- **Na^+-Kanäle schließen** sich
- **Hyperpolarisierung der Zellmembran** als Antwort auf Lichtreiz
- Enzymkaskade bewirkt **Verstärkung des Signals**

Eine schematische Darstellung des Signaltransduktionswegs in einem Stäbchen finden Sie in Abbildung 49.13 in Campbells Biologie.

☐ *gelernt (Campbell S. 1274)*

Dunkelstrom
- in **Photorezeptoren der Vertebraten** bei Dunkelheit (**keine Reizwirkung**) vorhandener Strom
- **Transduktion** bewirkt **Hyperpolarisierung** der Membran
- bei **Wirbellosen**: Lichtreiz bewirkt **Öffnung der Kanäle** und **Depolarisierung** der Membran

5.2.2 Mechanorezeptoren

mechanische Reize
- **Druck-**, **Dehnungs-** und **Bewegungsreize**
- adäquater Reiz: **mechanische Deformation** der Sinneszelle oder ihrer Hilfsstrukturen

mechanische Sinnesorgane
- **Tastsinnesorgane**
- **Seitenlinienorgan** der Fische
- **Hörsinnesorgane**
- **Gleichgewichtsorgane**
- **Dehnungsrezeptoren** wie **Muskelspindel**
- **Druckrezeptoren** der Haut

Mechanorezeptoren in der menschlichen Haut
- **Sinnesnervenzellen** mit verschiedenen Hilfsstrukturen
- **freie Nervenendigungen**: einfachster Typ ohne Hilfsstrukturen
- **Ruffini-Körper** und **Merkel-Tastkörper**: Druckrezeptoren
- **Meissnersche Tastkörperchen**: Tast- und Vibrationsrezeptoren
- **Pacini-Körperchen**: Vibrationsrezeptoren

Haarzellen (Abb. 5.1)
- besondere Mechanorezeptoren der **Vertebraten**
- können an Transduktion **verschiedener mechanischer Reize** beteiligt sein, z. B. **Strömungssinn** (Seitenlinienorgan), **Schwere-** und **Gleichgewichtssinn**, **Gehörsinn**
- **sekundäre Sinneszellen** mit apikalen **Stereovilli** und einem **Kinocilium**, z. T. eingebettet in **Gallerte**
- ***tip-links***: Verbindungen zwischen den Spitzen der Stereovilli einer Haarzelle
- Reizung durch **Auslenkung** der Stereovilli (**Scherung**)
  - bei Scherung in Richtung des Kinociliums: **Aktivierung**, Depolarisation
  - bei Scherung vom Kinocilium weg: **Hemmung**, Hyperpolarisation
- zusätzlich je nach Reizart **akzessorische Strukturen**

Labyrinthorgan (s. Abb. 5.4)
- **Innenohr der Wirbeltiere** mit Gehör- und Gleichgewichtsorganen (**Vestibularorgan**)
- **Drehsinnesorgan**: in den **3 Bogengängen** mit **Ampullen**, darin Stereovilli der Haarzellen in gallertiger **Cupula**
  - bei **Drehung** bleibt **träge Endolymphe** zurück → **Auslenkung** der Stereovilli
- **Schweresinnesorgan**: **Utriculus** und **Sacculus** mit **Statolith**
- Gehörorgan: **Cochlea** (Schnecke)

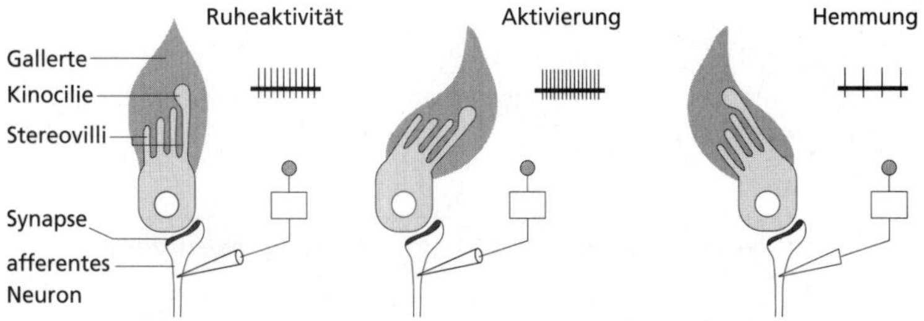

Abb. 5.1: Mechanorezeption durch eine Haarzelle: Ruhezustand (mit einzelnen Aktionspotenzialen), Aktivierung und Hemmung.

Statolithen

- **Schweresteinchen**: feste Partikel, deren Verlagerung an der Wahrnehmung von Bewegungsreizen beteiligt ist
- liegen **Haarsinnespolster** auf

Das Innenohr birgt auch Organe des Gleichgewichtssinns

☐ *gelernt (Campbell S. 1279)*

Seitenlinienorgan

- **Mechanorezeptoren** in **Kanal** an der Körperseite von Fischen und wasserlebenden Amphibien
- Wahrnehmung von **Druckwellen** und **Wasserströmungen**
- **Neuromasten**: Gruppen von Rezeptoren, deren Sinneshaare in gallertige **Cupula** ragen
- Wasserfluss durch Poren lenkt Cupula ab → **Rezeptorpotenzial**

Das Seitenlinienorgan und das Innenohr nehmen bei den meisten Fischen und aquatisch lebenden Amphibien Druckwellen wahr

☐ *gelernt (Campbell S. 1280)*

Beispiele für Mechanorezeptoren von Wirbellosen

- **Statocysten**: blasenartige **Statolithenorgane**
- **Haarsensillen**: haarförmige Rezeptoren (**Cuticularborsten**) von Arthropoden
- **Scolopidien**: **Stiftsinnesorgane** von Arthropoden; abgeleitet von Haarsensillen, aber ohne Haar in Cuticula eingebettet (können auch als **Hörorgane** dienen)

Viele Wirbellose haben Schweresinnesorgane und nehmen Schall wahr

☐ *gelernt (Campbell S. 1281)*

5.2.3 Chemorezeptoren

! **Chemorezeption**

- Wahrnehmung **chemischer Substanzen** durch **Geruchssinn** und **Geschmackssinn**

Die Wahrnehmung von Geruch und Geschmack sind normalerweise eng verknüpft

☐ *gelernt (Campbell S. 1282)*

Geruchssinn

- **Fernsinn**: Wahrnehmung **chemischer Reize** über **große Entfernung**
- bei Vertebraten: **Axone der Riechsinneszellen** (primäre Sinneszellen) in der **Riechschleimhaut** bilden **Riechnerv**
  - Verarbeitungszentren: **Bulbus olfactorius** und **Telencephalon**
- bei Insekten: **Riechhaare** v. a. auf Antennen
- **Transduktion**: über **Enzymkaskade**, ausgelöst durch **Bindung von Duftmolekül** an Rezeptorenmembran

> Die Geruchssinneszellen des männlichen **Seidenspinners** (*Bombyx mori*) sind auf das weibliche **Pheromon Bombykol** spezialisiert. Bereits 1 Molekül davon reicht aus, um einen Nervenimpuls auszulösen.

Geschmackssinn

- **Nahsinn**: Wahrnehmung **chemischer Reize** durch **unmittelbaren Kontakt**
- **Rezeptoren** v. a. im Mundbereich, auf Barteln bei Fischen, bei Insekten auch an den Füßen

Geschmacksknospen

- im Mundbereich der Wirbeltiere angeordnete **chemische Sinnesorgane**
- bei Säugern in **Geschmackspapillen** auf der Zunge
- bestehen aus **sekundären Sinneszellen** und **Stützzellen**
- **Geschmacksrichtungen**: süß, sauer, salzig, bitter, wässrig und fettig

5.2.4 Thermorezeption, Elektrorezeption und Nociception

Thermorezeptoren

- dienen der Wahrnehmung der **Umgebungstemperatur**
- bei Wirbeltieren: **Wärme-** und **Kälterezeptoren** in der Haut (**freie Nervenendigungen**) → reagieren auf überlappende Temperaturbereiche
- **Propriorezeptoren** im Hypothalamus: Regulation der **Körpertemperatur**

> Eine besonderes Temperatursinnesorgan ist das **Grubenorgan** einiger **Schlangen**; es dient zur Ortung von Beutetieren mittels Wahrnehmung von **Wärmestrahlung** bis hin zu **Infrarot**.

Elektrorezeption

- Wahrnehmung von **elektrischen Feldern** oder **Veränderungen** dieser Felder
- bei einigen **Fischen** zur **Kommunikation** und **Orientierung**

> Die erzeugten Spannungen **stark elektrischer Fische** (bis zu 500 V) dienen nur zum Beutefang oder zur Verteidigung.

Nociception
- **Schmerzwahrnehmung** durch **freie Nervenendigungen**
- dient dazu, den Organismus vor **Schädigungen** zu bewahren
- kann durch **sehr unterschiedliche Reizmodalitäten** (chemisch, mechanisch, thermisch) hervorgerufen werden → **Schmerz** ist kein eigentlicher Sinnesreiz

5.3 Spezielle Sinnesorgane

5.3.1 Lichtsinnesorgane

- in **fast allen** Tiergruppen
- Bild der Umgebung bestimmt durch **Leistungsfähigkeit** der Augen
- **Auflösungsvermögen** und **Lichtempfindlichkeit** abhängig von **Zahl** und **Anordnung** der Lichtsinneszellen
- **dioptrischer Apparat**: **Licht brechende** Hilfsstrukturen im Lichtsinnesorgan, die die Abbildungsqualität verbessern

Die verschiedenen im Tierreich vorkommenden **Augentypen** vermitteln einen Eindruck der **Augenevolution**.

Eine Vielfalt von Lichtsinnesorganen entstand in der Evolution der Wirbellosen

☐ *gelernt (Campbell S. 1270)*

Einfache Augentypen

Augenflecken (Stigmen)
- **Hell-Dunkel-Wahrnehmung**
- Konzentrationen **lichtempfindlicher Farbstoffe** bei eukaryotischen Einzellern

einzellige Photorezeptoren
- bei vielen Wirbellosen, z. B. Regenwurm

Pigmentbecherocellen
- **einfach** (1 Sinneszelle) oder **zusammengesetzt** (aus mehreren Sinneszellen)
- **Pigmentzellen** verhindern den Lichteinfall aus bestimmten Richtungen → **einfaches Richtungssehen**
- z. B. bei Strudelwürmern, Lanzettfischchen

Grubenauge
- auch **Napfauge**; Sinneszellen in eingesenktem **Sinnesepithel** angeordnet
- **einfaches Richtungssehen**
- z. B. bei Quallen, Mollusken

Lochkameraauge
- **tief eingesenktes** Sinnesepithel, Lichteintritt durch **kleine Öffnung**
- **verbessertes Richtungssehen**, **Bildsehen** (umgekehrtes, lichtschwaches Bild)
- z. B. bei Mollusken, Anneliden

Blasenauge
- **verbessertes Bildsehen** und lichtstärker durch Sekret mit **Linsenfunktion**
- z. B. bei einigen Schnecken

Linsenaugen

- **leistungsfähigster Augentyp**
- bei **Wirbeltieren** und einigen hoch entwickelten **Schnecken**, **Muscheln** und **Cephalopoden**

Die **Linsenaugen** von Wirbeltieren und **Cephalopoden** sind ein Beispiel für eine **konvergente Entwicklung**: ähnlicher Bau, ähnliche Funktion, aber ganz unterschiedliche Ontogenie:

inverses Auge	everses Auge
Photorezeptoren von Lichteinfallsrichtung **abgewandt**	Photorezeptoren dem Licht **zugewandt**
Entstehung: durch verschiedene **Aus- und Einstülpungen** von Zellschichten während der Ontogenese; **Linse** entsteht vom Kopfepithel	Entstehung: durch Abschnürung einer **Augenblase** vom Epithel; **Linse** entsteht durch Sekretion
z. B. Wirbeltierauge	z. B. Tintenfischauge

Wirbeltiere besitzen Einzellinsenaugen *(Campbell S. 1271) gelernt* ☐

Bau des Wirbeltierauges (Abb. 5.2A)
- **Sklera (Lederhaut)**: umgibt Augapfel; vorderer, durchsichtiger Bereich: **Cornea (Hornhaut)**
- **Chorioidea (Aderhaut)**: pigmentiert; bildet im vorderen Bereich ringförmige **Iris (Regenbogenhaut)**
- Öffnung in der Iris: **Pupille**

- **Retina (Netzhaut)**: innere Schicht der **Photorezeptoren**, die aber nicht gleichmäßig verteilt sind
- **Fovea centralis (Sehgrube)**: Zone **geschärften Sehens** in der Netzhaut (Photorezeptoren besonders dicht); beim Menschen hier nur **Zapfen**
- **Blinder Fleck**: Lücke in der Rezeptorschicht – **Austrittstelle des Sehnervs**
- Räume im Auge: **vordere** und **hintere Augenkammer**, **Glaskörperraum** (gefüllt durch gallertigen **Glaskörper**)
- **Linse** über **Zonulafasern** aufgehängt an **Ciliarkörper**; dieser produziert **Kammerwasser** und verändert Brechkraft der Linse (Fokussieren durch **Akkomodation**)

Zelltypen der Retina (Abb. 5.2B)

- Photorezeptoren: **Stäbchen** (Hell-Dunkel-Sehen) und **Zapfen** (Farbensehen)
- Neuronen: **amakrine Zellen**, **Horizontalzellen**, **Bipolarzellen** und **Ganglienzellen**
- **Axone der Ganglienzellen** bilden **Sehnerv** und ziehen zum Gehirn
- durch **Neuronen** in der Netzhaut schon **Verarbeitung** der Informationen

	On-Zentrum-Neuronen	Off-Zentrum Neuronen
Aktivierung	durch Lichtreize im **Zentrum** ihres rezeptiven Feldes	durch Reize im **Randbereich** des rezeptiven Feldes
Hemmung	durch Reize im **Randbereich** ihres rezeptiven Feldes	durch Reize im **Zentrum** des rezeptiven Feldes

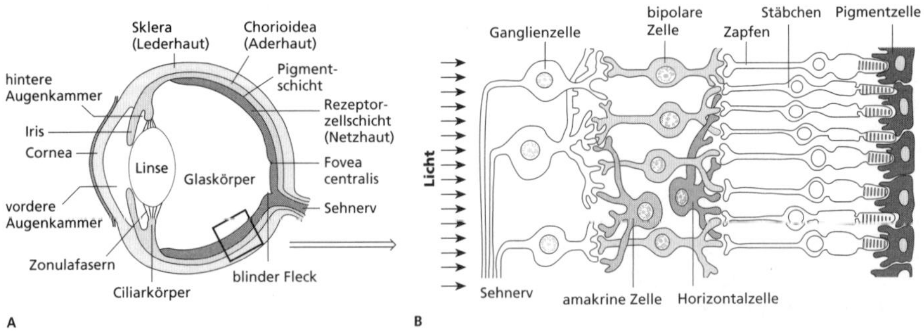

Abb. 5.2: Wirbeltierauge. (A) Längsschnitt, (B) Retina mit verschiedenen Zelltypen.

Die Retina unterstützt die Großhirnrinde bei der Verarbeitung visueller Information

gelernt (Campbell S. 1275) ☐

Komplexaugen

Komplexauge (Facettenauge)
- aus Einzelaugen (**Ommatidien**) **zusammengesetztes** Auge
- bei **Arthropoden**

Ommatidium (Abb. 5.3)
- **Einzelauge** des Facettenauges
- Bestandteile: **Cornea**, **Kristallkegel**, **primäre** und **sekundäre Pigmentzellen** sowie meist 8 kreisförmig angeordnete **Sinneszellen** (**Retinulazellen**)
- Cornea und Kristallkegel wirken zusammen als **Linse**
- **Rhabdomer**: Mikrovillisaum einer Retinulazelle
- **Rhabdom**: Licht leitende Struktur aus der Gesamtheit der Rhabdomeren aller Retinulazellen eines Ommatidiums

Aufgrund der Anordnung der Mikrovilli in den Rhabdomeren vermögen Bienen **polarisiertes Licht** wahrzunehmen und dadurch Himmelsrichtungen zu bestimmen.

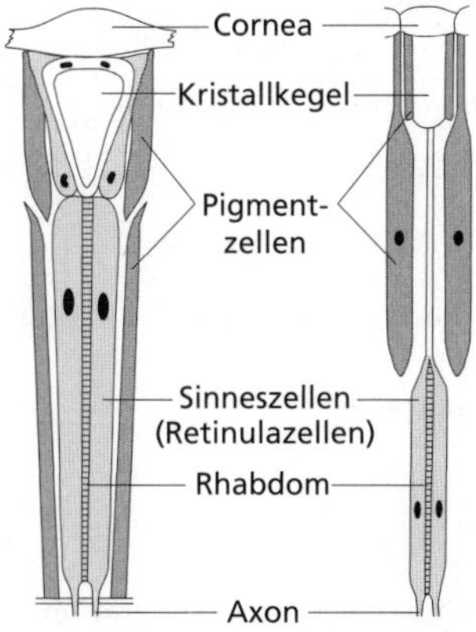

Abb. 5.3: Längsschnitte durch ein Ommatidium.

Auflösungsvermögen von Komplexaugen

- **räumliches Auflösungsvermögen**: bestimmt durch **Größe** und **Zahl** der **Einzelaugen** (umso größer, je kleiner und zahlreicher die Ommatidien)
  - **geringer** als beim Wirbeltierauge
- **zeitliches Auflösungsvermögen**: durch schnelle Verarbeitung **besser** als beim Wirbeltierauge

Typen von Komplexaugen

a) *Appositionsauge*
   - Einzelaugen durch **Pigmentzellen** optisch voneinander **isoliert** → jedes Ommatidium hat einen **eigenen Blickpunkt**
   - hohes Auflösungsvermögen, aber **lichtschwach** → bei **tagaktiven** Arthropoden

b) *Superpositionsauge*
   - Einzelaugen **nicht vollständig** optisch voneinander isoliert → Bilder benachbarter Ommatidien können **überlagern**
   - **lichtempfindlicher** → bei **nachtaktiven** Arthropoden

c) *neuronales Superpositionsauge*
   - die **Überlagerung** von Bildern aus verschiedenen Ommatidien durch **neuronale Verschaltung**
   - Besonderheit bei **Dipteren**

Sehbahn der Wirbeltiere

Sehbahn

- Weg der **visuellen Information** von den **Rezeptoren** der Netzhaut zum **Verarbeitungszentrum** im Gehirn (**Tectum opticum**)
  - bei Säugern über **Corpus geniculatum laterale** im Thalamus zum **Sehcortex**
- Nervenfasern von retinalen Ganglienzellen bilden **Sehnerv**

Chiasma opticum

- **Kreuzung der Sehnerven** bei Wirbeltieren (bei Säugern unvollständig)
- Informationen der **rechten** Retina gelangen in **linke** Hirnhälfte und umgekehrt

binokulares Sehen

- deutliche **Überlappung der Sehfelder** beider Augen überlappen → ermöglicht **Tiefenwahrnehmung** (**räumliches Sehen**)
- **keine** Überkreuzung der temporalen Nervenfasern
- z. B. bei Primaten

Farbensehen

- **Farbe**: psychische Qualität bei der **Wahrnehmung von Licht** bestimmter Wellenlängen

trichromatisches Farbensehen
- gesamtes **Farbunterscheidungsvermögen** beruht auf **3 verschiedenen Rezeptortypen**
- z. B. bei Vögeln und Reptilien, eingeschränkt bei Säugern: nur bei Menschen und Altweltaffen
- bei Neuweltaffen und vielen anderen Säugern nur **2 Farbrezeptoren**; andere sogar farbenblind

Absorptionsmaxima der Zapfentypen
- **Mensch**: **Blaurezeptor** 420 nm, **Grünrezeptor** 535 nm, **Rotrezeptor** 570 nm (im gelben Bereich)
- **Biene**: **UV** (350 nm), **blau** (450 nm) und **grün** (530 nm)

Drei-Farben-Theorie
- erstellt **Helmholtz** vor Entdeckung der 3 Zapfentypen
- aus **3 Grundfarben** (Rot, Grün, Blau) können **alle anderen** gemischt werden

Gegenfarbentheorie
- zwischen antagonistischen Farben **keine Vermischung** möglich
- **komplementäre Farben** wirken entgegengesetzt auf die Erregung eines Ganglions innerhalb des rezeptiven Feldes (**Gegenfarbenneuronen**)

5.3.2 Hörsinnesorgane

- **mechanische** Sinnesorgane
- bei Tieren **weniger weit verbreitet** als Sehorgane: nur bei **Tetrapoden**, einigen **Fischen** und wenigen **Insektengruppen**
- **Hören**: **Fernsinn** zur innerartlichen **Kommunikation** und **Orientierung**

Schall
- **mechanische Schwingungen**, die meist über die **Luft** übertragen werden und Hörempfindungen auslösen

Ultraschall
- Schallfrequenzen **oberhalb** des menschlichen Hörbereichs, **über 20 kHz**
- kann z. B. von **Fledermäusen** und **Delphinen** gehört werden

Tympanalorgane
- Hörorgane mit **Trommelfell** (**Tympanum**)
- Schall trifft auf **schwingungsfähige Membran**
- z. B. bei **Insekten**: an den Vorderbeinen bei Grillen und Laubheuschrecken, am Rumpf bei Feldheuschrecken und Zikaden

Bau des Wirbeltierohres (Abb. 5.4)

a) Außenohr
- **Ohrmuschel**: zur **Schallaufnahme** und **-lokalisation**; nur bei Säugern
- **äußerer Gehörgang**

b) Mittelohr
- Abschluss nach außen: **Trommelfell**
- **Eustachische Röhre**: Verbindung vom Mittelohr zum Rachenraum (**Druckausgleich**)
- **Gehörknöchelchen** übertragen Schwingungen vom Trommelfell auf Innenohr
  - bei Säugern 3 Gehörknöchelchen: **Hammer** (**Malleus**), **Amboss** (**Incus**) und **Steigbügel** (**Stapes**)
  - bei anderen Tetrapoden nur 1: **Columella**
- Übertragung der Schwingungen vom Steigbügel auf **ovales Fenster**

c) Innenohr
- eigentliches Sinnesorgan, in dem **Transduktion** erfolgt
- **flüssigkeitsgefüllte Kanäle**, Teil des **Labyrinthorgans**
- sehr unterschiedlich bei verschiedenen Wirbeltieren
- **Cochlea**: **Gehörschnecke** im Innenohr von Säugern
  - aufgebaut aus **3 Kanälen**: **Scala vestibuli** (Vorhofgang), **Scala media** (Ductus cochlearis) und **Scala tympani** (Paukengang)
- **Corti-Organ**: Teil des Gehörorgans von Säugern in der Scala media mit **Haarzellen** und **Hilfsstrukturen**; dient der Transduktion
- **Basilarmembran**: Membran im Innenohr von Säugern und Vögeln, auf der die **Haarzellen** sitzen; wird durch Schall in Schwingung versetzt
- Stereovilli der Haarzellen berühren **Reissner-Membran** (**Tectorialmembran**) → bei Scherung erfolgt **Transduktion**

Das Hörorgan der Säuger ist im Innenohr lokalisiert

☐ *gelernt (Campbell S. 1277)*

Frequenzunterscheidung
- erfolgt auf Ebene der **Rezeptorzellen** im Innenohr
- **Wanderwelle**: durch Schall und Trommelfellbewegung ausgelöste **Schwingung in der Cochlea**; wandert Cochlea entlang bis zum **runden Fenster**
- **Tonotopie (Frequenz-Orts-Transformation)**: verschieden hohe Frequenzen erregen die **Haarzellen** an **räumlich geordneten Stellen** auf der Basilarmembran

---

Zu Bau und Funktion des menschlichen Ohres sowie zur Unterscheidung von Tonhöhen siehe auch die Abbildungen 49.17 und 49.18 in Campbells Biologie.

☐ *gelernt (Campbell S. 1278 und S. 1279)*

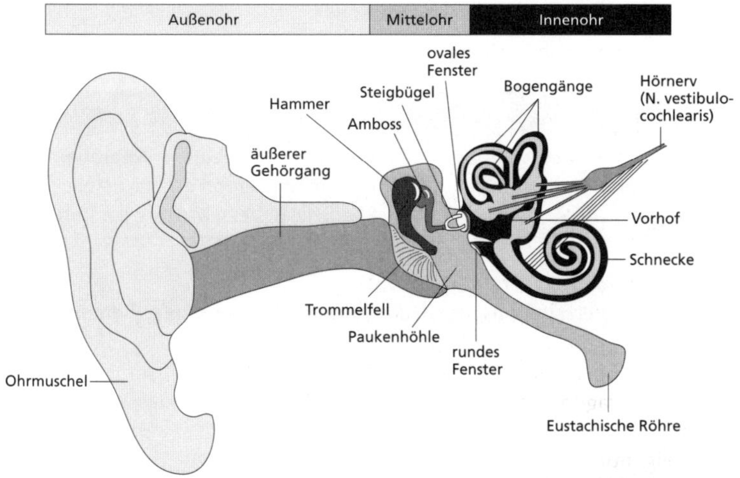

Abb. 5.4: Ohr des Menschen. Erkennbar auch die Bogengänge des Labyrinths mit den Ampullen (Drehsinnesorgan).

Richtungshören

- durch **Laufzeitunterschiede** und **Intensität der Signale**, die **beide Ohren** erreichen

Hörbahn der Säugetiere

- viele **unterschiedliche Gehirngebiete** beteiligt
- **alle Verarbeitungsschritte** erfolgen im **ZNS**
- höchste Verarbeitungsebene: **Hörcortex**

Im **menschlichen Ohr** befinden sich rund 30 000 Haarzellen, in denen die Transduktion erfolgt – im Gegensatz zu über 100 Mio. Rezeptorzellen im **Auge**.

5.4 Informationsverarbeitung im Zentralnervensystem

- **Sinnesorgane** dienen nur zur **Reizaufnahme** und **Umsetzung** in elektrische Signale
- an **Reizwahrnehmung**, **-erkennung** und **-unterscheidung ZNS** beteiligt
- **Informationsverarbeitung** im Gehirn auf **verschiedenen Ebenen**, gleichzeitig oder nacheinander (**parallele** oder **serielle Verarbeitung**)

5.4.1 Verschaltungsprinzipien von Neuronen

- die verschiedenen **Organisationsprinzipien überlagern** sich

Divergenz	Konvergenz
Verschaltung **eines Neurons** mit **mehreren Neuronen** der nächsten Ebene	Verschaltung **mehrerer Neuronen** mit **einem Neuron** der nächsten Ebene (z. B. Verschaltung der **Retina**)

laterale Hemmung (laterale Inhibition)
- neuronale Verschaltung, durch die **benachbarte Neurone gehemmt** werden
- dient der **Kontrastverschärfung** zwischen 2 Reizen
- z. B. **Unterscheidung** von relativ nahe beieinander liegenden Reizen

Topographie
- die **räumliche Beziehung** von Reizen in der Außenwelt wird auch auf **neuronaler Ebene** beibehalten
- **benachbarte Reize** der Außenwelt erregen **benachbarte Neuronen**
- räumlicher Bezug wird bis zur **Cortexebene** beibehalten
- im Gehirn entsteht **Karte**: systematische **zweidimensionale Anordnung** von Reizparametern in **Cortexarealen**
  - z. B. **Abbildung der Körperoberfläche** im **somatosensorischen Cortex** („Homunculus", s. Kap. 6)
- **Säulen**: Organisationsprinzip im Cortex vieler **höherer Säugetiere**
  - Neuronen entlang eines säulenartigen Bereichs **senkrecht zur Cortexoberfläche** beantworten **ähnliche Reizparameter**
- **Augendominanz**: das von einem der beiden Augen kommende Signal wird **stärker beantwortet** als das Signal vom anderen Auge → **Augendominanzsäulen**

6. Höhere Verarbeitungsprozesse

- nach **Reizaufnahme** und **Umwandlung** in Signal durch Rezeptoren sowie **Weiterleitung** durch Neuronen erfolgt die **Verarbeitung** in den **corticalen Arealen**

6.1 Corticale Areale

!

Lappen der Großhirnhemisphären (Abb. 6.1)
- **Frontallappen** (Stirnlappen)
- **Parietallappen** (Scheitellappen, quer über den Kopf ziehender Bereich)
- **Temporallappen** (Schläfenlappen, Ohrbereich)
- **Okzipitallappen** (Hinterkopf)

Cortex
- äußerer, **geschichteter Bereich** der **grauen Substanz**
- **Neocortex** der Säugetiere: 6 Schichten, in Falten und Windungen

Cortexareale (Abb. 6.1)
- Bereiche der **Großhirnrinde** zur **Verarbeitung** neuronaler Information
- bilden **sensorische Felder** ab (**Repräsentation**)
- können **primär**, **sekundär** oder **höherer Ordnung** sein
- jedes sensorische System mit **1 primären** und **2 sekundären** Gebieten mit mehreren **Repräsentationsfeldern**
- können **uni-** oder **multimodal** sein
- Eingangsareal: **sensorisch**; Ausgangsareal: **motorisch**

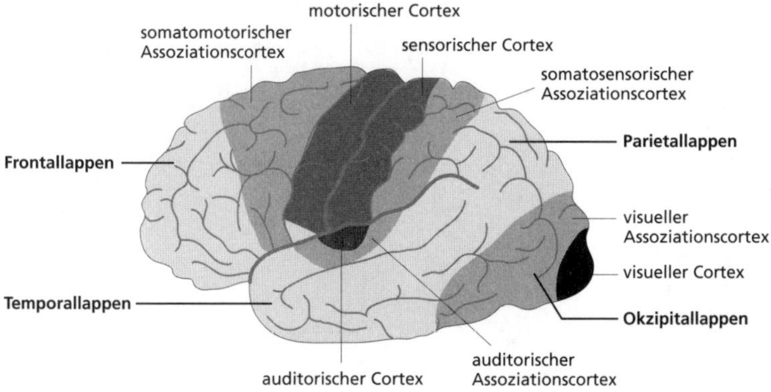

Abb. 6.1: Die primären und sekundären Cortexareale des menschlichen Gehirns sowie die Unterteilung der Hemisphären in Lappen.

Die einzelnen Regionen des Großhirns sind auf unterschiedliche Funktionen spezialisiert

☐ *gelernt (Campbell S. 1251)*

6.1.1 Der primäre Cortex

primärer Cortex (Abb. 6.2)
- Zusammenfassung **aller primären Cortexareale** (visuell, sensorisch, somatosensorisch, akustisch, Motorcortex)
- **primär sensorische Cortexareale** erhalten Informationen aus **subcorticalen Bereichen**
- **taktile, akustische** und **optische Information** kommt **vorverarbeitet** von **Kernen des Thalamus** an
- **Geruchsinformation** kommt direkt von **Bulbus olfactorius** zu **limbischen Cortexarealen**
- Information **topologisch** geordnet (Ausnahme Geruchsinformation): Information **benachbarter Rezeptoren** liegen auch im **Cortexareal nebeneinander**
  - **jedes Körperteil** ist repräsentiert
- **primäre Cortexareale** leiten Information an **sekundäre Cortexareale** weiter
- **primärer Motorcortex**: steuert **motorischen Informationsausgang**

„Homunculus" (Abb. 6.2)
- **Repräsentation der Körperzonen** im primär somatosensorischen bzw. motorischen Cortex
- **Größenverhältnisse** entsprechen den **Cortexarealen** (relative Betonung der Körperteile)

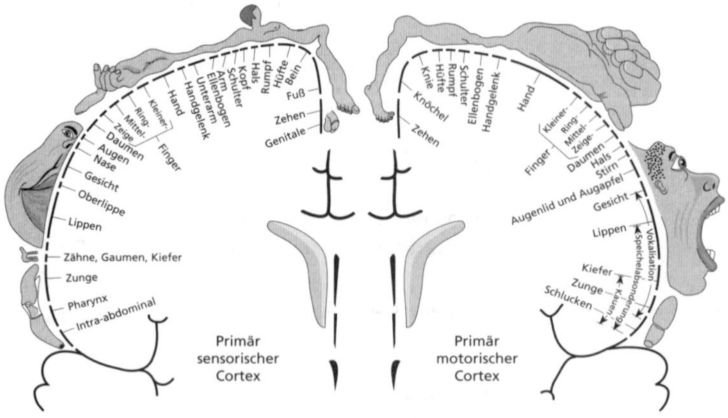

Abb. 6.2: Primär sensorischer und motorischer Cortex im menschlichen Gehirn mit Kartierung der Körperteile (so genannter „somatosensorischer Homunculus").

Methoden zur Erfassung von Gehirnaktivitäten

a) Elektroencephalogramm (EEG)
- nicht-invasive Methode zur **Messung der elektrischen Aktivität** der Hirnrinde
- dazu werden **Elektroden** auf Kopfhaut angeklebt
- Beobachtung von **Musteränderungen der Gehirnpotenziale**

b) Positronenemissionstomographie (PET)
- Feststellung der **Aktivität von Hirnarealen**
- durch **erhöhte Gehirnaktivität** höherer **Sauerstoffbedarf** und Durchblutung
- Injektion von **Sauerstoffisotopen**, die bei Zerfall Positronen freisetzen
- Zunahme der **Signaldichte** bei Aktivität, wird in **Bilder** umgesetzt

c) Magnetresonanz-Imaging (MRI)
- neueres, detailgetreues bildgebendes Verfahren mithilfe eines **Magnetfeldes**

Darstellungen eines EEGs und einer PET finden Sie in den Abbildungen 48.22 und 48.26 in Campbells Biologie.

(Campbell S. 1247 und S. 1253) gelernt ☐

Plastizität im Cortex
- **topologische Gehirnkarten** nicht starr verschaltet
- Änderung durch **Übung** oder **Veränderung der Stimulation**
- z. B. **Vergrößerung der Repräsentation** von Hand und Fingern durch intensives **Üben manueller Fähigkeiten**
- **Wiedererlernen** von Fähigkeiten, die nach **Gehirnschädigung** verloren gingen

Phantomschmerz
- Information (z. B. Schmerz) von **nicht mehr vorhandenen Rezeptoren**
- beruht auf **Plastizität** der Cortexareale
- verursacht durch **Neuverschaltung** von Neuronen an den **Cortexarealgrenzen**

6.1.2 Sekundäre Cortexareale

- empfangen Information von **primären Cortexarealen**
- dienen der **höheren Weiterverarbeitung** (z. B. **Objekterkennung**, **Bewegungsanalyse**)
- Information **nicht mehr topologisch** geordnet

Gesichtserkennung
- spezielles **sekundäres Cortexareal**
- setzt Information Nase-Auge-Ohr zu einem **individuellen Gesicht** zusammen

Broca-Areal
- sekundäres Cortexareal, v. a. **motorisch**
- meist in der **linken Hemisphäre**
- **Aussprachezentrum**: koordiniert **Mund- und Zungenbewegungen**
- bei **Beschädigung**: Verstehen von Sprache nicht eingeschränkt, aber Sprechen

Siehe hierzu auch den Abschnitt „Sprache und Sprechen" in Campbells Biologie.

☐ *gelernt (Campbell S. 1253)*

6.1.3 Multimodale Cortexareale

- verbinden **mehrere Sinneseindrücke** (Sehen, Hören etc.) miteinander
- erforderlich für **komplexere Reaktionsmuster**

Wernicke-Areal
- multimodales Cortexareal, v. a. **sensorisch**
- meist in der **linken Hemisphäre**
- durch **Faserbündel** mit **Broca-Areal** verbunden
- verbindet **gesprochene** und **gelesene Worte** mit dem **Sinn**
- auch **logische Verknüpfungen** und **Kategorisierungen**
- bei **Beschädigung**: Verstehen von Sprache stark beeinträchtigt, schwere Sprachstörungen (Aussprache kaum beeinträchtigt, aber kein Wortsinn)

Bei etwa 15 % aller **Linkshänder** entwickeln sich Broca- und Wernicke-Areal in der rechten statt der linken Hirnhemisphäre. Die Kontrolle der rechten Hand erfolgt in der linken, die der linken in der rechten Hälfte. Beim „Umtrainieren" kann es zu Störungen im Sprachzentrum kommen.

6.1.4 Präfrontaler Cortex

- **übergeordnetes multimodales** Cortexareal
- **verbindet** alle anderen uni- und multimodalen Areale
- hervorgegangen aus dem **motorischen Cortex**
- relativ stärkste **Vergrößerung** im Lauf der **Säugerevolution**
- **Koordinations-** und **Managerfunktion** für andere Cortexareale
- Bereiche mit **Arbeitsgedächtnisfunktion**

limbischer Assoziationscortex
- **medialer** und **ventraler** Teil des präfrontalen Cortex
- grenzt an **limbisches System**
- Koordination und Kontrolle **emotionaler Prozesse**
- verantwortlich für **angepasstes Verhalten**

Arbeitsgedächtnis
- im **dorsal-lateralen** Bereich des präfrontalen Cortex
- spielt Rolle bei der **Erfassung** und **Planung von Handlungsweisen** sowie deren **logischer Abfolge**
- speichert **kurzfristig** Information für Arbeitsabläufe
- Neuronen reagieren **unspezifisch** auf Informationsart oder Reizmodalität

6.1.5 Hemisphären-Spezialisierung und Lateralisierung

!
- **Hirnhälften** sind **spezialisiert**, arbeiten aber zusammen
- gekoppelt durch axonale Faserbündel: **Corpus callosum (Balken)**

Vergleiche hierzu den Abschnitt „Lateralisierung der Gehirnfunktionen" in Campbells Biologie.

(Campbell S. 1252) gelernt ☐

Lateralisierung
- führt dazu, dass Großhirnhemisphären **nicht spiegelsymmetrisch** sind → **spezialisieren sich** in ihrer **Funktion**
- z. B. **linke** Großhirnhemisphäre: **Detailanalyse** (Baum = Detail)
- **rechte** Großhirnhemisphäre: erfasst **Zusammenhänge** (Wald = Kontext)
- **Broca-** und **Wernicke-Sprachzentren** in **linker** Hälfte
- **räumliches Sehen** in **rechter** Hälfte

Neglekt
- Körperteile werden als **fremd** empfunden, **nicht bewusst** als eigen wahrgenommen (**Körper-Neglekt**)
- oder Bilder werden **nur halb** gesehen (**visueller Neglekt**)
- Ursache: **Schädigungen in rechter Hemisphäre**

6.2 Funktionelle Systeme im Gehirn

- Grundlage für **komplexe Reaktionsmuster**: **Verschaltung** von **Cortex** und anderen **Gehirnteilen**
- Teile bilden **funktionelle Einheit**

6.2.1 Das limbische System

!
- **Gefühlszentrum**
- **Verschaltung** verschiedener Gehirnteile: Teile des **Stammhirns, Kerne des Thalamus** und der **Basalganglien, Cortexbereiche**

Vergleiche hierzu auch den Abschnitt „Emotionen" in Campbells Biologie.

(Campbell S., 1253) gelernt ☐

Belohnungssystem
- **verstärkt Handlungen**, die **erfolgreich** waren oder Bedürfnisse **befriedigen**
- Teile des **Stammhirns** (bei Ratten: ventrales Tegmentum)
- beeinflusst durch Drogen wie **Opiate**, **Benzodiazepine**

Amygdala (Mandelkern)
- Bereich des **Temporallappens**
- wichtig für **Erlernen von emotionalen Zusammenhängen**, verknüpft Erfahrungen mit Emotionen

6.2.2 Lernsysteme

- **elementare** Lernvorgänge (z. B. Habituation): v. a. im **Stammhirn**
- **komplexere** Lernvorgänge: **höhere Hirnstrukturen**
- **Lernen** erfolgt **modalitätsspezifisch** (verknüpft mit den für Sinnesmodalität zuständigen Arealen)
- zur **Gedächtnisbildung** sind **Hirnareale** miteinander zu **Systemen** verbunden
- z. T. gleiche Teile wie **limbisches System**

an Lernsystemen beteiligte Hirnteile

a) Hippocampus
  - gebildet vom **Archicortex**
  - spielt wichtige Rolle bei **Gedächtnisbildung**

b) Thalamuskerne
  - aus Gruppen von **spezialisierten Neuronen**
  - auch beteiligt an **limbischem System**, Sensorik, Motorik

c) Mamillarkörper
  - auch Teil des limbischen Systems

d) Nucleus basalis (Basalkerne)
  - Teil des **Stammhirns**
  - aktiviert von Hirnregionen durch **Projektion**

e) präfrontaler Cortex
  - v. a. wichtig für **Arbeitsgedächtnis**

Gedächtnisbildung
- erfolgt durch **unabhängige Lernsysteme**

a) sensorisches Gedächtnis
  - Speicherung von **Sinneseindrücken**
  - Anteile: s. o.

b) motorisches Gedächtnis
  - Erlernen und Ausführen **motorischer Programme**
  - Anteile: Basalganglien, motorische Kerne des Thalamus, Motorcortex, Kleinhirn

6.3 Prinzipien der Informationsverarbeitung

Die Verarbeitung von sensorischem Eingang und motorischem Ausgang im Gehirn erfolgt nicht linear, sondern zyklisch

(Campbell S. 1264) gelernt ☐

Warum keine lineare Informationsverarbeitung?
- würde **zu lange** dauern
- immer **weniger** Neuronen müssten immer **komplexere** Dinge codieren
- **Zusammenführung** von Informationen, die in **verschiedenen** Cortexarealen verarbeitet werden, wäre problematisch

parallele Informationsverarbeitung
- **Unterteilung** eines Problems in weniger komplexe **Unterprobleme** und **gleichzeitige Bearbeitung**
- Gesamtverarbeitung **schneller** als bei **linearer Informationsverarbeitung**

neuronales Netzwerk
- **Verschaltung** von vielen Neuronen
- Information wird über gesamtes Netzwerk **verteilt**

Vorteile eines neuronalen Netzwerks
- Toleranz gegenüber **Verlust** von corticalem Gewebe oder einzelner Neuronen
- große **Speicherkapazität**, **dezentrale** (**holistische**) **Informationsspeicherung**
- **Rauschtoleranz**: Ausgleich des Rauschens einzelner Neuronen
- **Mustervervollständigung**: unvollständige Muster können aus dem Gedächtnis vervollständigt werden (z. B. **Wiedererkennen** von Menschen)
- **Zusammenfügen** der Einzeleigenschaften (z. B. Farbe, Form etc.) zu einem Objekt
- **hohe Geschwindigkeit** durch Vernetzung

***bottom up*-Informationsfluss**
- **unidirektionaler** Informationsfluss von den **sensorischen Organen** zum **ZNS**
- spiegelt die verschiedenen **Ebenen der Informationshierarchie** wider

***top down*-Prinzip**
- **bidirektionaler** Informationsfluss von den sensorischen Organen zum ZNS **und umgekehrt**
- Voraussetzung für **selbst-optimierendes System** und **dynamisches Gedächtnis**

7. Gewebe und Bewegungsapparat

7.1 Gewebe

!
- **Zellverband** aus **gleich gestalteten** Zellen
- verschiedene Gewebe bilden **Organe**

Grundtypen von Geweben

Gewebetyp	Herkunft
Epithelgewebe	Ektoderm, Entoderm, Mesoderm
Nervengewebe (s. Kap. 4)	Neuroektoderm
Binde- und **Stützgewebe**	Mesoderm und Mesektoderm
Muskelgewebe	Mesoderm und Mesektoderm

In tierischen Geweben ist die Funktion eng mit der Struktur verknüpft

☐ *gelernt (Campbell S. 1000)*

7.1.1 Epithelgewebe (Deckgewebe)

!
- **geschlossener**, plattenartiger **Zellverband** aus **gleichartig differenzierten** Zellen
- **kaum Interzellularräume**
- liegt **Basallamina** (Basalmembran) auf
- bildet **Grenzgewebe** an äußeren Oberflächen oder **Auskleidung** innerer Hohlräume
- **Regeneration** durch **Stammzellen** aus tieferen Schichten

Typen von Epithelgewebe

Epitheltyp	Vorkommen	spezielle Funktion
Plattenepithel		
– **einschichtiges**	– Lungenbläschen	– Stoffaustausch durch Diffusion
– **mehrschichtiges**	– Haut (verhornt), Ösophagus (unverhornt)	– ständige Erneuerung von unten her

Epitheltyp	Vorkommen	spezielle Funktion
hochprismatisches Epithel		
– **einschichtig**	– Gallenblase, Atemwege (als **Flimmerepithel**)	– Sekretion, Resorption
– **mehrschichtig**	– Harnröhre	– Sekretion
– **mehrreihig**	– Nasenschleimhaut (**Flimmerepithel**)	
– **isoprismatisches (kubisches) Epithel**	– Drüsenausführgänge	– Sekretion

- **mehrschichtiges Epithel**: nur **unterste Schicht** mit **Basallamina** in Verbindung
- **mehrreihiges Epithel**: **alle** Zellen mit **Basallamina** in Verbindung, aber Zellen **unterschiedlich hoch**

!

Drüsenepithelien
- dienen der **Sekretion** und **Resorption**
- **Schleimhäute** von **Atemwegen** und **Verdauungstrakt**

Flimmerepithelien
- mit **Flimmerhärchen** (**Kinocilien**) zum **Transport von Schleim**
- **Atemwege**, **Nasenschleimhaut**

Einen Überblick über die verschiedenen Epithelgewebe gibt Abbildung 40.1 in Campbells Biologie.

(Campbell S. 1001) gelernt ☐

7.1.2 Binde- und Stützgewebe

!

- befinden sich **im Inneren** eines Organismus
- **vielfältige Funktionen**, daher **variable Zusammensetzung** und Strukturen
- Zellen sind **fix und gewebsspezifisch** oder **mobil und „eingewandert"**
- **Interzellularräume** in der Größe stark **variabel**
- **Interzellularsubstanz** besteht aus **Grundsubstanz** und **Fasern**
- an den **Grenzen** zu anderen Geweben mit **Basallamina**

Vergleiche hierzu den Abschnitt „Binde- und Stützgewebe" in Campbells Biologie.

(Campbell S. 1001) gelernt ☐

Funktionen von Binde- und Stützgewebe

- **Stabilisierung** der äußeren Körperhülle
- Ausbildung eines **Endoskeletts**
- **Verbindungen** zwischen Skelettelemente (**Bänder**, **Sehnen**)
- Ausbildung von „**Lagern**" in Gelenken
- **Umhüllung** von Organen, Nerven und Gefäßen
- **Stoffspeicherung** (Fettgewebe, Fettkörper)
- Bildung von **Diffusionsräumen** für gelöste Stoffe
- **Abwehr** von Fremdstoffen und Bakterien
- **Narbenbildung**
- **Transport** (Blut, Hämolymphe)

Die **unterschiedlichen Eigenschaften** von Binde- und Stützgeweben beruhen auf:

- der Zusammensetzung aus **fixen** und **mobilen Zellen**
- dem Verhältnis von **Zell-** und **Interzellularraum**
- der Zusammensetzung der **Interzellularsubstanz** aus **Grundsubstanz** (Matrix), **Einlagerungen** in die Matrix und **unterschiedlichen Fasern**

fixe Bindegewebszellen

- **Fibrocyten**: synthetisieren Interzellularsubstanz
- **Chondrocyten**: Stützelemente des Knorpels
- **Osteocyten**: Knochenzellen
- **Adipocyten** (**Fettzellen**): Fett- und Energiespeicher, lipidreich
- **Pigmentzellen**: Synthese von Melanin und anderen Farbstoffen
- außerdem **Reticulumzellen**, **Pericyten**

mobile Bindegewebszellen

- **Mikrophagen**: Immunabwehr, Phagocytose, Eiterbildung
- **Makrophagen**: Immunabwehr, Phago- und Pinocytose
- **Mastzellen**: Freisetzung von Vasokonstriktoren
- **Lymphocyten**: Entzündungsabwehr
- **eosinophile Granulocyten**: Immunantwort
- **Plasmazellen**: Immunabwehr (Antikörperproduktion)

Grundsubstanz (Matrix)

- **ungeformter** Bestandteil der **Interzellularsubstanz**
- aus **interstitieller Flüssigkeit** und darin **gelösten Stoffen**
- hoher Gehalt an **Proteoglykanen** und **Glykoproteinen**
- sezerniert von **Fibroblasten**

Fasern

- **geformter** Bestandteil der **Interzellularsubstanz**

a) Kollagenfasern

  - sehr **reißfest**, im Tierreich **weit verbreitet**
  - aus dem Protein **Kollagen**

- **Spongin**: spezielles Kollagen von **Schwämmen**
- **Reticulinfasern**: feine **Gitterfasern**

b) elastische Fasern (Elastinfasern)

- sehr **dehnungsfähig**
- aus dem Protein **Elastin** und **Mikrofibrillen** mit dem Protein **Fibrillin**

Mesogloea

- zellfreie, kollagen- und proteoglykanreiche **Matrix** zwischen Entoderm und Ektoderm von **Hohltieren**
- wenn **Epithelzellen** einwandern mit **Bindegewebscharakter**

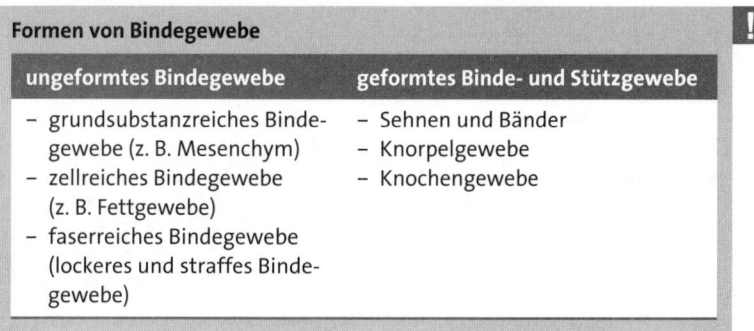

Formen von Bindegewebe !

ungeformtes Bindegewebe	geformtes Binde- und Stützgewebe
– grundsubstanzreiches Bindegewebe (z. B. Mesenchym) – zellreiches Bindegewebe (z. B. Fettgewebe) – faserreiches Bindegewebe (lockeres und straffes Bindegewebe)	– Sehnen und Bänder – Knorpelgewebe – Knochengewebe

Grundsubstanzreiches Bindegewebe

Mesenchym

- differenziert sich aus **Mesoderm** und **Mesektoderm**
- Rest des **embryonalen Mesenchyms**
- **pluripotentes** Gewebe
- bildet Reservoir für die Differenzierung von **gewebsspezifischen Stammzellen**

gallertartiges Bindegewebe

- gewebsspezifische Zellen: **Fibroblasten** oder **Fibrocyten**
- Fibroblasten **nicht mehr pluripotent**
- sehr begrenzt zu finden (Placenta fetalis, Nabelstrang, Zahnpulpa)

Zellreiche Bindegewebe

- fixe Zellen **dicht gepackt** → **kaum Interzellularräume**

reticuläres Bindegewebe

- bildet **rotes Knochenmark** und **lymphatisches Grundgewebe**
- **fixe** Zellen: z. B. **fibroblastische Reticulumzellen**
- **mobile** Zellen: z. B. **Lymphocyten**
- **Reticulinfasern** in den Interzellularräumen

> **!** **Fettgewebe**
> - Form des **zellreichen** Bindegewebes
> - aus fixen **Fettzellen** (**Adipocyten**), eingebettet in lockeres oder reticuläres Bindegewebe
>
> *a) univakuoläres Fettgewebe*
> - auch **weißes Fettgewebe**
> - **Bau**- und **Speicherfett**
> - z. B. **Unterhautfettgewebe**
>
> *b) plurivakuoläres Fettgewebe*
> - auch **braunes Fettgewebe** (hoher Cytochromgehalt)
> - **mitochondrienreiches** Gewebe zur **Wärmeproduktion** (s. Kap. 13)
> - z. B. bei **Winterschläfern**

Faserreiches Bindegewebe

lockeres Bindegewebe
- häufig vorkommende faserreiche Bindegewebsart
- dient als **Füllmaterial**
- **große Interzellularräume** mit **viskoser Grundsubstanz** und vielen **Kollagenfasern**
- **fixe** Zellen: **Fibroblasten** (teilungsfähig) oder **Fibrocyten** (stationär, ausdifferenziert)
- Sonderform fixer Zellen: **Pigmentzellen** (**Melanocyten**, **Melanophoren**)
- hoher Anteil an **mobilen Zellen**: z. B. Mikro- und Makrophagen, Lymphocyten

straffes Bindegewebe
- Form des faserreichen Bindegewebes mit **hohem Faseranteil**
- Unterscheidung von 2 Formen nach **Anordnung der Fasern**
- Sonderformen: **Knorpel-** und **Knochengewebe**

a) geflechtartiges straffes Bindegewebe
  - **netzartig** verflochtene Fasern
  - z. B. in umhüllenden **Kapseln** von Niere und Milz

b) parallelfaseriges straffes Bindegewebe
  - Fasern dicht **parallel** ausgerichtet
  - bei hohen Zugkräften, z. B. **Gelenkbänder** und **Sehnen**
  - **Faszien**: Muskelbinden; überziehen Muskel oder Muskelgruppe

Knorpelgewebe

> **!**
> - spezielle Form des **straffen Bindegewebes**, **wasserreich**
> - **Skelettsubstanz** bei Wirbellosen und Wirbeltieren (bei **Knorpelfischen** gesamtes Skelett)
> - **fixe** Zellen: **Chondroblasten** (teilungsfähig) und **Chondrocyten** (stationär, ausdifferenziert)
> - **Interzellularsubstanz** mit hohem Anteil an **gelartiger Grundsubstanz**

!

- unterteilt in **hyalinen**, **elastischen** und **Faserknorpel**
- viele **Knochen** werden aus Knorpel **vorgeformt** (**Ersatzknochen**)
- Ernährung nur durch Diffusion über **Gelenkflüssigkeit** (→ ernährt Gelenkknorpel, daher schlechtere Regeneration als Knochen)

Knorpelformen

a) hyaliner Knorpel
- häufigste Knorpelform, enthält **Kollagenfasern**
- bildet **embryonales Skelett**
- bei Erwachsenen z. B. **Gelenkknorpel**, im **Kehlkopf**, an **Rippen**
- **mesenchymalen** Ursprungs

b) elastischer Knorpel
- enthält neben **Kollagen-** auch **elastische Fasern**
- z. B. in **Ohrmuschel**, Teilen des Kehlkopfes

c) Faserknorpel
- auch **Bindegewebsknorpel**: entsteht aus **straffem Bindegewebe**
- **ohne Knorpelhaut**
- z. B. **Gelenkscheiben**, **Zwischenwirbelscheiben**

Knochengewebe

!

- spezielle Form des **straffen Bindegewebes**
- nur bei **Wirbeltieren**, bildet den **Hauptanteil des Skeletts**
- 2 Formen: **massiv** (**Compacta**) und **schwammig** (**Spongiosa**)
- **Mineralspeicher**
- v. a. aus **Interzellularsubstanz** (90 % Kollagenfasern)
- **Härte**: bedingt durch **Einlagerung** von **Hydroxylapatit** (verhärtetes Calciumphosphat)
- **fixe** Zellen: **Osteoblasten** (aktiv, teilungsfähig) und **Osteocyten** (stationär, ausdifferenziert)
- **mobile**, phagocytotisch aktive Zellen: **Osteoklasten** (→ Abbau von Knochenmaterial)

Knochentypen

a) Geflechtknochen
- auch **Bindegewebs-** oder **Faserknochen**
- entsteht durch **Verknöcherung von Bindegewebe**
- **filzartig** verwobene **Kollagenfasern**
- oft **Vorstufe für Lamellenknochen** (z. B. bei Bruchheilung)

b) Lamellenknochen
- häufigster Knochentyp, z. B. **Röhrenknochen**
- charakterisiert durch **Lamellenstruktur der Interzellularsubstanz**
- **parallel** ausgerichtete **Kollagenfasern**
- **Osteocyten** in Hohlräumen (**Lakunen**) zwischen den Lamellen
- Grundeinheit: **Osteon**

Osteon (Havers-System)
- **Grundeinheit** des Lamellenknochens aus **Speziallamellen**
- entsteht rund um Blutgefäß (**Havers-Gefäß**)
- **Havers-Kanal**: zentraler Kanal mit Blutgefäß

Endost
- **Begrenzung** zum **Knochenmark**
- enthält **fibroblastenartige Zellen** → dient der **Regeneration**

Periost (Knochenhaut)
- **begrenzt Knochengewebe** nach außen (Ausnahme: Gelenke)
- dient der **Blutversorgung** des Knochens, enthält **Nerven**
- enthält **Fibroblasten**, die sich zu **Osteoblasten** differenzieren können → **Regeneration**

Ossifikation
- **Verknöcherung**, Knochenbildung
- **desmal**: direkt aus **mesenchymalen Zellen** (Bildung von **Geflechtknochen**)
- **chondral**: durch **Ersatz von Knorpelzellen** durch Knochenzellen
  - **perichondral**: durch **Umdifferenzierung** von mesenchymalen Knorpelhautzellen
  - **enchondral**: durch **Einwanderung** und **Umdifferenzierung** von mesenchymalen Zellen innerhalb des Knorpels

!

Deckknochen	Ersatzknochen
– entstehen durch **desmale Ossifikation** direkt aus **Mesenchymzellen**, die sich zu **Osteoblasten** differenzieren – einfache **Geflechtknochen**	– entstehen durch **chondrale Ossifikation** – **Chondroklasten** bauen Vorform aus hyalinem Knorpel ab – **Osteoblasten** ersetzen ihn durch Knochen

Verknöcherung von Röhrenknochen
- **Längenwachstum** beginnt an **Diaphyse** (Schaft)
- setzt sich zu **Epiphysen** (Knochenenden) hin fort
- **Appositionswachstum**: **Dickenwachstum** durch Auflagerung neuen Gewebes

rotes Knochenmark
- entsteht bei der **enchondralen Ossifikation**
- Differenzierung **Blut bildender Zellen** in primärer Markhöhle → **sekundäre Markhöhle**

7.2 Passiver Bewegungsapparat: Skelettsysteme

Bewegungsapparat
- passiver Anteil: **Skelettsystem** eines Körpers
- aktiver Anteil: **Muskeln**

Skelette
- dienen dem **Schutz** eines Organismus
- bieten **stützende** Strukturen, teils auch **formgebend**
- bilden **Verankerung** für **aktiven Bewegungsapparat**
- Unterscheidung zwischen **Endoskeletten** und **Exoskeletten**

Skelette stützen und schützen den Körper der Tiere und sind für die Bewegung unverzichtbar

(Campbell S. 1286) gelernt

7.2.1 Exoskelettsysteme

Exoskelett (Außenskelett)
- Entstehung: durch **Abscheidung mineralischer Substanzen** oder nach außen gerichtete **Abscheidungen der Epidermis**

Beispiele für Exoskelette
- Kalkschalen von **Foraminiferen**
- Kalk- oder Silikatskelette von **Schwämmen**
- Kalkskelette von **Hexacorallia** (riffbildende Korallen)
- (nach innen verlagerte) Skelette der **Octocorallia** (Weichkorallen)
- Chitincuticula von **Insekten**
- Kalkschale von **Mollusken**
- Kalkpanzer von **Krebsen**
- Tunicinmantel der **Tunicaten**
- Hautknochenpanzer **ancestraler Wirbeltiere** (Ostracodermen, Placodermen)

Überreste des **Hautknochenpanzers** ancestraler Wirbeltiere finden sich heute noch bei Haien (Placoidschuppen), Krokodilen, Schildkröten und Gürteltieren.

7.2.2 Endoskelettsysteme

Endoskelett (Innenskelett)
- Entstehung: durch **Spezialisierung von Bindegeweben**, **Ausscheidung extrazellulärer harter Substanzen** oder durch **Flüssigkeiten**

Beispiele für Endoskelette
- Silikatskelette von **Radiolarien**
- Sklerite der **Steinkorallen**
- Kalkplatten der **Echinodermen**
- Hydroskelett mancher **Cnidaria**, **Plathelminthen**, **Nematoden** und **Anneliden**
- Chorda dorsalis und Knorpel- oder Knochenskelett der **Vertebraten**

! **Hydroskelett (hydrostatisches Skelett)**
- spezielle Form von Endoskelett: **Hautmuskelschlauch** umgibt nicht komprimierbare **Flüssigkeitssäule**

Vertebratenskelett

! **Chorda dorsalis** (**Rückensaite**)
- **Achsenskelett** der **Acrania** (Schädellose) und **Agnatha** (kieferlose Wirbeltiere)
- bei Acraniern aus **scheibenförmigen Muskelplatten**
- bei Agnathen **elastischer Stab** mit Bindegewebshülle (**mesodermal**)
- Rest in der Wirbelsäule höherer Wirbeltiere: **Nucleus pulposus** (gallertige Masse in Zwischenwirbelscheiben)

Wirbelsäule
- **gegliedertes Achsenskelett** der Vertebrata
- zusammengesetzt aus **Wirbeln**
- um **Chorda** bildet sich **Wirbelkörper**, ober- und unterhalb jeweils **Wirbelbogen**
- **Wirbelkanal** umschließt das **Rückenmark**
- **Dornfortsatz** (**Processus spinosus**): Verschmelzungsstelle der Wirbelbögen
- **Querfortsätze (Processus transversus)**: Befestigung des Rippenhöckers, Ansatz der Muskeln

Die **Zahl der Wirbel** reicht von 32–34 beim Menschen bis zu über 200 bei manchen Haien.

Rippen (Costae)
- **Knochenstäbe**, meist gelenkig mit Wirbeln verbunden
- **knorpelig** angelegt, teilweise **verknöchert**
- bilden durch Ansatz an **Brustbein** (**Sternum**) den **Brustkorb**

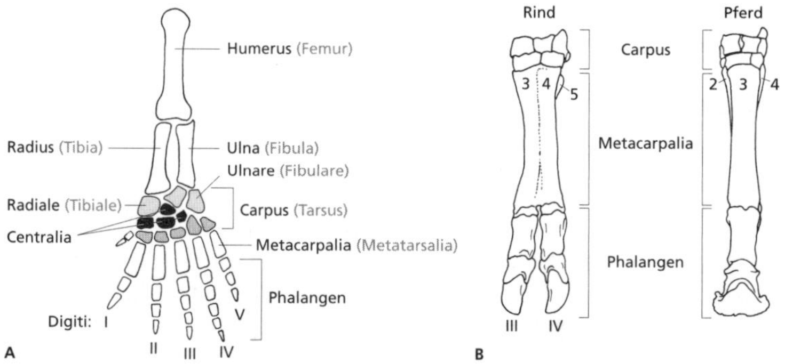

Abb. 7.1: Tetrapodenextremität. (A) Vorderextremität (in Klammern Bezeichnungen der Hinterextremität. (B) Reduktionen der Vorderextremität bei Paarhufern und Unpaarhufern.

Extremitätenskelett !
- bei Knochenfischen: **Brust-** und **Bauchflossen**
- bei Tetrapoden: **pentadactyle Vorder-** und **Hinterextremität** (Abb. 7.1A)
- verschiedene **Abwandlungen** und **Reduktionen** als **Anpassung** an unterschiedliche Lebensbedingungen, z. B. bei Huftieren (Abb. 7.1B)
- bei Vögeln Umwandlung der Vorderextremität zu **Flügeln**

7.2.3 Gelenke

- **Bindeglieder** zwischen **passivem** und **aktivem** Bewegungsapparat
- meist **bewegliche Verbindung** zwischen Knochen
- charakterisiert durch **Gelenkspalt**
- meist gegliedert in **Gelenkkopf**, -**pfanne**, -**flächen** und -**kapsel** und weitere Elemente wie **Bänder**
- durch **unterschiedliche Konstruktion** von Gelenkkopf, Gelenkpfanne und Bandapparat variabel in der Zahl der **Bewegungsachsen** und -**richtungen** sowie der Stabilisierung

Gelenktypen (Abb. 7.2)
- **Kugelgelenk**: mit kugelfömigem Gelenkkopf; 6 Bewegungsrichtungen (3 Achsen), 2 Drehrichtungen – z. B. **Schulter-** und **Hüftgelenk**
- **Eigelenk**: ellipsenförmig; 4 Bewegungsrichtungen, nur leichte Drehung, z. B. **Handgelenk**
- **Scharniergelenk**: nur 1 Bewegungsachse, z. B. **Ellbogen-** und **Kniegelenk**
- **Sattelgelenk**: 2 sattelförmige Gelenkflächen, 2 Bewegungsachsen, z. B. **Daumenwurzel**

- **Zapfengelenk**: nur Drehbewegung, z. B. zwischen **Atlas** und **Axis** (1. und 2. **Halswirbel**)
- **flaches Gelenk**: nur Verschiebung der Gelenkflächen
- **straffes Gelenk**: Bewegung durch Bänder nicht möglich → zur Abfederung

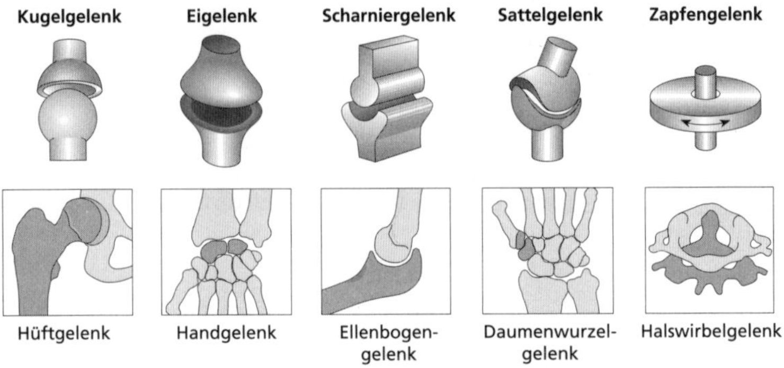

Abb. 7.2: Gelenktypen – schematische Darstellung und Beispiele.

7.3 Aktiver Bewegungsapparat: Muskelsysteme

! **Muskelgewebe**

- aus **Muskelzellen**, die durch **kontraktile Proteine** zur **Kontraktion** und **Entspannung** befähigt sind
- Bewegung benötigt **Energie** in Form von **ATP**
- **Versorgung** über verzweigtes **Kapillarnetz**

a) quer gestreifte Muskulatur

- **parallele** Anordnung der **Myofibrillen** ergibt mikroskopisches Muster aus **hellen** und **dunklen Bändern**
- ermöglicht durch **rasche Kontraktionen** schnelle Bewegungsabläufe
- **Skelettmuskulatur**: **willkürliche** Muskulatur; über **Sehnen** mit **Knochen** verbunden
- **Herzmuskulatur**: **unwillkürliche** Muskulatur; mit **verzweigten** Muskelfasern, verbunden über **Glanzstreifen**

b) glatte Muskulatur

- aus **spindelförmigen** Zellen
- **langsamere** Kontraktion
- **unwillkürliche** Muskulatur in den **Wänden** der Eingeweide, Blutgefäße, Bronchien und harnableitenden Wege

Vergleiche hierzu auch den Abschnitt „Muskelgewebe" in Campbells Biologie.

(Campbell S. 1004) gelernt ☐

Eine Sonderstellung nimmt die **schräg** *oder* **helical gestreifte Muskulatur** *der* **Wirbellosen** *ein. Sie kommt u. a. bei Anneliden, Mollusken und Echinodermen vor und kontrahiert ähnlich wie quer gestreifte Muskulatur.*

7.3.1 Skelettmuskulatur

- Form der **quer gestreiften Muskulatur**
- **vielkernige Zellen** werden als **Muskelfasern** bezeichnet
- **willkürliche Muskulatur** unter Kontrolle des **ZNS**

Durch Kontraktion von Muskeln werden Teile des Skeletts gegeneinander bewegt

(Campbell S. 1290) gelernt ☐

Feinbau der Skelettmuskelzelle

Sarkolemm
- **Abschluss** der Muskelfasern nach außen

Sarkoplasma
- enthält viel **Myglobin** zur **Sauerstoffspeicherung**
- außerdem die **kontraktilen Myofibrillen**

T-Tubuli (transversale Tubuli)
- **Invaginationen** des Plasmalemms von Muskelzellen
- dienen der **schnellen Reizübertragung** ins Zellinnere
- bilden zusammen mit **L-System** im Querschnitt typische **Triadenform**

L-System (Longitudinalsystem)
- **Sarkoplasmatisches Reticulum** (**SR**): spezialisiertes ER, das sich längs der Myofibrillen erstreckt
- **Ca^{2+}-Speicher** der Skelettmuskulatur

Feinbau der Myofibrillen

Myofibrillen
- enthalten Bündel von **Myofilamenten** in 2 Formen: dünne **Actinfilamente** und dicke **Myosinfilamente**
- **regelmäßige Streifung** erkennbar: **I-Bande** (isotrop, einfach brechend) und **A-Bande** (anisotrop, doppelt brechend)

!

- dazwischen dunkle Linie: **Z-Bande** (**Zwischenscheibe**)
- 2 Z-Banden begrenzen seitlich ein **Sarkomer**

Sarkomer
- **kontraktile Einheit** der Myofibrille aus **Myofilamenten**
- aus **vollständiger A-Bande** und **2 halben I-Banden**
- in der Mitte der A-Bande hellere **H-Zone**
- seitlich begrenzt von **Z-Scheiben**

Myofilamente
a) Actinfilamente
- **dünne Filamente** (5 nm)
- aus dem globulären Protein **Actin** sowie den Proteinen **Tropomyosin** (Regulatorprotein) und **Troponin** (Sperrprotein)
- aus **2 Strängen** perlschnurartig umeinander gewunden

b) Myosinfilamente
- **dicke Filamente** (15 nm)
- aus zahlreichen Molekülen des Proteins **Myosin**
- bei Vertebraten unterschiedlich aufgebaute Myosinmoleküle (**Isoenzyme**)

Anhand von Abbildung 49.31 in Campbells Biologie *können Sie sich den Aufbau von Sarkomer und Skelettmuskel vor Augen führen.*

☐ *gelernt (Campbell S. 1290)*

Aufbau des Muskels

Muskel
- **Bündelung** von Muskelzellen in **Funktionseinheiten** durch **lockeres Bindegewebe**

Muskelfarbe
- **rote Muskeln**: sind **myoglobin-** und **mitochondrienreich**, **fibrillenarme** Muskelzellen
- **weiße Muskeln**: sind **myoglobin-** und **mitochondrienarm**, **fibrillenreiche** Muskelzellen

Muskelbefestigung
- **Ursprung**: Muskelansatz **direkt am Knochen**
- **Insertion**: Muskelansatz über **Sehne**
- **Skelettmuskeln** wirken oft **antagonistisch**; z. B. **Trizeps** (Strecker, Extensor) und **Bizeps** (Beuger, Flexor) im Oberarm

Flugmuskulatur von Insekten
- **Sonderfall** der quer gestreiften Muskulatur
- **direkte Flugmuskulatur**: setzt an **Flügelbasis** an

- **indirekte Flugmuskulatur**: setzt an **Thorax** an → Flügelbewegung über **Thoraxverformung**

Innervation und Erregungsübertragung

- **Muskelkontraktion** ausgelöst durch **Nervenimpulse**
- diese kommen von **efferenten motorischen Axonen** aus ZNS

Phasen der neuromotorischen Kontrolle der Muskelkontraktion

a) *Ruhephase*
  - Motoneuron kaum aktiv (**Ruhepotenzial**)
  - **Ca^{2+}-Konzentration** in Muskelzelle gering (in Speichern)
  - Sarkomer **entspannt**

b) *elektrische Erregung*
  - Übertragung von **Aktionspotenzialen** im Motoneuron auf Muskelzelle
  - **Freisetzung** von Ca^{2+} aus SR
  - Sarkomere **noch entspannt**

c) *Kontraktion*
  - induziert durch Ca^{2+}
  - unter **Verbrauch von ATP**

d) *Erholung*
  - nach Ende der elektrischen Stimulation
  - Aufnahme von Ca^{2+} in Speicher
  - **Entspannung** der Sarkomere

Calciumionen und regulatorische Proteine kontrollieren die Muskelkontraktion

(Campbell S. 1292) gelernt ☐

In Abbildung 49.36 in Campbells Biologie *ist der Ablauf der Kontraktion der Skelettmuskulatur übersichtlich zusammengefasst.*

(Campbell S. 1294) gelernt ☐

---

neuromotorische (motorische) Endplatte

- **neuromuskuläre Synapse**: Kontaktstelle zwischen **Nervenfaser** und **Muskelzelle**
- **plattenartig verbreiterte** neuromotorische Einheit

neuromotorische Einheit

- **1 Motoneuron** und alle von ihm **innervierten Muskelzellen**

Weiterleitung der Aktionspotenziale (Erregungsausbreitung)

- Ausschüttung des **Transmitters Acetylcholin**
- **bindet an Rezeptoren** der postsynaptischen Membran
- Öffnung von **Na^{+}-Kanälen** → Entstehung eines **Endplattenpotenzials**
- Ausbreitung der Erregung über **Membran der T-Tubuli** in Muskelzelle

- führt zu Öffnung der **spannungsgesteuerten Calciumkanäle** in Tubuli- und SR-Membran (**DHP-Rezeptor** bzw. **Ryanodinrezeptor**)

DHP-Rezeptor (Dihydropyridin-Rezeptor)
- **spannungsgesteuerter Calciumkanal** in der **Tubulimembran**
- kann durch **DHP blockiert** werden
- **aktiviert** durch direkten Kontakt den **Ryanodinrezeptor** in SR-Membran

Ryanodinrezeptor
- **Pore in SR-Membran**, die **Ca^{2+}-Ausstrom** reguliert
- **Variante 1**: aktiviert durch **direkten Kontakt** mit **DHP-Rezeptor**
- **Variante 2**: aktiviert durch **hohe Ca^{2+}-Konzentration** im Sarkoplasma; verstärkende Wirkung
- kann durch Pflanzenalkaloid **Ryanodin** aktiviert werden

Erschlaffung der Muskulatur
- Freisetzung von **Acetylcholin** stoppt
- bereits freigesetztes wird von **Acetylcholinesterase** abgebaut
- Kanäle schließen sich

schnelle Fasern (Zuckungsfasern)
- reagieren auf **Einzelreiz** mit **Einzelzuckung** (Weiterleitung der **Alles-oder-Nichts-Erregung**)
- für **schnelle**, **kraftvolle Kontraktionen**

langsame Fasern (tonische Fasern)
- reagieren nur mit Depolarisation, **keine Weiterleitung** der Erregung
- kontrahieren **langsamer, ohne zu ermüden**

Impulse aussendende Skelettmuskeln sind die **Muskelspindeln**, welche die Dehnung registrieren und so den Muskeltonus regulieren. Ähnlich aufgebaut sind die aus Bindegewebe bestehenden **Sehnenspindeln** oder **Sehnenorgane.**

Gleitfilamentmodell der Muskelkontraktion

- **Längenänderung** der Muskelfasern durch **Verschiebung der Actin- und Myosinfilamente** gegeneinander
- **Myofilamente** ändern ihre Länge bei Kontraktion nicht: nur **Verkürzung des Sarkomers**
- bewirkt durch **elektrische Muskelimpulse** und **ATP** als Energiequelle (**elektromechanische Kopplung**)
- Ausbildung von **Querbrücken** (**Actomyosinkomplex**) zwischen **Actin** und **Myosin**
- durch **Bindung von ATP** („Weichmacher") an Myosinköpfchen **Auflösung der** Querbrücken → **Aufhebung der Muskelkontraktion**

Wechselwirkungen zwischen Myosin und Actin erzeugen während der Muskelkontraktion Kraft
Anhand von Abbildung 49.32 in Campbells Biologie *können Sie sich das Gleitfilamentmodell der Kontraktion veranschaulichen.*
(Campbell S. 1291) gelernt ☐

Bei **fehlender ATP-Bildung** *können sich Myosinköpfchen nicht mehr vom Actinfilament lösen, die Querbrücken bleiben starr, z. B. bei* **Totenstarre**.

Auffüllen des ATP-Pools in Muskelzellen
- durch **Spaltung von Phosphagenen** (energiereiche Phosphatverbindungen wie Kreatin- und Argininphosphat) und **Übertragung auf ADP**
- durch **Abbau des Glykogens** (Glykolyse) in den Granula
- durch **Abbau des Pyruvats** oder **Lactats** aus Glykolyse in Citratzyklus und Atmungskette

Muskelmechanik

- **Muskelkraft** = **Summe der Zugkräfte** einzelner Muskelfasern
- auch abhängig von Muskelaktivierung: **Rekrutierung motorischer Einheiten**

Die Vielfalt an Körperbewegungen erfordert eine hochgradig variable Muskelaktivität
(Campbell S. 1293) gelernt ☐

Summation (Superposition)
- **Überlagerung von Aktionspotenzialen** führt durch **Addition der Einzelzuckungen** zu **stärkerer Kontraktion**

Tetanus
- **Dauerverkürzung** eines Muskels
- entsteht durch **Summation von Kontraktionen** aufgrund schnell aufeinander folgender Reize in regelmäßigem Zeitabstand
- nur bei **geringer Refraktärzeit** möglich
- **Refraktärzeit**: Zeit, in der Muskel bzw. Membran **nicht** oder **nur eingeschränkt erregbar** ist

Herzmuskulatur weist im Gegensatz zu Skelettmuskulatur eine so **lange Refraktärzeit** auf, dass es durch schnell aufeinander folgende Reize nicht zu einer Überlagerung von Kontraktionen kommen kann: Sie ist **nicht tetanisierbar**.

7.3.2 Herzmuskulatur der Wirbeltiere

Vergleiche hierzu auch den Abschnitt „Andere Muskeltypen" in Campbells Biologie.

☐ *gelernt (Campbell S. 1295)*

Herzmuskulatur
- Form der **quer gestreiften Muskulatur**
- **Herzmuskelzellen kürzer** als Skelettmuskelzellen, **verzweigt** und **verzahnt**
- enthalten **mehr Glykogen** und **mehr Mitochondrien** (hoher Energiebedarf)
- **Zellenden** verbunden durch **Glanzstreifen** (Zellhaften)
- **Verzahnung** ermöglicht **synchrone Kontraktion**
- **unwillkürliche Muskulatur** unter Kontrolle des **vegetativen Nervensystems**

Glanzstreifen (Disci intercalares)
- **Haftkomplexe** im Plasmalemm von Herzmuskelzellen
- verbinden einzelne Zellen zu „**Muskelfasern**"
- dienen dem **mechanischen Zusammenhalt** und der **Kommunikation** (über *gap junctions*)
- immer in Höhe einer **Z-Bande**

Herzmuskelzellen
- **Erregungsbildungszellen**: spontane Depolarisation → spontane rhythmische Aktivität
- **Erregungsleitungszellen**: rasche Weiterleitung; z. B. **Purkinje-Fasern**

Purkinje-Fasern
- **spezialisierte** wasser- und glykogenreiche **Herzmuskelzellen**
- **ohne** *gap-junctions*
- **schnellere Weiterleitung** von Erregungen als normale Herzmuskelzellen

Arbeitsweise und Automatie des Säugerherzens (s. auch Kap. 11)

Vergleiche hierzu den Abschnitt „Das Säugerherz: Eine nähere Betrachtung" in Campbells Biologie.

☐ *gelernt (Campbell S. 1050)*

- **Herzzyklus**: komplette Abfolge von Füllen und Pumpen
- **Systole**: Kontraktionsphase
- **Diastole**: Erschlaffungs- und Füllungsphase

Automatie des Herzens

- Herz führt **selbstständig rhythmische Kontraktionen** durch
- geht aus von **primärem Erregungszentrum** (**Automatiezentrum**) und breitet sich über gesamtes Herz aus

Vergleiche hierzu den Abschnitt „Autorhythmie des Herzens" in Campbells Biologie.

(Campbell S. 1052) gelernt ☐

myogene Erregungsbildung

- Erregung des Herzmuskels durch **spezialisierte Muskelzellen**
- bedingen **Automatie des Herzens**
- **primäre** Erregungsbildungszentren: **Sinusknoten** oder **sinuatrialer Knoten**
- **sekundäre** Erregungsbildungszentren: **Atrioventrikularknoten (AV-Knoten)**, z. B. **Aschoff-Tawara-Knoten**
- **tertiäre** Erregungsbildungszentren: **Conus arteriosus** oder **His-Bündel**
- **Ausbreitung der Erregung** im gesamten **Arbeitsmyokard** → Kontraktion
- **zeitlich koordinierte Kontraktion** von Vorhöfen und Kammern

Bei Krebsen und Spinnen erfolgt die **Erregungsbildung neurogen** durch Innervation.

EKG (Elektrokardiogramm)

- Aufzeichnung der **elektrischen Impulse**, die durch Herzmuskel verlaufen
- ergibt zeitliches **Abbild des Erregungsverlaufs**

Herzfrequenz

- **Kontraktionsrate**
- abhängig von **Stoffwechselintensität**

Innervation

a) parasympathische Innervation

- Überträgerstoff: **Acetylcholin** → Erhöhung der **Kaliumleitfähigkeit**
- wirkt **negativ** auf **Frequenz**, **Schlagkraft** und **Erregungsleitungsgeschwindigkeit**

b) sympathische Innervation

- Überträgerstoff: **Noradrenalin** → Erhöhung der **Calciumleitfähigkeit**
- wirkt **positiv** auf **Schlagraft** und **Erregungsleitungsgeschwindigkeit**

7.3.3 Glatte Muskulatur

- **keine Querstreifung**: Actin und Myosin **nicht regelmäßig in Sarkomeren** angeordnet
- Muskelzellen meist **spindelförmig**

!
- **Kontraktionen langsamer** als bei quer gestreifter Muskulatur, aber **länger anhaltend → langsamere Ermüdung**
- **unwillkürliche Muskulatur**: kontrolliert vom **vegetativen Nervensystem**
- reguliert **Größe von Organen** und **peristaltische Bewegungen**

Auslösung von Kontraktionen
- durch **Nervenfasern** über Transmitter
- durch **myogene Aktivität** (Schrittmacher)
- durch **mechanische Reize**
- durch **endokrine Anregung**

funktionelle Typen glatter Muskulatur
- **Single-Unit-Typ**: Zellen durch ***gap junctions*** verbunden → **funktionelle Einheit**
  - spontane rhythmische Aktivität (Darmmuskulatur, Uterus, Ureter, Gefäßmuskeln)
- **Multi-Unit-Typ**: Zellen direkt von **vegetativen Nervenfasern** innerviert
  - durch freigesetzten **Neurotransmitter** wird jede Muskelzelle erreicht

8. Hormone und endokrines System

endokrines System

!

- neben Nervensystem zweites **Informationsübertragungssystem** tierischer Organismen (als drittes könnte man noch das Immunsystem ansehen)
- Übertragung von Informationen durch **chemische Signale** (**Botenstoffe**)
- **langsamere** und **länger anhaltende Informationsübermittlung** als über elektrische Reize
- dient **Aufrechterhaltung** und **Koordination** zahlreicher **physiologischer Funktionen**

Vergleiche hierzu auch die Einleitung des Abschnitts „Einführung in die Steuerungssysteme des Körpers“ in Campbells Biologie.

(Campbell S. 1148) gelernt ☐

Typen chemischer Signale nach ihrem Wirkort

autokrine Signale	wirken in der **Zelle**, in der sie **synthetisiert** werden
parakrine Signale	diffundieren in extrazellulären Raum und wirken auf **benachbarte Zellen**
endokrine Signale	werden in **Blutbahn** zu Zielzellen oder Zielorganen transportiert
neuroendokrine Signale	werden von Zelle des Nervensystems (**neurosekretorischer Zelle**) gebildet und gelangen über Blutbahn oder Axon zur Zielzelle

Kommunizierende Zellen können eng benachbart oder weit voneinander entfernt sein

(Campbell S. 235) gelernt ☐

Endokrines System und Nervensystem sind strukturell, chemisch und funktionell verbunden

(Campbell S. 1148) gelernt ☐

8.1 Rolle und Klassifikation von Hormonen

! **Hormone**
- **körpereigene Wirkstoffe**
- **Synthese** erfolgt in **Einzelzellen** oder **Organen**; bisweilen in Form von **inaktiven Vorstufen (Prohormonen)**
- wirken **in geringen Mengen** auf **Zielzellen** oder **-organe**
- **Fernwirkung** oder **lokale Wirkung**
- können auch als **Neurotransmitter** wirken
- viele Prozesse werden durch **antagonistisch** wirkende Hormone in komplexen **Regelkreisen reguliert**
- nicht unbedingt artspezifisch wirksam

chemische Klassifizierung der Hormone

chemische Gruppe	Beispiele
Aminosäurederivate	Thyroxin, Histamin, Melatonin
Arachidonsäurederivate	Prostaglandine
Katecholamine	Adrenalin, Noradrenalin
Peptide und Proteine	Insulin
Steroide	Cortisol, Östrogene, Testosteron, Ecdyson

! **Unterscheidung nach Transportmechanismus**

a) Neurohormone
- gebildet in **Nervenzellen** (**Neurosekretion**)
- Abgabe über **Axon** an die **Blutbahn**
- **Neurohämalorgane**: Bündel aus **Axonendigungen** neurosekretorischer Zellen zur **Speicherung** von Neurohormonen (z. B. **Neurohypophyse**)

b) Drüsenhormone
- gebildet in verschiedenen **Drüsentypen**
- Abgabe in **extrazellulären Raum**, diffundieren in **Blutbahn** und werden zu Zielzellen transportiert (**endokrine Signalübertragung**)

c) Gewebshormone
- Bildung in für die Hormonproduktion **nicht charakteristischen Geweben** (z. B. Niere, Placenta)
- **chemisch sehr unterschiedliche** Substanzen
- wirken am **Entstehungsort** oder in **nächster Nähe**

d) Pheromone
- **Ektohormone**: ermöglichen **Kommunikation** zwischen Individuen (v. a. innerartlich) über **Umgebungsmedium**
- z. B. Substanzen zur Reviermarkierung, Sexuallockstoffe

Hormonwirkungen

- **kinetisch**: z. B. Beeinflussung der **Drüsensekretion**
- **metabolisch**: Beeinflussung von **Stoffwechselprozessen**
- **morphogenetisch**: Steuerung von **Differenzierungsprozessen**, **Metamorphose** etc.
- Einfluss auf **Verhalten**, z. B. Fortpflanzungsverhalten

8.2 Regulation der Hormonkonzentration

!

- **Regulation** auf verschiedenen **Ebenen**: bei der **Sekretion**, der **Speicherung**, beim **Transport**, durch **Verbrauch** oder **Abbau**
- Synthese, Freisetzung und Verbrauch sind Bestandteile von **Regelkreisen**

Hormonfreisetzung

- erfolgt aufgrund **interner** und **externer Reize**
- **kontinuierlich**: Hormone mit **geringen Konzentrationsschwankungen**
- **diskontinuierlich**: **pulsartig** oder **episodisch** bis **periodisch** (Zeiträume: Minuten, Stunden, Tage, monatlich oder jahreszeitlich)
- nach Freisetzung größtenteils gebunden an **Transportproteine**

Beendigung der Wirkung

- durch **Abbau** oder **Inaktivierung** am Wirkort
- bei **Wirbeltieren**: Abbau v. a. in **Leber** und **Niere**

Art der Regulation über Regelkreis (s. auch Abb. 8.1)

a) negative Rückkopplung

- **Konzentration** des Hormons selbst wirkt **hemmend** auf Synthese und Freisetzung
- Rezeptoren messen **Regelgröße** (Hormonspiegel) → Weitergabe der Information an **Regelglied** (Hypothalamus) → wirkt über **Stellglieder** (untergeordnete Hormondrüsen) auf Regelkreis ein
- z. B. **Schilddrüsenhormone** (Regulation über **TRH** und **TSH**)

b) positive Rückkopplung

- Hormon löst an Zielzelle **Reaktion** aus, die eigene Ausschüttung **fördert**
- z. B. **Östradiol** (über **Adenohypophysenhormone**)

Bei manchen Hormonen Regulation auch durch **Antagonisten**, z. B.:

- **Insulin** senkt den Blutzuckerspiegel, **Glucagon** hebt ihn an
- **Parathormon** bewirkt Ca^{2+}-Freisetzung ins Blut, **Calcitonin** Ca^{2+}-Fixierung im Knochen

8.3 Molekulare Wirkmechanismen

- **spezifische Hormonwirkung** nicht festgelegt
- resultiert von Einwirkung auf **Zielzellen** mit entsprechenden **Hormonrezeptoren**

! **Hormonrezeptoren**
- **spezifische Proteine** in Zellmembran, Cytoplasma oder Zellkern
- bedingen **spezifische Hormonwirkung**
- **Bindung** zwischen Hormon und Rezeptor ist **reversibel**
- Weiterleitung der Information (**Signaltransduktion**) löst Reaktion aus

In Abbildung 45.3 in Campbells Biologie *sind die Mechanismen der chemischen Signalübermittlung anschaulich gegenübergestellt.*

☐ *gelernt (Campbell S. 1151)*

8.3.1 Hormonwirkung über membranständige Rezeptoren

Die meisten chemischen Signalmoleküle binden an Proteine der Plasmamembran und initiieren damit Signalübertragungswege

☐ *gelernt (Campbell S. 1151)*

membranständige Hormonrezeptoren
- Bindung meist durch **hydrophile Hormone** als ***first messenger***, z. B. Peptidhormone
- bewirkt **Konformationsänderung** des Rezeptors
- Konformationsänderung bewirkt **Umwandlung des Signals** über **Effektoren** in einen oder mehrere ***second messenger*** oder **Öffnung eines Ionenkanals**
- **Antwort** erfolgt **schnell**

Formen membranständiger Hormonrezeptoren

Rezeptortyp	Wirkung bei Konformationsänderung
an G-Proteine koppelnde Rezeptoren	wandeln Signal in einen oder mehrere *second messenger* um
katalytische Rezeptoren	besitzen Abschnitt mit Enzymaktivität
Ionenkanal-Rezeptoren	Öffnen eines Ionenkanals

Amplifikation

- **Verstärkung** des ursprünglichen Signals durch Weiterleitung über **mehrere *second messenger*** (**Reaktionskaskade**)

G-Proteine

- binden **GTP** und **GDP**
- „große" G-Proteine bestehen aus **3 Untereinheiten**: α, β, γ
- fungieren als **Überträger** zwischen **membranständigem Rezeptor** und **membranständigem Effektorenzym** über **α-Untereinheit**

wichtige Effektoren (Effektorenzyme)

- **Adenylatcyclase**: liefert als *second messenger* **cAMP** → verstärkt die Hormonwirkung
- **Guanatcyclase**: liefert als *second messenger* **cGMP**
- **Phospholipase C**: liefert die *second messenger* **Inositol-1,4,5-triphosphat (IP_3)** und **Diacylglycerol (DAG)**

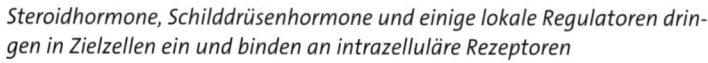

Siehe hierzu auch den Abschnitt „G-Protein-gekoppelte Rezeptoren" in Campbells Biologie.

(Campbell S. 238) gelernt ☐

8.3.2 Hormonwirkung über intrazelluläre Rezeptoren

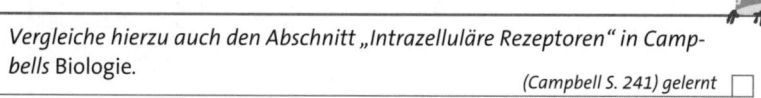

Steroidhormone, Schilddrüsenhormone und einige lokale Regulatoren dringen in Zielzellen ein und binden an intrazelluläre Rezeptoren

(Campbell S. 1152) gelernt ☐

intrazelluläre Hormonrezeptoren

- befinden sich im **Cytoplasma** oder im **Zellkern**
- binden **lipophile Hormone** nach deren Durchtritt durch die Cytoplasmamembran, z. B. Steroidhormone, Thyroxin
- Wirkung: **Änderung der Genaktivität** durch **Bindung der HR-Elemente** (*hormone response elements*)
- **längerfristige** Hormonwirkung

HRE (*hormone response elements*)

- **sequenzspezifische DNA-Regionen**, an die der **Hormon-Rezeptorkomplex** bindet
- Bindung bedingt **Transkriptionsaktivierung**

Vergleiche hierzu auch den Abschnitt „Intrazelluläre Rezeptoren" in Campbells Biologie.

(Campbell S. 241) gelernt ☐

8.4 Hormonsysteme bei Wirbeltieren

!

hierarchisches Hormonsystem (Abb. 8.1)

- **Koordination** von Nerven- und Hormonsystem über **Hypophysen-Hypothalamus-System**
- **übergeordnete Drüsen** regulieren Synthese und Freisetzung von Hormonen **untergeordneter Drüsen**

Tabelle 45.1 in Campbells Biologie *gibt eine übersichtliche Zusammenfassung der wichtigsten endokrinen Drüsen und Hormone von Wirbeltieren.*

☐ *gelernt (Campbell S. 1154)*

8.4.1 Übergeordnetes Drüsensystem

Hypophysen-Hypothalamus-System (s. auch Abb. 8.2)

!

- **ZNS** bewirkt Freisetzung von **Releasing-** und **Inhibiting-Hormonem** im **Hypothalamus**
- diese setzen in **Adenohypophyse** Hormone frei
- **glandotrope Hormone**: wirken auf **periphere Hormondrüsen**
- **nicht-glandotrope Hormone**: wirken **direkt** auf **Zielgewebe**
- über **Rezeptoren** erfolgt **positive** oder **negative Rückkopplung**

Hypothalamus und Hypophyse steuern zahlreiche Funktionen im endokrinen System der Wirbeltiere

☐ *gelernt (Campbell S. 1155)*

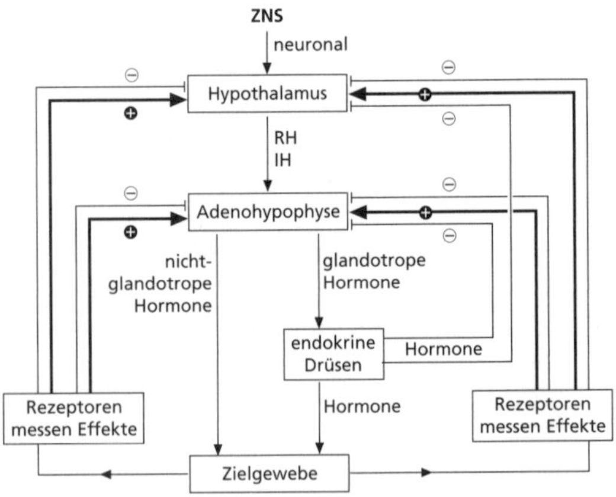

Abb. 8.1: Das hierarchische Schema des Hormonsystems von Wirbeltieren (RH = Releasing-Hormone, IH = Inhibiting-Hormone; +/− = positive bzw. negative Rückkopplung).

Hypothalamus
- **basaler** Teil des **Zwischenhirns**
- Bindeglied für die **Umwandlung** von **neuronalen** in **hormonale Signale**
- Kontrolle von **Wasserhaushalt**, **Körpertemperatur**, **Emotionen**
- enthält mehrere Kerngebiete mit **neurosekretorischen Zellen**
- **hypophyseotrope Kerngebiete**: Bildung von **Releasing-** und **Inhibiting-Hormonen**
- weitere Kerngebiete (**Nucleus supraopticus**, **N. paraventricularis**) bilden die **Effektorhormone Adiuretin** (**ADH**) und **Oxytocin**

!

Hypophyse (Hirnanhangsdrüse)
- Ausstülpung des **Zwischenhirns**
- über **Hypophysenstile** mit **Hypothalamus** verbunden
- besteht aus 2 Teilen

a) Neurohypophyse (Hypophysenhinterlappen)
- **Neurohämalorgan**: **Speicherorgan** für die im Hypothalamus gebildeten **Neurohormone**

b) Adenohypophyse (Hypophysenvorderlappen)
- **endokrine Drüse**: bildet **glandotrope** und **nicht-glandotrope Hormone**
- **reguliert** über **Neurohormone des Hypothalamus**

neurohypophysäre Hormone
- gebildet im **Hypothalamus**, in Neurohypophyse gespeichert und von dort freigesetzt

Hormon	Stoffklasse	Wirkung
Adiuretin (ADH, antidiuretisches Hormon, Vasopressin)	Peptidhormon	Regulation des osmotischen Drucks und des Flüssigkeitsvolumens im Körper, der Nierenaktivität, Gefäßverengung
Oxytocin	Peptidhormon	Uteruskontraktion, Stimulation der Brustdrüse

!

Releasing- und Inhibiting-Hormone des Hypothalamus
- auch **hypophyseotrope Hormone**
- kurzkettige Peptide
- **regulieren** die **Adenohypophyse**
- **Releasing-Hormone (RH)**: auch **Liberine**; bewirken **Ausschüttung** von Adenohypophysenhormonen
- **Inhibiting-Hormone (IH)**: auch **Statine**; hemmen Sekretion von Adenohypophysenhormonen

Beispiele für Hormone	reguliert Ausschüttung von
Releasing-Hormone	
– Gonadotropin-Releasing-Hormon (**GnRH**)	LH, FSH (Gonadotropine)
– Thyreotropin-Releasing-Hormon (**TRH**, Thyreoliberin)	TSH, PRL
– Growth-hormone-Releasing-Hormon (**GHRH**, Somatoliberin)	GH (Somatotropin)
Inhibiting-Hormone	
– Growth-hormone-Inhibiting-Hormon (**GHIH**, Somatostatin)	GH, TSH

Manche **Releasing-Hormone** werden auch **außerhalb des Hypothalamus** gebildet, z. B. in anderen Hirnarealen, in der Placenta oder im Magen-Darm-Trakt.

Adenohypophysenhormone
- **glandotrope Hormone**: regulieren die Aktivität **untergeordneter Hormondrüsen**
  - **LH** und **FSH** werden auch als **gonadotrope Hormone** bezeichnet
- **nicht-glandotrope Hormone**: wirken direkt auf **Zielgewebe** ein

Hormon	Stoffklasse	wirkt z. B. auf
glandotrope Hormone		
– **FSH** (Follikel-stimulierendes Hormon)	Glykoprotein	Gonaden, z. B. Follikelreifung, Spermatogenese
– **LH** (Luteinisierendes Hormon)	Glykoprotein	Gonaden, z. B. Gelbkörperbildung, Stimulation der Hoden
– **TSH** (Thyreoidea-stimulierendes Hormon)	Glykoprotein	Schilddrüse
– **ACTH** (Adrenocorticotropes Hormon)	Peptid	Nebennierenrinde, Sekretion von Glucocorticoiden
nicht-glandotrope Hormone		
– **PRL** (Prolaktin)	Protein	z. B. Stimulation der Milchproduktion
– **GH** (Wachstumshormon, Somatotropin)	Protein	z. B. Lipolyse
– **MSH** (Melanophoren-stimulierendes Hormon)	Polypeptid	Ausbreitung von Pigmentgranula

Somatotropin (GH) hat auch **glandotrope Wirkung**: Induzierung von **IGFs** (insulinähnliche Wachstumsfaktoren) in Leberzellen; diese wirken sich auf das **Knochenwachstum** aus.

8.4.2 Untergeordnete Hormondrüsen (Abb. 8.2)

Epiphyse (Zirbeldrüse, Pinealorgan)

- entsteht aus **Ausstülpung des Zwischenhirns**
- wichtigstes Hormon: **Melatonin** – beeinflusst als interner Zeitgeber **sexuelle Entwicklung** und bei Amphibien **Hautpigmentierung**
- Aktivität wird durch **Licht** reguliert: **Inhibition** im Hellen, **Stimulation** im Dunkeln
- bei niederen Wirbeltieren **lichtempfindlich**; beim Menschen zusätzlich Wirkung auf **Psyche**

Die Epiphyse ist am Biorhythmus beteiligt *(Campbell S. 1158) gelernt* ☐

Die **Epiphyse** machte im Lauf ihrer Entwicklung morphologische und funktionelle Änderungen durch: von einem **photosensitiven Sinnesorgan** (Median- oder Parietalauge) bei Cyclostomen oder Reptilien zu einem **endokrinen Organ** bei Säugetieren.

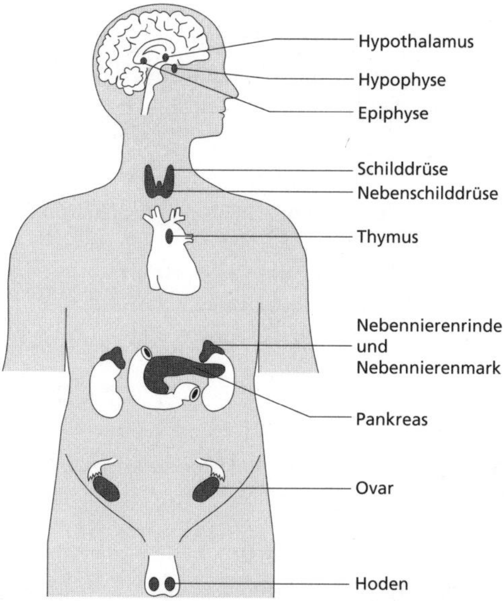

Abb. 8.2: Lage der wichtigsten endokrinen Organe des Menschen.

Schilddrüse (Thyreoidea)

- **branchiogenes Organ** (hervorgegangen aus Kiemendarm)
- besteht aus **Follikeln**: Hohlraum (**Kolloid**) wird von **Hormon-sezernierender Epithelschicht** umgeben
- wichtigste Hormone: **Thyroxin** (Tetrajodthyronin, T_4) und **Trijodthyronin** (T_3) → beeinflussen **Stoffwechselprozesse** (den **Grundumsatz**)
- **Speicherung** der Hormone im **Kolloid**
- **Sekretion** gesteuert durch **negative Rückkopplung**

Schilddrüsenhormone spielen auch eine wichtige Rolle bei der **Entwicklung** vieler Wirbeltiere, z. B. bei der **Metamorphose** von Amphibien. Entfernt man **Kaulquappen** die Schilddrüse, so bleibt die Umwandlung aus und sie wachsen zu Riesenkaulquappen. Bei Amphibien mit **Neotenie** (z. B. Axolotl) wird kein TSH gebildet, und es findet **keine** Metamorphose statt.

Manche **Umweltschadstoffe** entfalten ihre Wirkung über (**pseudo**)**thyreoide Mechanismen**.

Schilddrüsenhormone spielen eine Rolle bei Entwicklung, Energiestoffwechsel und Homöostase

☐ *gelernt (Campbell S. 1158)*

Nebenschilddrüse (Parathyreoidea)

- **branchiogenes** Organ
- **fehlt** bei Fischen und Rundmäulern
- Bildung von **Parathormon** (**Parathyrin**) bewirkt **Erhöhung des Ca^{2+}-Spiegels** im Blut (Freisetzung aus Knochen)

Ultimobranchialkörper

- **branchiogenes** Organ
- **eigenes** Organ bei Nicht-Säugern; bei Säugern als **C-Zellen** in Schilddrüse integriert
- Bildung von **Calcitonin** bewirkt **Erniedrigung des Ca^{2+}-Spiegels**

Parathyrin und Calcitonin regulieren den Calciumspiegel im Blut

☐ *gelernt (Campbell S. 1159)*

Nebennieren

- **paariges** Organ zusammengesetzt aus Rinden- und Markgewebe (**Interrenal-** und **chromaffines Gewebe**)

a) Nebennierenmark

  - Derivat aus **Neuralleistenmaterial** (ektodermal)
  - Bildung der Katecholamine **Adrenalin** und **Noradrenalin**

- **Noradrenalin** wirkt v. a. als **Neurotransmitter**, **Adrenalin** als **Hormon**
- ermöglichen **Anpassung** des Körpers bei **Stress** oder **Gefahr** (*fight-and-flight-syndrome*) → durch kurzfristige **Steigerung der Herzleistung** und erhöhte **Durchblutung der Muskulatur**

b) Nebennierenrinde

- Bildung von **Glucocorticoiden**: Cortison, Cortisol, Corticosteron
- wichtige Rolle beim **Stoffwechsel**: z. B. Förderung der Kohlehydratsynthese → **Anhebung** des **Glucosespiegels**
- **Mineralcorticoide**: z. B. **Aldosteron** → regelt **Na^+/K^+-Haushalt** (Resorption von Na^+, Sekretion von K^+ in der Niere)

Nebennierenmark und Nebennierenrinde helfen dem Körper bei der Stressbewältigung

(Campbell S. 1162) gelernt ☐

Pankreas (Bauchspeicheldrüse)

- als **endokrines** Organ (**Langerhans-Inseln**): Bildung von **Hormonen**, die eine wichtige Rolle im **Kohlenhydratstoffwechsel** spielen
  – (daneben als **exokrines** Organ: Bildung von **Verdauungsenzymen**)
- **B-Zellen** bilden **Insulin** → Sekretion gesteuert durch **Glucosekonzentration** im Blut
- **A-Zellen** bilden **Glucagon**
- **D-Zellen** bilden **Somatostatin** → beeinflusst **parakrin** die Sekretion von A- und B-Zellen

---

Das endokrine Gewebe der Bauchspeicheldrüse (Pankreas) sezerniert Insulin und Glucagon, zwei antagonistische Hormone, die den Blutzuckerspiegel regulieren

(Campbell S. 1161) gelernt ☐

Regulation des Kohlenhydratstoffwechsels !

- erfolgt in **Muskel-**, **Leber-** und **Fettzellen**

a) Senkung des Blutzuckerspiegels

- **Insulin**: fördert in der **Leber** Aufbau von Glykogen aus Glucose, steigert im **Muskel** die Glykolyse, in **Muskel- und Fettzellen** die Lipogenese

b) Anheben des Blutzuckerspiegels

- **Glucagon**: erhöht **Abbau von Glykogen** in der Leber (**antagonistisch** zu Insulin)
- **Adrenalin**: beschleunigt diesen Prozess in Extremsituationen
- **Glucocorticoide**: fördern bei längerfristiger Unterzuckerung **Gluconeogenese** durch Proteinabbau
- **Somatotropin**: fördert in Zeiten ohne Nahrungsaufnahme die Bildung von **Glucose aus Fettsäuren**

Vergleiche auch den Abschnitt „Regulation des Glucosespiegels als Beispiel für Homöostase bei der Ernährung" in Campbells Biologie.

☐ *gelernt (Campbell S. 1020)*

Gonaden

- Bildungsstätten von **Geschlechtszellen** und **Sexualhormonen**
- in beiden Geschlechtern Bildung von **Androgenen** und **Östrogenen**

Die Geschlechtshormone der Gonaden regulieren Wachstum, Entwicklung, Fortpflanzungszyklus und Sexualverhalten

☐ *gelernt (Campbell S. 1165)*

Hoden (Testes)
- besteht aus **Samenkanälchen mit Keimzellen** und **Sertolizellen**
- **Leydig'sche Zellen**: im Bindegewebe zwischen den Kanälchen; produzieren die **männlichen Sexualhormone**
- wichtigstes Hormon: **Testosteron** → Ausbildung der **sekundären Geschlechtsmerkmale**, **Spermatogenese**
- **Androgenausschüttung** wird stimuliert durch **LH**

Ovarien (Eierstöcke)
- gliedern sich in **Mark** und **Rinde**, in der Rinde befinden sich die **Follikel**
- Theca-, Stroma- und Granulazellen bilden **Sexualhormone**
- **Östrogene**: z. B. **Östradiol** → lösen bei weiblichen Säugetieren den **Östrus** aus und bewirken Ausbildung **sekundärer Geschlechtsmerkmale**
- **Gestagene**: z. B. **Progesteron** → bewirken **Einnistung** und **Embryonalentwicklung** im Uterus

Menstruationszyklus (Abb. 8.3)
- mit der **Pubertät** beginnt Ausschüttung von **GnRH** (**Gonadotropin-Releasing-Hormon**) aus Hypothalamus
- bewirkt Ausschüttung der Gonadotropine **FSH** und **LH** aus Adenohypophyse
- Zyklus unterteilt in Phasen

a) Proliferationsphase
  - **Follikelreifung**: stimuliert durch **FSH** und **LH**
  - Follikel produziert **Östrogen** → bewirkt **Proliferation der Uterusschleimhaut** (**Endometrium**)
  - vermehrte LH- und FSH-Sekretion löst **Ovulation** (**Eisprung**) aus

b) Sekretionsphase
  - Bildung des **Gelbkörpers** (**Corpus luteum**) aus restlichem Follikelgewebe (**Lutealphase** des Ovarialzyklus)

- Gelbkörper bildet verstärkt **Progesteron** → bewirkt Übergang der Uterusschleimhaut in **sekretorische Phase**
- damit bereit zur **Implantation** (**Nidation**, **Einnistung**) des Eies

c) *Menstruationsphase*
- ist **keine Befruchtung** erfolgt → Degeneration des Gelbkörpers
- **Absinken** des Progesteronspiegels → Abbau des Endometriums → **Menstruationsblutung**

Eine komplexe Wechselwirkung von Hormonen reguliert die Fortpflanzung

(Campbell S. 1182) gelernt ☐

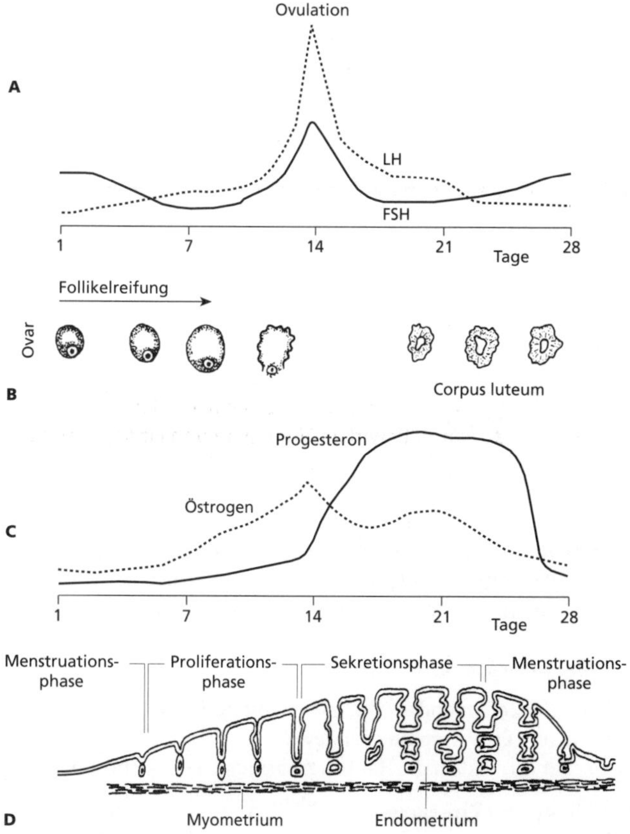

Abb. 8.3: Verlauf des Menstruationszyklus. (A) Änderung des Gonadotropinspiegels, (B) Ovarialzyklus, (C) Änderung des Sexualhormonspiegels, (D) Menstruationszyklus im Uterus.

8.4.3 Gewebshormone

Hormone des Magen-Darm-Trakts

- sind alle **Peptide**, deren Sekretion durch Nahrung ausgelöst wird
- **Gastrin**: erhöht Sekretion der Magensäure
- **GIP** (***gastric inhibitory polypeptide***, gastrointestinales Peptid): stimuliert Insulinsekretion
- **Cholecystokinin** (**CCK**): erhöht Hormonfreisetzung aus Pankreas

Hormone der Niere

- **Erythropoietin**: stimuliert Bildung und Freisetzung von Erythrocyten
- **Calcitrol**: wichtige Rolle im Calciumstoffwechsel

Beispiele für weitere Gewebshormone

- **Atria-Peptide**: im Atrium des **Herzens** gebildete Hormone
- **humanes Chorio(n)gonadotropin** (**HCG**): in der Schwangerschaft in der **Placenta** gebildet; bewirkt Erhaltung des Gelbkörpers
- **Mediatoren**: in allen Geweben zu findende Stoffe, die als **lokale Regulatoren** auf **benachbarte Zellen** wirken, z. B. **Prostaglandine**

Siehe hierzu auch:
Eine Vielzahl lokaler Regulatoren beeinflusst benachbarte Zielzellen

☐ *gelernt (Campbell S. 1150)*

8.5 Hormonsysteme bei Wirbellosen

Bei regulatorischen Systemen von Invertebraten ist die Wechselwirkung von Hormon- und Nervensystem besonders auffällig

☐ *gelernt (Campbell S. 1149)*

- **Cnidaria**: Neurosekrete, die bei Metamorphose einwirken
- **Plathelminthes**, **Nemathelminthes**: neuropeptidproduzierende Neuronen
- **Mollusken**: neurosekretorische Zellen und endokrine Drüsen
- **Anneliden**: viele neurosekretorische Zellen

Hormonsystem der Arthropoda

- **neurosekretorische Zellen** und **epitheliale Hormondrüsen**
- **Peptidhormone** und **Ecdysteroide** nachgewiesen
- **Ecdysteroide** sind vermutlich die **Häutungshormone** aller Arthropoden

Hormonsystem decapoder Crustaceen

- **X-Organ-Sinusdrüsensystem** des Augenstiels: **neurosekretorisches Zentrum** (X-Organ) und dazugehöriges **Neurohämalorgan** (Sinusdrüse)

- Anwendung in **Aquakultur**: **Augenstielablation** als **Auslöser** für die Reifung und Freisetzung der Geschlechtsprodukte
- weitere Neurohämalorgane: **Postcomissuralorgan**, **Pericardialorgan**
- epitheliale Hormondrüsen: **Y-Organ**, **Ovar**, **androgene Drüse**, **Mandibularorgan**

hierarchisches Hormonsystem der Insekten
- **Gehirn-Retrocerebralkomplex**: Gehirn (mit **neurosekretorischen Zellen**) und paarige Neurohämalorgane (**Corpora cardiaca** und **Corpora allata**)
- **Hormondrüsen**: Corpora allata, Prothoraxdrüse

Corpora allata
- **Neurohämalorgan**: Speicher des **prothorakotropen Hormons** (**PTTH**)
- **endokrine Drüse**: Bildung von **Juvenilhormonen**

Regulation der Metamorphose holometaboler Insekten

Hormon	Bildungsort	Wirkung
prothorakotropes Hormon (PTTH)	neurosekretorische Zellen (ausgelöst durch exogene Faktoren oder mechanische Reize)	stimuliert Ecdysonsekretion
Ecdyson	Prothoraxdrüse oder Ventraldrüse	löst **Häutung** aus
Juvenilhormon (JH)	Corpora allata	verhindert Metamorphose
Eclosionshormon	neurosekretorische Zellen	bewirkt Verhaltensänderungen → Schlüpfen
Bursicon	neurosekretorische Zellen	bewirkt **Sklerotisierung** bei Puppen- und Adulthäutung

- bei **hoher** Konzentration von **Juvenilhormon** (**JH**) erfolgt eine Larvalhäutung, bei **niedriger** die Häutung zur **Puppe**, bei **fehlendem** JH die **Metamorphose** zur **Imago**
- bei **adulten Insekten** beeinflussen **Ecdysteroide** und **JH** physiologische Vorgänge bei der **Fortpflanzung**

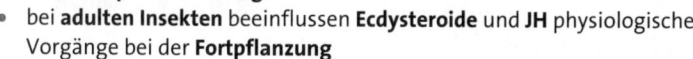

Diapause
- **Ruhestadium**, kann in **allen Entwicklungsstadien** von Insekten auftreten
- ausgelöst durch **exogene Vorgänge** (Tageslänge, niedrige Temperaturen)
- gesteuert durch verschiedene **Hormone**

8.6 Pheromone

- chemische Substanzen, die der **Kommunikation** zwischen **Individuen einer Art** dienen
- werden an **Außenmedium** abgegeben
- vom Empfänger i. d. R. durch **Riechrezeptoren** aufgenommen
- können **hormonelle Wirkung** haben und verschiedene **Verhaltensweisen** bewirken
- in fast **allen Tiergruppen** nachgewiesen

Vergleiche hierzu auch den Abschnitt „Pheromone" in Campbells Biologie.

☐ *gelernt (Campbell S. 1365)*

Die **Königinnensubstanz** der **Honigbienen** ist ein hormonell wirkendes Pheromon, das über den Mund aufgenommen wird. Es wird von der Königin in den Mandibeldrüsen produziert und veranlasst Arbeiterinnen, sie zu ernähren. Außerhalb des Stockes wirkt es als Sexuallockstoff für die Drohnen.

Typen von Pheromonen

Alarmpheromone	lösen bei Artgenossen **Angriffs- oder Fluchtverhalten** aus
Spurpheromone	dienen zur **Orientierung** (Duftstraßen) bei Ameisen und Termiten
Sexuallockstoffe	dienen zum **Anlocken von Geschlechtspartnern** – Abgabe bei Säugern über Speichel, Schweißdrüsen oder Harn – Aufnahme bei Säugern oft über **Jacobson'sches Organ** (vomeronasales Organ)
Aggregationspheromone	regeln **Besiedlung von Wirtspflanzen** bei Insekten
Ablenkpheromone	werden von Insekten bei **zu hoher Populationsdichte** abgegeben

Pheromone in der Schädlingsbekämpfung

- Einsatz **synthetischer Pheromone** zur Bekämpfung von Land- und Forstwirtschaftsschädlingen
- z. B. **Lockfallen** mit Aggregations- oder Ablenkpheromonen für Borkenkäfer
- **umweltfreundlicher als Insektizide**, die Boden und Wasser belasten und auch Nutzinsekten vernichten

„Umwelthormone“

- besser: **endokrine Modulatoren – Umweltchemikalien** mit **hormoneller Wirkung**
- **beeinflussen Hormonsystem**: wirken wie Hormone oder schwächen körpereigene Hormone ab; zumeist **Östrogenwirkung**
- z. B. **Pestizide** wie DDT, **chlororganische Verbindungen**, aber auch Weichmacher, Emulgatoren, Tenside und synthetische Steroide

9. Verhalten

Verhalten ist, was ein Tier tut und wie es dies tut

☐ *gelernt (Campbell S. 1340)*

! Verhalten
- alle wahrnehmbaren **aktiven Veränderungen** von Tieren in ihrer Umwelt
- ausgelöst durch **exogene** und **endogene Faktoren**

9.1 Wichtige Strömungen in der Verhaltensbiologie

Verhaltensbiologie
- Wissenschaft von den **Ursachen** und **Funktionen** des Verhaltens
- **Richtungen**: naturkundlich-beobachtend, behavioristisch, physiologisch, soziobiologisch
- Erforschung **proximater Faktoren** (Ursachen) von Verhalten: **Verhaltensphysiologie**, **Verhaltensontogenie**
- Erforschung **ultimater Faktoren** (Funktionen) von Verhalten: **Verhaltensökologie** (→ evolutive Bedeutung)

Jede Verhaltensweise hat sowohl ultimate als auch proximate Ursachen

☐ *gelernt (Campbell S. 1340)*

Forschungsrichtungen

klassische Ethologie (vergleichende Verhaltensforschung)	– **induktiver Ansatz**: voraussetzungsloses Beobachten → Ableitung theoretischer Konzepte – Erstellen von Verhaltensinventar (**Ethogramm**)
Behaviorismus	– Verhalten als Ergebnis von **Lernvorgängen**
Verhaltensphysiologie	– Zusammenschluss ethologischer und physiologischer Methoden – moderne Richtung: **Neuroethologie (Neurophysiologie)**
Soziobiologie	– **deduktiver Ansatz**: theoretische Voraussage → Bestätigung durch empirische Studie – Untersuchungen zum **Anpassungswert** von Verhalten (Sozialverhalten, biologische Fitness, Evolution von Verhalten)

9.2 Grundbegriffe der klassischen Ethologie

Die klassische Ethologie deutete bereits eine evolutionsbiologische Komponente der Verhaltensbiologie an

(Campbell S. 1342) gelernt ☐

Erbkoordinationen

- komplexe, **starr ablaufende Verhaltensmuster**
- **angeboren** und **artspezifisch**
- z. B. Eirollbewegung der Graugans

Auslösemechanismen

- **Herausfilterung** von **Reizen**, die ein Verhalten **auslösen**
- **AAM**: **angeborener** Auslösemechanismus (**EAAM**: durch **Erfahrung** modifiziert)
- **EAM**: **erlernter** Auslösemechanismus

Schlüsselreiz (Auslöser)

- bewirkt **bestimmte Reaktion** (Verhaltenselement)
- wird durch **Auslösemechanismus** aus anderen Reizen **herausgefiltert**
- z. B. **körperliches Merkmal** oder **Signalverhalten**
- **additive Reize** verstärken die Reaktion (**Reizsummenregel**)
- **supernormale Auslöser** wirken häufig stärker
- Abgrenzung von Schlüsselreizen mithilfe von **Attrappenversuchen**

Prinzip der doppelten Quantifizierung

- Verhalten durch Stärke von **endogenen** und **exogenen Faktoren** bestimmt
- **exogene** Faktoren: **Schlüsselreize** (**Auslöser**)
- **endogene** Faktoren: **Handlungsbereitschaft** (**Motivation**)

Handlungsbereitschaft (Motivation)

- **innerer Zustand** oder **innere Bedingungen** des Tieres, die Verhalten beeinflussen
- nur **indirekt** messbar
- äußert sich in **Intensität**, **Häufigkeit** und **Dauer** des Verhaltens
- sinkt nach vollzogener **Endhandlung**

weitere wichtige Begriffe

- **Appetenzverhalten**: **hohe** Motivation bewirkt **Suchverhalten ohne Auslöser**; z. B. Partnersuche
- **Leerlaufhandlung**: **hohe** Motivation, **spontanes** Verhalten **ohne Auslöser**
- **Intentionsbewegung**: **geringe** Motivation, **angedeutetes** Verhalten **mit Auslöser** (führt nicht zur Endhandlung)
- **Endhandlung**: **hohe** Motivation, Verhalten **mit Auslöser** → führt zu **Absinken der Motivation**
- **Übersprungshandlung**: **2 verschiedene** Motivationen für entgegengesetzte Verhaltenselemente → **deplatziertes Verhalten**

9.3 Verhaltensphysiologie

- Wissenschaft von den **physiologischen Verhaltensgrundlagen**
- Erforschung der **proximaten Faktoren** (Ursachen) des Verhaltens
- **Eingangs-Ausgangs-Analyse** von Verhaltenselementen

9.3.1 Motorische Programme und neuronale Filter

formkonstantes Verhaltenselement (*fixed action pattern*)
- komplexes, +/– **unveränderliches Bewegungsmuster**
- abhängig von **Reiz** und **Motivation** des Tieres
- verursacht durch **zentralnervösen Mustergenerator** (*central pattern generator*) ohne sensorische Rückkopplung (nur bei **komplexeren Verhaltenssequenzen**)
- **umweltstabil**, variiert hinsichtlich **Dauer** und **Vollständigkeit**
- in der **klassischen Ethologie** als **Erbkoordination** bezeichnet

Koordination
- **zeitlicher Einsatz** und **räumliche Orientierung** von Verhaltenssequenzen
- **neuronale** oder **hormonale** Kontrolle von **situationsgerechten** Verhaltensweisen
- **Selektion** relevanter Außenreize durch **sensorische** oder **neuronale Filter**

Reizfilter
- filtern **Schlüsselreiz** aus dem Reizangebot
- **sensorische Filter**: auf Ebene der Rezeptoren (z. B. bei Wirbellosen)
- **neuronale Filter**: den Rezeptoren **nachgeschaltet** (**zentralnervöse Nervenzellen**)
  - steuern **räumliche** und **zeitliche Koordination** von Verhaltenselementen
- **modifiziert** durch **Erfahrung**
- entsprechen **AAM** in der klassischen Ethologie

Im Gehirn von Tieren gibt es bestimmte **Befehlszentren**, die für die Aktivierung einer bestimmten Reaktion zuständig sind. Unter ihrer Kontrolle stehen auch die zentralnervösen Mustergeneratoren.

9.3.2 Endogene Rhythmik

endogener Rhythmus
- Verhalten im Zeittakt einer **biologischen Uhr**
- **frei laufender Rhythmus**, vorgegeben durch **zentralnervösen Schrittmacher**
- **synchronisiert** durch **äußere Zeitgeber** (meist Licht, auch Temperatur)

- z. B. **circadianer** Rhythmus (**Tagesperiodik**), **lunarer** Rhythmus (**Mondphasen**, 28–30 Tage), **annueller** Rhythmus (**Jahresperiodik**, z. B. Winterschlaf)

circadiane Schrittmacherzentren
- bei Vögeln: in der **Epiphyse**
- bei Säugern: **suprachiasmatischer Nucleus** (**SCN**), eine Zellgruppe im **Hypothalamus**
- bei Insekten: in der **Medulla** in den optischen Loben

Vergleiche hierzu den Abschnitt „Hypothalamus und zirkadiane Rhythmik" in Campbells Biologie.

(Campbell S. 1248) gelernt ☐

9.3.3 Orientierung

- **gerichtete Einstellung** des Organismus im **Reizfeld** der Umwelt
- Typen: **Taxis**, **Navigation**
- oft komplexes Zusammenspiel von **Orientierungsmechanismen**, **Landmarken** und **Navigation**

Zur Fortbewegung im Raum bedienen sich Tiere verschiedener kognitiver Mechanismen

(Campbell S. 1354) gelernt ☐

Taxis
- Orientierung **zu einer Reizquelle**: z. B. Schwerefeld der Erde (**Geotaxis**), Lichtquelle (**Phototaxis**), chemische Reizquelle (**Chemotaxis**)
- Orientierung nach **Gedächtnisinformationen** (**Mnemotaxis**): Pilotieren, Landmarkenorientierung, kognitive Karten
- Orientierung in bestimmtem **Winkel** zur Reizquelle (**Menotaxis**)
  → z. B. zeitkompensierte Sonnenkompassorientierung

Der Schwänzeltanz der Honigbiene (Abb. 9.1)
- Tanz in Form einer 8 mit Schwänzeln auf der Mittelstrecke
- informiert andere Sammlerinnen über **Richtung** und **Entfernung** einer Futterquelle
- auf **horizontaler** Fläche im Sonnenlicht wird die Richtung als **Winkel zur Sonne** dargestellt
- auf **senkrechter** Fläche im Dunkeln (im Stock) als **Winkel zur Schwerkraft**
- **Entfernung** wird als **Anzahl der Schwänzeltänze** pro Zeiteinheit vermittelt

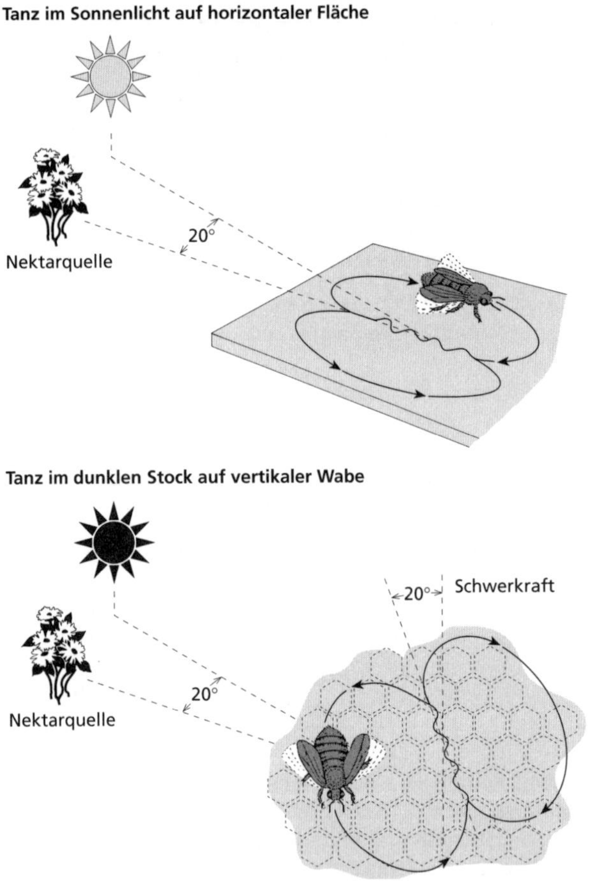

Abb. 9.1: „Bienensprache“: der Schwänzeltanz der Honigbiene.

Mit dem **Rundtanz** zeigen Honigbienen lediglich an, dass sich in der Nähe eine Nahrungsquelle befindet (ohne Information über Richtung und Entfernung). Bei bedecktem Himmel orientieren sich Bienen am **Polarisationsmuster** des Lichts.

Siehe hierzu auch den Abschnitt „Die Tanzsprache der Honigbienen“ in Campbells Biologie.

☐ *gelernt (Campbell S. 1365)*

Magnetkompassorientierung
- Orientierung an der **Ausrichtung des Magnetfelds** der Erde
- z. B. Einhaltung der Zugrichtung bei Vögeln

Navigation
- Zielfinden in **fremder Umgebung**
- Beispiele: **Vogelzug**, **Tierwanderungen**

9.3.4 Kommunikation

Bei sozialen Interaktionen werden unterschiedliche Kommunikationsweisen eingesetzt

(Campbell S. 1364) gelernt ☐

!

Kommunikation
- **Austausch von Signalen** vom **Sender** zum **Empfänger**
- löst beim Empfänger **Verhalten** aus

Signale
- **visuelle (optische) Signale**: v. a. bei Tieren mit gut entwickelten Augen, z. B. Balzsignale
- **akustische Signale**: größere Reichweite, z. B. Vogelgesang zur Revierabgrenzung, zum Anlocken von Weibchen
- **chemische Signale (Pheromone)**: z. B. Sexuallockstoffe zum Anlocken von Geschlechtspartnern, Duftmarken zur Revierabgrenzung, Alarm- oder Schreckstoffe
- **elektrische Signale** (z. B. bei einigen Fischen) und **vibratorische Signale** (z. B. bei einigen Spinnen): erfordern spezielle Sinnesorgane

Ritualisierung
- phylogenetische Entwicklung von **symbolischen Signalhandlungen**
- **verstärkt** die Effektivität der Signale

9.4 Verhaltensontogenie

!

- **individuelle** Entwicklung des **artspezifischen Verhaltens**
- Zusammenspiel **angeborener** und **erlernter** Verhaltensweisen
- Wechselwirkung **genetischer** und **umweltbedingter** Informationen

Verhalten resultiert aus genetischen und Umweltfaktoren

(Campbell S. 1341) gelernt ☐

9.4.1 Angeborenes Verhalten

!
- **genetisch** (weitgehend) **festgelegt** (früher auch als „**Instinkt**" bezeichnet)
- Reaktionsnorm **ohne** individuelles **Lernen**
- Nachweis: **Erfahrungsentzugsexperimente** (**Kaspar-Hauser-Experimente**)
- z. B. Gesang einiger Vogelarten

Angeborenes Verhalten ist durch die Entwicklung fixiert

☐ *gelernt (Campbell S. 1341)*

Reifung
- Entwicklung **angepassten**, **angeborenen** Verhaltens **ohne Lernen**
- z. B. Fliegen bei Vögeln

9.4.2 Lernen

!
- dauerhafte **Verhaltensänderung** durch **Erfahrung**
- **Aufnahme** und **Speicherung** von **wieder abrufbarer** Information
- **progressiver** und **flexibler** als angeborenes Verhalten
- z. B. **Habituation**, **Konditionierung**, **höhere Lernleistungen**

Lernen ist auf Erfahrung basierende Modifikation von Verhalten

☐ *gelernt (Campbell S. 1348)*

Habituation (Gewöhnung)
- einfachste Form des Lernens
- **nachlassende Reaktion** (ohne Ermüdung) bei **Reizwiederholung**
- Nachweis: **volle Reaktion** bei verändertem oder neuem Reiz (**Dishabituation**)

Prägung
- **juveniles Lernen** während einer **sensiblen Phase**
- führt zu **irreversiblen** Verhaltensweisen
- z. B. **Nachlaufprägung** nestflüchtender Vögel, **sexuelle Prägung**

Als Prägung bezeichnet man auf eine sensible Phase begrenztes Lernen

☐ *gelernt (Campbell S. 1349)*

Gesangsentwicklung bei Vögeln

- bei vielen Arten **prägungsähnliche Lernprozesse**
- **angeborene Matrize**
- **Jugendgesang** auch in Isolation vorhanden
- **Normalgesang** entwickelt sich nur, wenn in **sensibler Phase** arteigener Gesang gehört wird

Der Vogelgesang kann als Modellsystem für die Entwicklung von Verhalten dienen

(Campbell S. 1350) gelernt ☐

Neugierverhalten

- **Erkundungsverhalten** gegenüber neuen Objekten
- **unspezifische Auslöser**
- **wiederholtes** Auslösen führt zum **Nachlassen** der Reaktion
- ermöglicht z. B. Entdeckung **neuer Nahrungsquellen** oder **Gefahren**

Spielverhalten

- **Ausprobieren** artspezifischer oder individueller Verhaltensweisen (z. T. an Ersatzobjekten)
- strebt **keiner Endhandlung** zu, ist immer wieder auslösbar
- ermöglicht **Lernen ohne Ernstbezug**
- bei Säugern wichtig für **Sozialisation**

Das Sammeln praktischer Erfahrungen und Training könnten die ultimaten Ursachen von Spielverhalten sein

(Campbell S. 1352) gelernt ☐

Sozialisation

- Entwicklung eines **artgemäßen Sozialverhaltens**
- führt zur **Einpassung in Sozialverband**
- **soziale Isolation** führt zu Verhaltensstörungen (**Hospitalismus**)

klassische und operante Konditionierung (assoziatives Lernen)

	klassische Konditionierung	operante (instrumentelle) Konditionierung
Definition	durch assoziatives Lernen **veränderte** Reiz-Reaktions-Beziehung	assoziatives Lernen durch **Versuch und Irrtum**
Ausgangsphase	**Primärreiz** bewirkt (**unbedingte**) Reaktion	**Reizspektrum** steht **Reaktionsrepertoire** gegenüber

	klassische Konditionierung	operante (instrumentelle) Konditionierung
Lernphase	Primärreiz wird mehrfach mit **sekundärem Reiz** assoziiert (**positive** oder **negative Verstärkung**)	Reiz und Reaktion werden **zufällig** assoziiert (**positive Verstärkung**)
Kannphase	zweiter Reiz bewirkt (**bedingte**) Reaktion	bestimmter Reiz bewirkt **neue** Reaktion
Beispiel	Pawlow'scher Hund	Konditionierung mittels Skinner-Box

- positive Reizverstärkung: **Belohnung**; negative: **Bestrafung**

Viele Tiere können lernen, einen Reiz mit einem anderen zu assoziieren

☐ *gelernt (Campbell S. 1352)*

Lernen von Artgenossen

- **Imitation**: Verhaltensweisen werden **beobachtet** und **nachgeahmt**
- **Tradition**: erlerntes Verhalten wird über **Generationen weitergegeben**

Lernen durch Einsicht

- Erfassung von **Zusammenhängen** und **planende Voraussicht** → **kognitive Leistungen**
- v. a. bei einigen Säugetieren (besonders Menschenaffen) und Vögeln

Das Studium der Kognition verbindet die Funktionsweise des Nervensystems mit dem Verhalten

☐ *gelernt (Campbell S. 1354)*

Gedächtnis

- Voraussetzung für **höhere Lernleistungen**: Speicherung und Abrufen von Informationen
- zunächst Einspeicherung in **Kurzzeitgedächtnis**: Lernvorgänge erfolgen über **Plastizität neuronaler Verschaltungen**
- nach 10–30 Minuten Übernahme in **Langzeitgedächtnis**: dann auch strukturelle Veränderungen, z. B. **Änderung von Genaktivitäten**

9.5 Verhaltensökologie (Soziobiologie)

In der Verhaltensökologie stehen evolutionsbiologische Hypothesen im Vordergrund

(Campbell S. 1345) gelernt ☐

Die Soziobiologie untersucht Sozialverhalten im evolutionsbiologischen Kontext

(Campbell S. 1358) gelernt ☐

Verhaltensökologie (Soziobiologie)

- Wissenschaft vom **Anpassungswert des Verhaltens**
- erforscht **ultimate Faktoren** (Funktionen) des Verhaltens
- untersucht **Evolution** des Ernährungs-, Fortpflanzungs- und Sozialverhaltens
- wichtige soziobiologische Konzepte: **Nutzen-Kosten-Analyse, Gesamtfitness, Elterninvestition, Verwandtenselektion**
- Aussage: wie muss sich ein Tier **verhalten**, um seinen **Fortpflanzungserfolg** zu sichern/zu steigern und damit den **Fortbestand der** Art zu sichern (**Fitness**)

evolutionsbiologische Grundlagen des Verhaltens

- **Verhaltensweisen**, welche die **Anpassung** eines Organismus an seine Umwelt fördern, bleiben durch **natürliche Selektion** erhalten
- **angepasste** Verhaltensweisen steigern den **Fortpflanzungserfolg** (die **genetische Fitness**)

Nutzen-Kosten-Analyse

- **Energiebilanz** zwischen **aufgenommener** und **aufgewandter** Energie
- ökologischer **Nutzen** (**Fitnessgewinn**) gegen ökologische **Kosten** (**Fitnessverlust**)
- **angepasste** Verhaltensweise (**erfolgreiche Strategie**) führt zu **positiver Energiebilanz**

spieltheoretische Modelle

- beruhen auf **mathematischer Spieltheorie** → **optimale Strategie**: eine Spielfarbe (Population) bleibt im Spiel, auch wenn einzelne Figuren (Individuen) ausscheiden
- wichtig ist nicht individuelle Fitness, sondern **Gesamtfitness der Population**

9.5.1 Fortpflanzungsverhalten

- umfasst alle Verhaltensweisen der **Paarung** (Partnerwahl, Balz, Kopulation) und **Brutpflege** (Versorgung der Eier, Aufzucht der Jungen)

Balz
- dient der **Zusammenführung** der Geschlechter, der **Stimulation**, der **Synchronisation** der Kopulation
- **Balzsignale**: morphologisch (z. B. Färbung) oder spezielle Verhaltensweisen
- Funktion: **Arterkennung**

sexuelle Selektion
- **Bevorzugung** bestimmter Merkmalsträger bei der **Partnerwahl**
- **Konkurrenz** um Partner **fördert** bestimmte Merkmale, auch wenn diese erhöhten Energieaufwand und verstärkten Feinddruck bedeuten
- Grundlagen: **Partnerwahl** durch **Weibchen** (*female mate choice*), **Konkurrenz** zwischen **Männchen** (*male-male competition*)

Die natürliche Selektion begünstig ein Paarungsverhalten, das die Zahl oder die Qualität der Geschlechtspartner maximiert

☐ *gelernt (Campbell S. 1361)*

Elterninvestition (Elternaufwand)
- **Energie- und Zeitaufwand** der Eltern zugunsten der Nachkommen
- bei beiden Partnern **sehr unterschiedlich**
  - **Weibchen** investieren mehr in **Qualität** als in Quantität der Nachkommen
  - **Männchen** versuchen, möglichst **viele** Weibchen zu befruchten
- **erhöhte Überlebensrate** der Nachkommen bedeutet **Fitnesssteigerung** für beide Eltern
- **Brutfürsorge**: Investition **vor** Eiablage oder Geburt
- **Brutpflege**: Investition **nach** Eiablage oder Geburt → Pflege der Eier oder Jungtiere, Füttern, Schutz vor Feinden

Paarungssysteme

Monogamie	**Einehe** von **einem** Männchen und **einem** Weibchen
Polygamie – **Polygynie** – **Polyandrie**	**Mehrehe** unterschiedlicher Zusammensetzung – **1** Männchen und **mehrere** Weibchen (**Haremsbildung**) – **1** Weibchen und **mehrere** Männchen

9.5.2 Sozialverhalten

- manche Arten leben **solitär**, andere **zeitweise** oder **immer** in **Gemeinschaften**
- **soziale Arten**: bilden **Verbände mit Sozialstrukturen** und unterschiedlichen **sozialen Verhaltensweisen**

Aggregation
- **zufällige Ansammlung** von Tieren
- verursacht durch **Umweltfaktoren** wie Nahrung, Temperatur, Feuchtigkeit

Sozialverbände
- **offener Verband**: Zusammenschluss **anonymer Einzeltiere**; z. B. Fischschwärme
- **geschlossener Verband**: Zusammenschluss **kenntlicher Gruppen**; z. B. Insektenstaaten → Unterscheidung zwischen Gruppenmitgliedern und Gruppenfremden
- **individualisierter Verband**: Zusammenschluss **kenntlicher Individuen**; z. B. Primaten oder Carnivoren → häufig mit festgelegter **Rangordnung** (**Dominanzhierarchie**)

Kooperation und Altruismus
- **Kooperation**: **Zusammenarbeit** nach dem Prinzip des **beiderseitigen Vorteils**; z. B. gemeinschaftliche Jagd
- **Altruismus**: Zusammenarbeit **ohne eigenen Vorteil** oder sogar mit **Nachteil**; z. B. Elternfürsorge
- **reziproker Altruismus**: **uneigennütziges** Verhalten in **Erwartung einer Gegenleistung** bei Nichtverwandten → Individuen müssen sich **individuell erkennen**

Besonders ausgeprägt ist **altruistisches** Verhalten bei **sozialen Insekten**: Sterile Arbeiterinnen ziehen Nachkommen der Königin auf und nehmen bei Kolonieverteidigung sogar Verlust des Lebens in Kauf (**altruistischer Selbstmord**).

Verwandtenselektion
- Erklärung für das Auftreten **altruistischer Verhaltensweisen**
- altruistisches Verhalten kommt v. a. **Verwandten** im Sozialverband zugute
- altruistisches Verhalten **erhöht die Gesamtfitness**

Gesamtfitness (*inclusive fitness*)
- besteht aus **direkter** und **indirekter** Fitness
- **direkte Fitness**: gemessen am **individuellen Fortpflanzungserfolg**
- **indirekte Fitness**: gemessen am **Fortpflanzungserfolg von Verwandten**

Die meisten altruistischen Verhaltensweisen lassen sich durch den Begriff der Gesamtfitness erklären

☐ *gelernt (Campbell S. 1366)*

Insektenstaaten
- z. B. bei Bienen, Wespen, Ameisen, Termiten
- **eusoziale Struktur**: hoch entwickelte **Staaten** mit **sterilen Kasten**
- charakteristisch: **Haplo-Diploidie-Mechanismus** der Geschlechtsbestimmung: **Männchen** entstehen aus unbefruchteten (**haploiden**) Eiern, **Weibchen** aus befruchteten (**diploiden**)
- **Arbeiterinnen** haben mit Mutter **50 % der Gene**, mit Vater **100 % der Gene** gemeinsam
- **Verwandtschaftsgrad** der Arbeiterinnen: **0,75** (bei **diploiden** Erbgängen nur **0,5**)
- daher lohnt es sich für Arbeiterinnen, mehr in die Aufzucht ihrer **Schwestern** (0,75) zu investieren als in potenzielle **Töchter** (0,5)
- weitere Kennzeichen der Staaten: **Arbeitsteilung**, **Polymorphismus**

Brutpflegehelfer
- Form des **Altruismus**, z. B. bei einigen Vögeln
- Helfer sind meist **junge Männchen** ohne eigene Fortpflanzungschancen
- **primäre Helfer**: unterstützen **Eltern** bei Aufzucht von **Geschwistern** → ähnlicher Fitnessgewinn wie bei eigenen Nachkommen (Verwandtschaftsgrad 0,5)
- **sekundäre Helfer**: unterstützen **Fremde** → höhere Chance, im nächsten Jahr das **Revier oder Weibchen** zu übernehmen

9.5.3 Konkurrenz und Aggression

Bei konkurrierendem Sozialverhalten geht es oft um die Verteilung von Ressourcen

☐ *gelernt (Campbell S. 1358)*

Aggression
- Folge von **Konkurrenz** um Ressourcen (z. B. Nahrung, Paarungspartner)
- gegen **Fremde** (Feindabwehr) oder **innerartlich**
- **aggressionshemmende Verhaltensweisen**: halten Energieaufwand gering
  - z. B. **Rangordnung**, feste **Territorien**, **Kommentkampf**, **Demuts-** und **Beschwichtigungsgesten**
- **umadressierte Aggression**: Abreagieren an Unbeteiligten
- **Gruppenaggression**: gesteigerte **kollektive** Aggression gegen Gruppenfremde

10. Ernährung und Verdauung

Tiere sind heterotrophe Organismen, die ihre Energie aus von ihnen aufgenommener organischer Nahrung beziehen

(Campbell S. 1010) gelernt ☐

!

autotrophe Organismen	heterotrophe Organismen
können körpereigene Substanzen und energiereiche Verbindungen aus **anorganischen Molekülen** (CO_2, H_2O, H_2S) **selbst herstellen**	müssen **organische Verbindungen** als Nahrung aufnehmen
Pflanzen, wenige **einzellige tierische Organismen**	die **meisten Tiere**, Pilze, viele Bakterien

!

Ernährungskategorien von Tieren

- **Omnivore** (Allesfresser)
- mehr oder weniger ausgeprägte **Nahrungsspezialisten**:
  - **Carnivore** (Fleischfresser)
  - **Herbivore** (Pflanzenfresser)

Die meisten Tiere sind bei der Nahrungsaufnahme Opportunisten

(Campbell S. 1026) gelernt ☐

10.1 Nährstoffe

!

wichtigste Nahrungsbestandteile

- **Kohlenhydrate**, **Fette** und **Proteine**
- in kleineren Mengen: **Vitamine**, **Mineralstoffe** und **Spurenelemente**

Die Nahrung eines Tieres muss essenzielle Nährstoffe und Kohlenstoffgerüste für die Biosynthese liefern

(Campbell S. 1022) gelernt ☐

!

Kohlenhydrate
- direkte **Energielieferanten**
- Speicherung als **Glykogen** (in Leber, Muskel, Glykogenkörper bei Insekten)

Proteine
- liefern **Aminosäuren** als **Bausteine** für die **Nucleinsäuresynthese** oder **körpereigene Proteine**
- **Aminosäuren**: Hauptstickstoffquelle, einzige Schwefelquelle
- **essenzielle Aminosäuren**: müssen mit der Nahrung aufgenommen werden (oder werden von **Symbionten** bereit gestellt)
- aufgrund der **Aminosäurezusammensetzung** können **tierische Proteine** (Muskelfleisch, Milch) meist **effektiver** genutzt werden als pflanzliche

Welche **Aminosäuren essenziell** sind, kann nach Tiergruppen unterschiedlich sein. Für erwachsene Menschen sind **8 Aminosäuren** essenziell (Valin, Leucin, Isoleucin, Phenylalanin, Methionin, Theronin, Tryptophan, Lysin) für Kinder zusätzlich **Histidin** und **Arginin**.

!

Fette
- werden von Tieren meist **selbst hergestellt**
- **essenziell** für Menschen: **ungesättigte Fettsäuren** (Linol-, Linolen-, Arachidonsäure) → Bausteine von **Phospholipiden**
- **essenziell** für Insekten und viele Wirbellose: **Cholesterin**

Nucleinsäuren
- werden mit Nahrung aufgenommen, sind aber **nicht essenziell**

Vitamine
- ursprüngliche Bedeutung: lebenswichtige Stickstoffverbindung
- in **kleinen Mengen** benötigt

	wasserlösliche Vitamine	fettlösliche Vitamine
Beispiele	**Vitamin B_1** (Thiamin) **Vitamin B_2** (Riboflavin) **Vitamin B_6** (Pyridoxin) **Vitamin B_{12}** (Cobalamin) **Pantothensäure** **Niacin** (Nicotinsäure, Nicotinsäureamid) **Vitamin H** (Biotin) **Folsäure** **Vitamin C** (Ascorbinsäure)	**Vitamin A** (Retinol, Retinal, Retinsäure) **Provitamin A** (β-Carotin) **Vitamin D_2** (Ergocalciferol) **Vitamin D_3** (Cholecalciferol) **Vitamin E** (Tocopherol) **Vitamin K** (Phyllochinon, Menachinon)
Vorstufen von	**Cofaktoren** für enzymatische Reaktionen	**Signalmolekülen** oder **Hormonen**

Manche Vitamine kann der Körper auch selbst herstellen, z. B. **Vitamin D** aus Cholesterin in der Leber. Weil eine spätere Reaktion in der Haut UV-abhängig ist, kann **Lichtmangel** zu einem Mangel an Vitamin D führen.

Eine gute Übersicht über die verschiedenen Vitamine, ihre Quellen und Funktionen gibt Tabelle 41.1 in Campbells Biologie. *(Campbell S. 1024) gelernt* ☐

Vitaminmangelerkrankungen

- **Hypovitaminosen**: zu wenig Vitamine
- **Avitaminosen**: ganz fehlende Vitamine
- **Hypervitaminosen**: zu große Vitaminmengen (v. a. fettlösliche wie A und D)
- **Beriberi**: Vitamin-B_1-Mangel
- **Rachitis**: Vitamin-D-Mangel → Skelettdeformationen
- **Skorbut**: Vitamin-C-Mangel → Hautveränderungen, Zahnausfall, Herzmuskelschwäche
- **perniziöse Anämie**: Cobalamin-Mangel

Die Bezeichnung **Ascorbinsäure** für Vitamin C leitet sich von Anti-**Skorb**ut-Vitam**in** ab.

Mineralstoffe

- **anorganische** Ionen
- Kalium, Natrium, Calcium, Magnesium, Chlorid, Phosphat und Sulfat

Spurenelemente

- **Metallionen** in geringer Konzentration
- Eisen, Kupfer, Zink, Zinn, Selen, Cobalt, Molybdän, Nickel, Mangan, Arsen und Iod

In Tabelle 41.2 in Campbells Biologie *sind die vom Menschen benötigten Mineralstoffe und Spurenelemente übersichtlich zusammengefasst.*

(Campbell S. 1025) gelernt ☐

10.2 Formen des Nahrungserwerbs

Tiere haben ganz unterschiedliche Mechanismen zur Nahrungsaufnahme entwickelt

☐ *gelernt (Campbell S. 1027)*

10.2.1 Kategorien des tierischen Nahrungserwerbs

!
- man unterscheidet: **Absorbierer**, **Strudler**, **Filtrierer**, **Sauger**, **Substratfresser**, **Schlinger**, **Zerkleinerer**, **Weidegänger**, **Symbionten** sowie **Parasiten** (s. Kap. 15)
- Übergänge zwischen verschiedenen Kategorien oft fließend

Absorbierer
- Nährstoffaufnahme **direkt über Oberfläche** (Zellmembran)
- oder durch **Endocytose**: Einschnürung der Membran → **Vesikelbildung**
  - **Phagocytose**: Aufnahme von **größeren Partikeln** in **Nahrungsvakuolen**
  - **Pinocytose**: Aufnahme von **Flüssigkeiten**
- z. B. viele **Protisten**, **Endoparasiten**, zahlreiche kleinere **wasserlebende Wirbellose**
- manche Endoparasiten daher **ohne eigenes Verdauungssystem** (z. B. Bandwürmer) → **parenterale Ernährung**

Phagocytose findet auch in den Nahrung resorbierenden **Epithelien** höherer Tiere statt und bei **Makrophagen** (**Fresszellen**), die der Immunabwehr dienen.

Anhand von Abbildung 8.19 in Campbells Biologie *können Sie sich den Ablauf von Endocytosen veranschaulichen.*

☐ *gelernt*

Strudler und Filtrierer
- **Wasserbewohner**, die Partikel oder Organismen aus **Wasserstrom herausfiltern**
- **Strudler**: erzeugen Wasserstrom **selbst** (durch **Cilien**, **Geißeln**, **Muskelbewegung**)
- **Filtrierer** erzeugen Wasserstrom **nicht** selbst
- unterschiedliche **Filtriereinrichtungen**: z. B. **Choanocyten** (Schwämme), **Schleimfilme** (Muscheln, Salpen), **Kiemen** (Muscheln), **Borstenfilter** (Crustaceen, Insektenlarven), **Kiemendarm** (Acranier), **Barten** (Wale), **Filterschnäbel** (Flamingos)
- in **fast allen Tierstämmen**: viele **sessile** Tiere (z. B. Schwämme, Cnidarier), aber auch **frei schwimmende** (z. B. Bartenwale, Walhai)

Säftesauger

- ernähren sich von **Flüssigkeiten**, z. B. Phloemsaft, Nektar, Blut, Lymphe, vorverdautes Gewebe
- z. T. **komplexe anatomische Anpassungen**, z. B. saugende Mundwerkzeuge vieler Insekten, teils mit Stechapparat
- **Pflanzensaftsauger**: z. B. Wanzen, Zikaden, Blattläuse
- **extraintestinale Verdauung**: bei Spinnen; durch Verdauungssäfte vorverdaute Beute wird aufgesaugt
- **Muttermilch**: bei Säugetieren in Milchdrüsen produziert zur Ernährung der Jungen

Die von Tauben produzierte **Kropfmilch** besteht aus fetthaltigen Epithelzellen; die Sekretion wird wie bei den Milchdrüsen der Säuger durch **Prolaktin** angeregt.

Substratfresser

- fressen Erde, Sand, Schlamm
- **Nährstoffaufnahme** bei der **Passage durch den Darm**
- z. B. Regenwurm, Wattwurm, viele Holothurien

Symbionten

- leben mit anderen Organismen zu **gegenseitigem Nutzen** zusammen
- Wirte erhalten von Symbionten **Nährstoffe** oder **Enzyme** zum besseren Nahrungsaufschluss

a) *endosymbiontische Algen*
  - **Grünalgen** oder **Dinoflagellaten**
  - bei einzelligen Eukaryoten, Schwämmen, Cnidaria, Plathelminthen und Mollusken
  - versorgen Wirte mit **Metaboliten** aus der **Photosynthese** (v. a. Kohlenhydrate)
  - fördern **Kalkskelettbildung** bei Korallen (Riffbildung)

b) *heterotrophe Mikroorganismen im Verdauungstrakt*
  - **Bakterien**, **Hefen**, **eukaryotische Einzeller** wie Flagellaten (Kinetoplastida)
  - geben **keine Nährstoffe** ab → liefern z. B. **Verdauungsenzyme** wie **Cellulasen** zur Verdauung pflanzlicher Zellwände
  - **Cellulasen produzierende Mikroorganismen** z. B. bei: Schaben, Termiten, Wiederkäuern, Nagetieren
  - **Blut saugende Tiere** (z. B. Blutegel) mit endosymbiotischen Bakterien, die **Proteasen** produzieren

c) *chemolithoautotrophe Bakterien*
  - bei hydrothermalen Quellen in der Tiefsee → nutzen **H_2S (Chemosynthese)**
  - **Wirte**: Pogonophoren, einige Nematoden, Schnecken und Muscheln in **anaerobem Milieu**

Symbiontische Mikroorganismen helfen vielen Wirbeltieren, sich zu ernähren

☐ *gelernt (Campbell S. 1040)*

Schlinger
- nehmen große Nahrungsstücke **unzerkleinert** auf
- häufig Anpassung an Lebensräume mit **unsicherer** oder **unregelmäßiger Nahrungszufuhr**
- **lange Verdauungszeiten**
- z. B. manche Ciliaten, einige Cnidarier, Turbellarien, Amphibien, Schlangen, viele Vögel

Zerkleinerer
- **Zermahlen** oder **Zerkauen** die Nahrungsstücke
- haben **Hilfsstrukturen zur Zerkleinerung** ausgebildet
- **Sammler**: verwenden viel Zeit bei der **Suche nach Nahrung**
- **Jäger**: **erbeuten** Tiere durch aktives Nachstellen, Fallenstellen, Auflauern

Weidegänger
- Nahrungsaufnahme durch **Abbeißen**, **Abreißen** oder **Abschaben**
- Nahrung **pflanzlich** und/oder **tierisch**
- z. T. komplexe **Kieferapparaturen** oder andere Strukturen (z. B. Radula der Schnecken)

10.2.2 Hilfsstrukturen zur Nahrungszerkleinerung

Beispiele für Hilfsstrukturen
- **Kiefer** im ausstülpbaren Pharynx von Polychaeten
- **Scheren** von Hummern und Krabben, **Mundwerkzeuge** von Arthropoden
- **Radula** (Raspelzunge) von Schnecken, **Kieferapparat** von Cephalopoden
- **Kieferapparat** von Seeigeln („Laterne des Aristoteles")
- **Zähne** von Wirbeltieren, **Schnäbel** von Vögeln
- **Kaumagen** (mit Chitinzähnen) zur mechanischen Zerkleinerung im Magen-Darm-Trakt, z. B. bei Crustaceen, Schaben, Rotatorien
- verschluckte **Magensteine** bei Vögeln, Krokodilen
- **Zunge**, **Wangen** und **sekundärer Gaumen** → unterstützen Kauen bei Säugetieren

! **Mundwerkzeuge der Insekten** (Abb. 10.1)
- **ursprünglicher** Zustand: **beißend-kauend** (z. B. bei Schaben, Käfern)
- gebildet aus ungegliederten **Mandibeln** (Oberkiefer), gegliederten **Maxillen** (Unterkiefer), gegliedertem, basal verwachsenem **Labium** (Unterlippe, 2. Maxille), begrenzt von **Labrum** (Oberlippe)
- zahlreiche **abgewandelte** Formen
- **leckend-saugend**: unterschiedlich ausgebildet – Saugrüssel der Hymenopteren, aufgerollter Saugrüssel der Schmetterlinge, Tupfrüssel von Fliegen
- **stechend-saugend**: z. B. bei Wanzen, Stechmücken

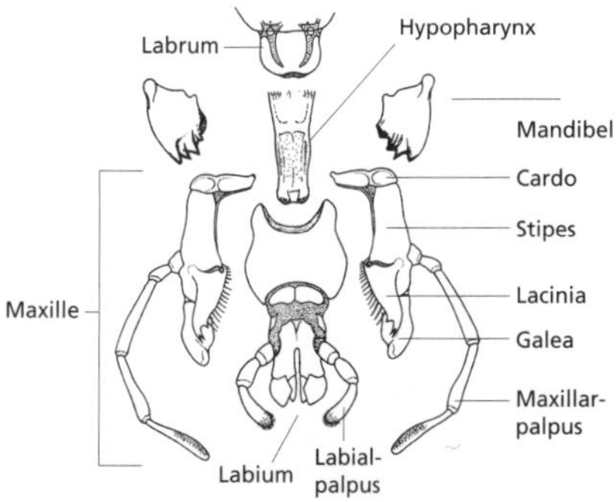

Abb. 10.1: Mundwerkzeuge von Insekten – ursprüngliche Anordnung (beißend-kauend).

Zähne der Säugetiere (Abb. 10.2A)

- charakteristisch: **heterodontes Gebiss** aus **unterschiedlichen Zahntypen** → besserer Aufschluss der Nahrung (bei anderen Wirbeltieren: **homodont**; bei Zahnwalen und Robben **sekundär homodont**)
- Zahntypen: **Incisivi** (Schneidezähne), **Canini** (Eckzähne), **Praemolaren** (Vorbackenzähne), **Molaren** (Backenzähne i. e. S; beim Menschen nur im Erwachsenengebiss)

- je nach **Nahrungsressourcen** unterschiedlich ausgebildet
- z. B. **Molaren**: hochkronig (**hypsodont**) bei Grasfressern, niedrigkronig (**brachydont**) bei Fleischfressern; verschieden gestaltete Kauflächen
- spezialisierte Zahnformen:
  - Schneidezähne: **Dauerwachstum** bei Nagetieren, **Stoßzähne** der Elefanten
  - Eckzähne: **Fangzähne** von Raubtieren, **Hauer** von Wildschweinen
  - Backenzähne: **Brechschere** der Raubtiere (aus **P4** des Oberkiefers und **M1** des Unterkiefers)
- **Zahnformel**: Anzahl der jeweiligen Zahntypen in Ober- und Unterkiefer
  - **Grundformel** von **Säugern**: $\frac{3\,1\,4\,3}{3\,1\,4\,3}$
  - davon viele Abweichungen, z. B. **Mensch**: $\frac{2\,1\,2\,3}{2\,1\,2\,3}$
- **2 Zahngenerationen**: Milchgebiss, bleibendes Gebiss (bei Molaren nur 1 Generation)
- **horizontaler Zahnwechsel**: Sonderfall bei Molaren von Elefanten und Seekühen

Zahnaufbau (Abb. 10.2B)

- größtenteils aus knochenähnlicher Substanz: **Zahnbein** (**Dentin**)
  - gebildet in der **Pulpa** durch mesodermale **Odontoblasten**
- im **Kronenbereich** umgeben von hartem **Zahnschmelz** (**Adamantin**)
  - gebildet von ektodermalen **Adamantoblasten**
- im **Wurzelbereich** mit **Zahnzement** im Kieferknochen fixiert
- **Pulpa** enthält **Blutgefäße** und **Nervenendigungen**
- **Abbau** von Zahnbein beim **Zahnwechsel** durch **Odontoklasten**

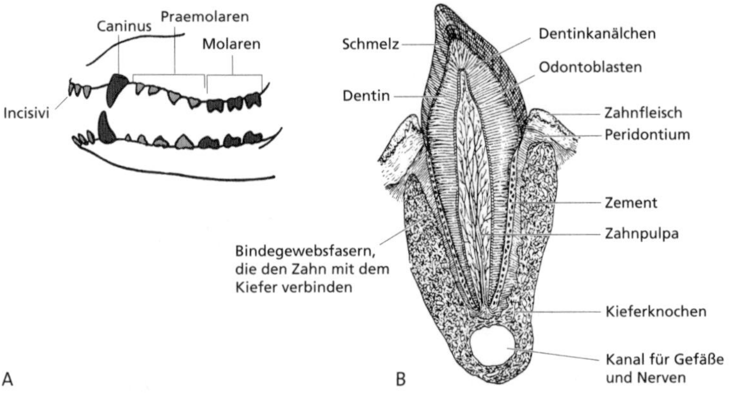

Abb. 10.2: (A) Säugetiergebiss in der Grundformel. (B) Aufbau eines Säugetierzahnes.

Der **Zahnschmelz** ist die härteste Substanz im menschlichen Körper; er besteht zu 95 % aus **Hydroxylapatit** (ein Calciumphosphat-Kristall).

Vergleiche hierzu auch:
Strukturelle Anpassungen von Verdauungssystemen hängen oft mit der Ernährungsweise zusammen

☐ *gelernt (Campbell S. 1039)*

10.3 Verdauungssysteme im Tierreich

Die Verdauung findet in speziellen Funktionsräumen statt

☐ *gelernt (Campbell S. 1029)*

- je nach **Ernährungsart** und **Größe** der Organismen unterschiedliche Verdauungssysteme im Tierreich
- Eingrenzung der Nahrung in **Vakuolen** oder **Darmräumen**
- **rein intrazelluläre Verdauung**: z. B. bei eukaryotischen Einzellern, Schwämmen, Zecken
- **rein extrazelluläre Verdauung**: z. B. bei Nematoden, Insekten, Vertebraten
- Kombination aus **extrazellulärer Vorverdauung** und **intrazellulärer Verdauung** in Darmepithelzellen: z. B. bei Cnidaria, Trematoden, Schnecken, Echinodermen

10.3.1 Verdauungssysteme eukaryotischer Einzeller

- Nahrungsaufnahme über **Zelloberfläche**: **Absorption** oder **Phagocytose**
- bei Gruppen mit fester Form oft Ausbildung eines **Zellmundes** (**Cytostom**)
- Einschluss der Nahrung in **Nahrungsvakuole**: darin **intrazelluläre Verdauung**
- **Cyclose**: Wanderung der Nahrungsvakuole durch die Zelle (verbunden mit biochemischen Veränderungen, z. B. **pH-Modifikation**)
- durch **Verschmelzung** mit anderen Vesikeln (**Lysosomen**) gelangen **Verdauungsenzyme** in die Vakuole
- **Resorption** der Abbauprodukte, **Exocytose** der unverdaulichen Reste (z. T. über **Zellafter**, **Cytopyge**)

In Abbildung 41.10 in Campbells Biologie *lässt sich der Verlauf der intrazellulären Verdauung am Beispiel von* Paramecium *nachvollziehen.*

(Campbell S. 1029) gelernt ☐

10.3.2 Verdauungssysteme niederer Metazoen

- **Porifera**: Kanal- und Kammersystem; Aufnahme der Nahrungspartikel durch **Choanocyten** (**Kragengeißelzellen**)
- **Cnidaria**: mit entodermalem **Gastrovaskularsystem**

Gastrovaskularsystem !

- blind endendes, verzweigtes **Hohlraumsystem** (nur **1 Öffnung** nach außen)
- fungiert als **Verdauungs- und Kreislaufsystem** bei Coelenteraten und Plathelminthen (Ausnahme: Cestoden)
- Nahrungstransport durch **Cilien** → **Verteilung** der Nährstoffe
- **extrazelluläre** (im Gastralraum) und **intrazelluläre** Verdauung (in Zellen der Gastrodermis)

10.3.3 Tiere mit durchgehendem Darmrohr

- Nematoden, Anneliden, Mollusken, Arthropoden, Echinodermen und Chordaten

Gastrointestinaltrakt !

- **durchgehendes Darmrohr**, auch als **Verdauungskanal** bezeichnet
- **2 Öffnungen** nach außen: **Mund** (Nahrungsaufnahme) und **After** (Ausscheidung)
- oft **Speicherung** der Nahrung in Darmaussackung: **Magen**
- **Transport** der Nahrung: durch **Cilien** oder **peristaltische Muskelkontraktion**
- je nach **Ernährungsweise** verschiedene **Spezialisierungen**

grobe Gliederung:

Abschnitt	Funktionen
Vorderdarm	Einschleimung, Vorverdauung, Durchmischung und Zerkleinerung der Nahrung
Mitteldarm	Endverdauung und Resorption der Nährstoffe
Enddarm	Resorption von Wasser und Elektrolyten, Eindickung des Kots, Defäkation über After

Vorderdarm

- vielfältige **Umgestaltungen**: Pharynx, Ösophagus, Kropf, Magen

Pharynx (Schlunddarm)
- muskulös, kann wie **Saugpumpe** wirken (z.B. bei Nematoden)
- z. T. mit **Speicheldrüsen** → Einschleimen, Vorverdauung

Ösophagus (Speiseröhre)
- dient dem **Weitertransport** der Nahrung
- teils mit **Mahl-** oder **Kauvorrichtungen**
- **Kropf**: besondere Struktur z. B. bei Vögeln oder Insekten → Speicherung, evtl. Vorverdauung

Lungen und **Schwimmblase** entstanden als Aussackungen des Vorderdarms, die andere Funktionen übernommen haben.

Muskel- oder Kaumagen
- **Durchmischung** und/oder mechanische **Zerkleinerung** der Nahrung
- z. B. bei Arthropoden, manchen Echinodermen

Drüsenmagen
- **Vorverdauung** (enzymatisch, durch Säuren) und **Speicherung** der Nahrung

mehrkammeriger Magen der Wiederkäuer (Abb. 10.3)
- hinterer Teil des **Ösophagus** bildet: **Pansen**, **Netzmagen**, **Blättermagen**
- **Pansen**: **Gärkammer** → Aufschluss von Cellulose
- **chemische Zersetzung** durch **Endosymbionten** (Bakterien und Ciliaten); ebenso im **Netzmagen**
- **Symbionten** erhalten vom Wirt **Stickstoff** zur **Proteinsynthese**
- Nahrungsbrei wird **heraufgewürgt** und **wieder gekaut**
- gelangt dann nach Schlucken in **Blättermagen**: **Wasserentzug**
- anschließend erst in eigentlichen Magen: **Labmagen**

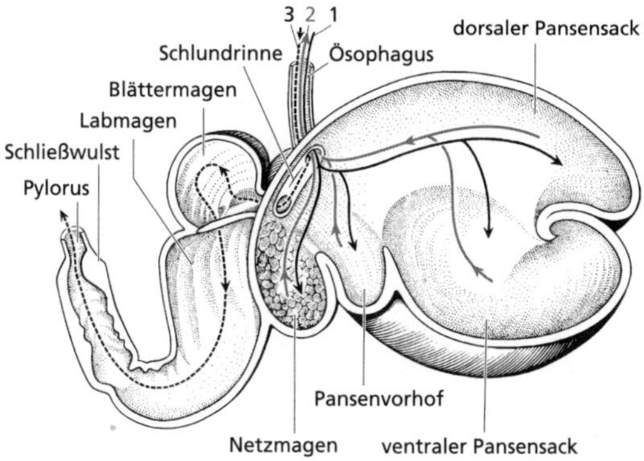

Abb. 10.3: Wiederkäuermagen (1–3: Weg der Nahrung).

Mitteldarm

- Ort der **Endverdauung** und **Resorption**, z. T. auch **Wasserrückresorption**
- teils mit Aussackungen: **Blinddärme**, **Malpighi-Gefäße** bei Spinnen
- bei Säugern: **Dünndarm**

Bei Wirbeltieren gibt es eine **Korrelation** der **Darmlänge** zur **Ernährung** der Tiere: je größer der Anteil faserreicher pflanzlicher Nahrung, desto länger der Dünndarm (z. B. Kaulquappen mit viel längerem Darm als Frösche).

Darmanhangsdrüsen

- **entodermal**
- Produktion von **Verdauungssäften**, z. T. auch Resorption und andere Aufgaben
- **Mitteldarmdrüsen**: können auch der **Resorption** dienen
- **Pankreas**: Enzymproduktion im **exokrinen Teil**, Hormonsynthese in Langerhansschen Inseln
- **Leber**: viele Funktionen, z. B. Synthesefunktion (Gallenflüssigkeit etc.), Speicherfunktion, Wärmeproduktion, exkretorische Funktion, Entgiftung

Tabelle 44.1 in Campbells Biologie *fasst die wichtigsten Aufgaben der Leber zusammen.*

(Campbell S. 1143) gelernt ☐

Koprophagie

- Aufnahme von nährstoffreichem **weichem Kot**, z. B. bei Kaninchen
- ermöglicht Aufnahme **bakteriell aufgeschlossener Nährstoffe**, da sich die endosymbiontischen Bakterien im **Blinddarm** (**Caecum**) hinter dem Mitteldarm befinden

Enddarm

- v. a. **Wasserrückresorption** → Eindicken des Kotes
- Aussackungen: z. B. **Malphigi-Gefäße** bei Insekten
- bei Säugern: **Dickdarm** (**Colon**), hinterer Teil: **Mastdarm** (**Rectum**)

10.4 Verdauung und Resorption bei Wirbeltieren

Siehe hierzu auch:
Tiere verwerten ihre Nahrung in vier Schritten: Aufnahme, Verdauung, Resorption und Ausscheidung

☐ *gelernt (Campbell S. 1028)*

!

- Verdauungsprozess **räumlich**, **zeitlich** und **funktionell** untergliedert
- Körper benötigt **energiereiche Brennstoffe** (Zucker, Fettsäuren, Aminosäuren) und **Bausteine** zur Synthese körpereigener Substanzen
- **Nahrungsbestandteile** (Kohlenhydrate, Fette, Proteine) müssen zur **effektiven Verwertung** weiter zerkleinert werden
- Zerlegung mithilfe von **Verdauungsenzymen** in Einzelbausteine → **Resorption**
- zentrale Moleküle des **Katabolismus** (Weiterverarbeitung) in den Zellen: **Pyruvat** und **Acetyl-CoA**
- daraus **Synthese körpereigener Stoffe** (**Anabolismus**)

Hydrolyse

- **grundlegender Prozess** der Verdauung, katalysiert durch **Hydrolasen**
- Anlagerung von **Wasser** an **Spaltprodukte**
- z. B. Hydrolyse von **Peptidbindungen** durch **Peptidasen**: ergibt **Säure-** und **Aminrest**
- die **energiereichsten** Bindungen werden erst **intrazellulär** gespalten

10.4.1 Verdauung und Resorption am Beispiel des Menschen

!

Gliederung des menschlichen Magen-Darm-Trakts

- **Mundhöhle**, **Speiseröhre**, **Magen**, **Dünndarm**, **Dickdarm**, **Mastdarm**
- in die **Mundhöhle** münden **3 Speicheldrüsen**
- in den **Dünndarm** münden die Ausführgänge von **Pankreas** und **Leber**

Verdauung

- beginnt in der **Mundhöhle**: mechanische **Zerkleinerung**, **Einspeichelung**
- **Speichel**: dient zum **Einschleimen**, **Puffern** und zur **Vorverdauung**

- beginnender **Abbau** von **Stärke** und **Nucleinsäuren** durch Speichelenzyme: **α-Amylase**, **Nuclease**
- durch **Speiseröhre** gelangt Nahrungsbissen (**Bolus**) in den Magen

---

Mundhöhle, Schlund und Speiseröhre beginnen mit der Verarbeitung der Nahrung

(Campbell S. 1032) gelernt ☐

Magen

- gegliedert in **Fundus**, **Korpus** und **Pylorus**
- **Fundusdrüsen** sezernieren **Magensaft**: Mischung aus **Schleim** (Nebenzellen), **Salzsäure** (Belegzellen) und **Pepsinogen** (Hauptzellen)
- **niedriger pH-Wert** (1,5–3) bewirkt Denaturierung von Proteinen, Freisetzung von Eisenionen, Denaturierung der DNA, Aktivierung von Pepsinogen
- **Pepsinogen**: inaktive Vorstufe der **Protease Pepsin**
- **Pepsin**: zersetzt **Proteine** in Poly- und Oligopeptide
- **Salzsäureproduktion**: abhängig von membranständigen Transporterproteinen und Carboanhydrase
- Zellen der **Magenschleimhaut** bilden schützende innere **Schleimschicht**, sezernieren **Bicarbonat** als **Puffer** (Schutz vor Salzsäure)
- **Verweildauer** der Nahrung im Magen: 1–5 Stunden
- angedauter Nahrungsbrei, der in Dünndarm gelangt: **Chymus**

Der Magen speichert Nahrung und führt eine Vorverdauung durch

(Campbell S. 1032) ☐

Dünndarm

- Abschnitte: **Duodenum** (Zwölffingerdarm), **Jejunum** (Leerdarm) und **Ileum** (Krummdarm)
- umgeben von Bindegewebshülle (**Serosa**)
- an **Mesenterium** in Leibeshöhle aufgehängt
- 2 äußere **Muskelschichten** (**Tunica muscularis**): Längs- und Ringmuskeln, dazwischen **Nervenplexus**
- darunter liegende Bindegewebsschicht (**Tunica submucosa**) ebenfalls **innerviert**
- innerste Schicht: **Mucosa** (**Dünndarmschleimhaut**) → dient der **Resorption**
- charakteristische innere **resorbierende Oberfläche**: mit quer verlaufenden **Falten** (**Kerckring-Falten**) und **Zotten** (**Villi**) → enorme **Oberflächenvergrößerung** → **erhöhte Resorption**
- Mündung der **Ausführgänge** von **Pankreas** (**Ductus pancreaticus**) und **Leber** (**Ductus choledochus**)
- **pankreatischer Speichel**: enthält **Verdauungsenzyme** (vielfach als inaktive Vorstufen) und **Bicarbonat** als **Puffer**

Verdauung und Resorption finden hauptsächlich im Dünndarm statt

☐ *gelernt (Campbell S. 1034)*

Proteinverdauung

- mithilfe von **Dünndarm-** und **Pankreas-Proteasen**
- **Exopeptidasen**: bauen Polypeptidkette vom N- oder C-Terminus her ab (**Amino-** bzw. **Carboxypeptidasen**)
- **Endopeptidasen**: spalten Polypeptidkette innen an charakteristischen Angriffspunkten (**Trypsin**, **Chymotrypsin**, **Elastase**)
- **Pankreas-Proteasen** als **Proenzyme** sezerniert, im Dünndarm aktiviert
- **Enteropeptidase**: wandelt **Trypsinogen** in aktives **Trypsin** um
- **Trypsin** aktiviert weitere Verdauungsenzyme
- **Aminopeptidasen** und **Oligopeptidasen**: an Mikrovilli der Epithelzellen; spalten Oligopeptide in **Aminosäuren**, **Di-** und **Tripeptide**

Kohlenhydratverdauung

- mithilfe von **Carbohydrasen**
- **α-Amylase** aus Mund- und Bauchspeichel: spaltet **Glykogen** und **Stärke** in **Oligosaccharide** und dann in **Maltose** (Disaccharid)
- **Glykosidasen**: spalten Poly- und Oligosaccharide in **Disaccharide**
- **Disaccharidasen** (z. B. Maltase, Lactase): spalten Disaccharide in **Monosaccharide**

Nucleinsäureverdauung

- mithilfe von **Nucleasen** (Exo- und Endonucleasen, Doppel- und Einzelstrangnucleasen)
- **RNasen** (im Mundspeichel) und **DNasen** (im Mund- und Bauchspeichel): spalten Nucleinsäuren in **Poly-** und **Oligonucleotide**
- Weiterverdauung durch **Nucleotidasen** in **Nucleotide** und **Nucleoside**
- **Nucleosidasen**: spalten Nucleoside in **Basen**, **Pentosen** und **Phosphat**

Lipidverdauung

- beginnt im Magen durch **Lipase** aus Mundspeichel und Magensekret
- Hydrolyse durch **Lipasen**: spalten Acylgyceride in **Glycerin** und **Fettsäuren**
- im Dünndarm durch **Pankreaslipasen** und **Phospholipasen**
- **Procolipase** aus Pankreas wird zu **Colipase** aktiviert
- aus der **Leber** kommt **Gallenflüssigkeit**: enthält Gallensalze, Phospholipide, Cholesterol und Gallenpigmente (v. a. Bilirubin)
- **Gallensalze** dienen der **Emulgation** der Nahrungsfette → bilden mit Produkten der Fettverdauung, Phospholipiden und Cholesterol **gemischte Micellen**
- diese dienen dem **Transport unlöslicher** Verdauungsbestandteile

Einen guten Überblick über die verschiedenen enzymatischen Hydrolysen im menschlichen Verdauungstrakt bietet Abbildung 41.17 in Campbells Biologie.

(Campbell S. 1035) gelernt ☐

Verdauungsenzyme im Überblick

Sekretionsort	Enzyme
Speicheldrüsen (Mundhöhle)	α-Amylase, Nucleasen
Magen	Vorstufe Pepsinogen (→ Pepsin)
Dünndarmmucosa	Proteasen
Pankreas	Vorstufen: Trypsinogen, Chymotrypsinogen, Procarboxypeptidase, Proelastase, Prophospholipase A, Procolipase aktive Enzyme: Lipasen, Ribonucleasen, pankreatische α-Amylase
Darmepithelzellen	Peptidasen, Glykosidasen, Nucleasen, Enteropeptidase

Resorption

- Hauptresorptionsort: **Mikrovilli** der **Dünndarmepithelzellen**
- Aufnahme von Stoffen durch die **Epithelzellen** oder **Enterocyten**
- unter Beteiligung von **Transportsystemen** oder durch **Diffusion**

Resorption der Spaltprodukte aus der Verdauung

a) Resorption von Di- und Tripeptiden und Aminosäuren
- über **H^+-Transportsysteme** in Epithelzellen
- Verdauung durch **intrazelluläre Aminopeptidasen** zu **Aminosäuren**
- **Resorption** der Aminosäuren über **Na^+-Cotransportsysteme** und **Aminosäurenaustauscher**

b) Resorption der Kohlenhydrate
- Glucose und Galactose über **Na^+-Cotransport** in Epithelzellen, über **Glucosetransporter** ins Interstitium

c) Resorption von Nucleinsäuren
- Pentosen über **Diffusion**, Nucleotide und Nucleoside

d) Resorption von Fetten
- aus **Micellen** in Epithelzellen
- Bildung von **Chylomikronen**: supramolekulare Komplexe aus **Apolipoproteinen** des rauen ER und **Triacylglyceriden** oder **Cholesterolestern**
- gelangen durch **Exocytose** ins Interstitium

Resorption von Elektrolyten, Spurenelementen und Vitaminen
- für einige Ionen **Carrierproteine**, Calcium über **Calciumkanäle**
- Phosphat und Sulfat über **Na^+-Cotransport**
- **fettlösliche Vitamine** mit Lipiden in **Micellen**
- **wasserlösliche Vitamine** über **Na^+-Cotransport** oder **Na^+-abhängigen Transport**

Resorption von Flüssigkeit
- Rückresorption zu 90 % im **Dünndarm**, Rest im **Dickdarm**

Wasserrückresorption ist eine Hauptfunktion des Dickdarms

☐ *gelernt (Campbell S. 1038)*

nichtresorbierbare Bestandteile
- **unverdauliche Ballaststoffe**
- **Eindickung** im Dickdarm → Ausscheidung als **Faeces**
- **Farbe** der Faeces: durch Gallenfarbstoff **Bilirubin**, der zu **Stercobilin** umgewandelt wird

Regelung der Verdauung

- über das **vegetative Nervensystem**
- **Parasympathikus**: **stimuliert** Sekretion und Motilität → Erregung über **Nervus vagus**
- **Sympathikus**: **hemmt** Sekretion und Motilität
- außerdem Freisetzung von **Hormonen** durch Reize: **Gastrin**, **Sekretin**, **Cholecystokinin** (**CCK**), **GIP** (*gastric inhibitory peptide*)
- außerdem **Peptide**, die als **Neurotransmitter** dienen: **opioide Neuropeptide**, **Neurotensin**

Hormone tragen zur Regulation der Verdauung bei

☐ *gelernt (Campbell S. 1038)*

Steuerung der Sekretionstätigkeit

a) Steuerung der Speichelsekretion
- **reflektorisch** durch **mechanische** und **chemische Reizung** von Rezeptoren in der Mundhöhle
- **psychische Speichelsekretion**: ausgelöst durch **bedingte Reflexe** (→ Pawlow'scher Hund)

b) Steuerung der Magensaftsekretion
- in **3 Phasen** unterteilt
- **cephalisch**: wie bei a) – Reizung der Mundhöhle löst reflektorisch Sekretion aus

- **gastrisch**: Magenwanddehnung und chemische Reize lösen Gastrinsynthese und Gastrinabgabe ins Blut aus
- **intestinal**: Synthese von intestinalem Gastrin

c) *Steuerung der Pankreassekretion*
- **reflektorisch** durch Reize wie bei Speichel und Magensaft sowie Dehnung des Magens
- außerdem durch **Sekretin** und andere Hormone

d) *Steuerung der Gallenproduktion*
- Produktion erfolgt **kontinuierlich**
- **CKK** löst Entleerung der **Gallenblase** aus

e) *Steuerung der Dünndarmsekretion*
- über Nervus vagus, Hormone und Neurotensin

11. Blut, Blutgefäß- und Lymphsystem

Verteilung von Nährstoffen, Atemgasen und Stoffwechselprodukten
- bei **sehr kleinen** Tieren (< 1 mm): durch **Diffusion** über **interstitielle Flüssigkeit**
- bei **komplexeren** Tieren: über spezielles **Transport- und Gefäßsystem** und Trägerflüssigkeiten wie **Blut**, **Lymphe** oder **Hämolymphe**

Transportsysteme verbinden die Körperzellen funktionell mit den Austauschorganen

☐ *gelernt (Campbell S. 1046)*

11.1 Aufgaben von Blut und Hämolymphe

- dienen v. a. der **Homöostase**: Aufrechterhaltung eines **konstanten inneren Gleichgewichts**

Blut
- **Körperflüssigkeit**, die in weitgehend **geschlossenen Blutgefäßsystemen** transportiert wird
- durch **respiratorische Farbstoffe** meist gefärbt
- **Trägersubstanz** für den **Transport** von **Stoffen** und **Gasen** sowie **Wärme**
- besteht aus **Blutplasma** und **Blutzellen**

Hämolymphe
- farbloses **Flüssigkeitsgemisch** aus **Lymphe** und **interstitieller Flüssigkeit**
- bedingt durch **offenes Blutgefäßsystem** (Verschmelzung von primärer und sekundärer Leibeshöhle)
- nur bei einigen **Wirbellosen**
- **Aufgaben**: Ernährung, Reinigung, Pufferung, Wärmetransport, Abwehr, Transport- und Skelettfunktion

- das **Blut** im geschlossenen Gefäßsytem eines homoiothermen Wirbeltiers macht etwa 6–8 % des Körpergewichts aus (beim Menschen rund 5 Liter)
- die **Hämolymphe** eines offenen Gefäßsystems von Wirbellosen beträgt hingegen ca. 30–40 % des Körpergewichts

Aufgaben des Blutes
- **Transport von Nährstoffen** wie Glucose und andere Kohlenhydrate, Aminosäuren, Vitamine und Spurenelemente
- **Abtransport von Stoffwechselendprodukten**, die z. T. toxisch sind
- **Transport von Ionen** zur Aufrechterhaltung der osmotischen Verhältnisse
- **Transport von Hormonen**: v. a. Polypeptide, Amine, Amide, Steroide
- **Wärmetransport**: vermehrte Durchblutung bestimmter Organe nach Reizung von Thermorezeptoren bei homoiothermen Wirbeltieren, Temperaturausgleich zwischen Organen
- **Abwehr**: Erkennung und Zerstörung von Fremdstoffen und Krankheitserregern durch bestimmte Zellen und Plasmaproteine
- **Schutz**: z. B. Wundverschluss durch Gerinnung
- **Gastransport** von Atemgasen wie O_2 und CO_2
- **Pufferung**: Konstanthaltung der H^+- und OH^--Ionenkonzentration durch Plasmaproteine
- **Formgebung**, z. B. im Fuß von Muscheln, erektilem Gewebe

11.1.1 Die Bestandteile von Blut

Bei **Zentrifugation** ergeben sich 3 Phasen:
- unten: **zelluläre Bestandteile** (**rote Blutzellen** und **Thrombocyten**)
- Mitte: dünne Schicht aus **weißen Blutzellen**
- oben: als Überstand **azelluläres Plasma**

Blut ist ein flüssiges Bindegewebe aus Plasma und darin verteilten Zellen

(Campbell S. 1058) gelernt ☐

Blutzellen von Wirbellosen
- bis zu **32 unterschiedliche** Zelltypen
- häufigste: Amoebocyten, Coelomocyten – **kernhaltig**, **amöboid** beweglich
- **Amoebocyten**: z. B. bei Schwämmen, Lungenschnecken
  - Funktionen: **Phagocytose**, **Nährstofftransport**, auch **Wundverschluss**
- **Coelomocyten**: z. B. bei Anneliden
  - Funktion: **Nährstofftransport**, **Exkretion**, zelluläre **Immunabwehr**

Blutzellen von Wirbeltieren

Hämatopoese (Blutbildung) (Abb. 11.1)
- je nach Tiergruppe in **unterschiedlichen Organen**: z. B. bei Haien in **Gonaden**, bei Amphibien in der **Leber**, bei den meisten Embryonen in **Leber** und **Milz**, beim erwachsenen Menschen im **roten Knochenmark**
- aus **pluripotenten hämatopoetischen Stammzellen**
- **Differenzierung** kontrolliert von **Cytokininen** und/oder **Hormonen**
- 3 Grundtypen: **Erythrocyten**, **Thrombocyten** und **Leukocyten** (hierzu zählen Granulocyten, Lymphocyten und Makrophagen)

Erythrocyten (rote Blutkörperchen)
- bei Säugern: **sekundär kernlos**
- enthalten **respiratorische Farbstoffe** wie Hämoglobin, Chlorocruorin, Hämerythrin und Hämocyanin
- Aufgabe: **Gastransport**
- Bildungsorte beim Menschen: **rotes Knochenmark**, beim Embryo **Leber** und **Milz**
- Abbau: in **Leber** und **Milz**, **Knochenmark** und **Lymphknoten**

Im **menschlichen Blut** sind pro Mikroliter rund 5–6 Mio. **Erythrocyten** enthalten; in Hochgebirgslagen kann die Zahl auf über 8 Mio. ansteigen.

Blutgruppen
- **Moleküle** auf der **Oberfläche der Erythrocyten** wirken als **Antigene**
- bei Kontakt mit entsprechenden **Antikörpern** im **Serum**: Verklumpung (**Agglutination**)
- verschiedene Systeme: z. B. **AB0-System**, **Rhesusfaktoren**

Blutgruppe	Antigene	Antikörper	Genotyp
A	A	Anti-B	AA oder A0
B	B	Anti-A	BB oder B0
AB	A und B	keine	AB
0	keine	Anti-A und Anti-B	00

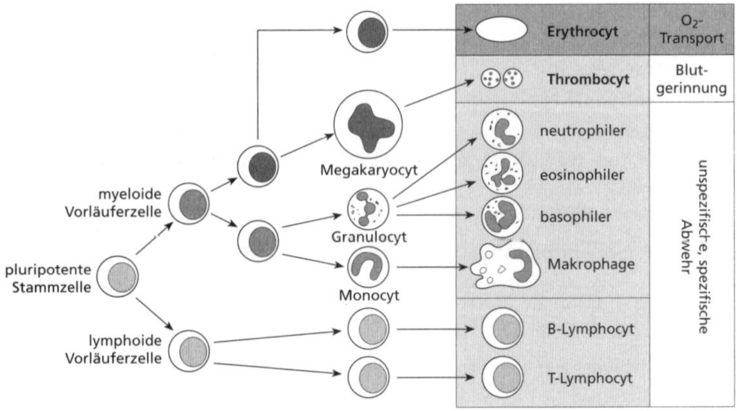

Abb. 11.1: Blutbildung beim Menschen und die verschiedenen Blutzellen.

Leukocyten (weiße Blutkörperchen) (Abb. 11.1)
- **Lymphzellen**
- bei Säugern: **kernhaltig**, **farblos** und **amöboid** beweglich
- Hauptfunktion: **Abwehr**
- Bildungsorte: **rotes Knochenmark**, primäre und sekundäre **Organe des Lymphsystems**
- Abbau: Aufnahme durch **Makrophagen**
- unterteilt in **3 Zelltypen**

a) Granulocyten
  - anders als andere Leukocyten mit **granulären Cytoplasmastrukturen**
  - unterteilt in **neutrophile**, **eosinophile** und **basophile** Granulocyten
  - neutrophile können **Mikrophagen** bilden, basophile **Mastzellen**
  - **Abwehrfunktion**: **Phagocytose** oder Ausschüttung von **toxischen Granula-Substanzen** und **Histaminen**

b) Lymphocyten (s. auch Kap. 12)
  - **ohne** granuläre Strukturen
  - unterteilt nach Funktion in **B-** oder **T-Zellen** (**B-** bzw. **T-Lymphocyten**)
  - **B-Zellen**: **Antikörperbildung**, Umdifferenzierung zu **Plasmazellen**
  - **T-Zellen**: wirken **toxisch** auf Viren, **Rekrutierung** von Makrophagen zu Infektionsherden
  - **T-Helfer-Zellen**: **Regulation** der Antikörperproduktion durch B-Zellen

c) Monocyten
  - **ohne** granuläre Strukturen
  - können zu **Makrophagen** werden
  - Funktion: **Phagocytose**

mobile Zellen des Bindegewebes

a) Mikrophagen
  - Bildung aus **eingewanderten neutrophilen Granulocyten**
  - Aufgabe: **allgemeine Immunabwehr** → **Phagocytose**
  - Selbstzerstörung führt zur **Eiterbildung**

b) Mastzellen
  - enthalten **Heparin-** und **Histamingranula**
  - Bildung aus **basilophilen Granulocyten**
  - **Freisetzung** infolge von **Ig E-Bindung** an membranständige Rezeptoren
  - Aktivierung bei **Allergien**

c) Plasmazellen
  - **umdifferenzierte B-Lymphocyten**
  - v. a. in lymphatischem Gewebe
  - Aufgabe: **spezifische Immunabwehr**

d) Makrophagen
  - Bildung aus **eingewanderten Monocyten**
  - **amöboid** beweglich
  - **Phagocytose**

Vergleiche hierzu auch den Abschnitt „Phagocytotische weiße Blutzellen und natürliche Killerzellen" in Campbells Biologie.

☐ *gelernt (Campbell. S. 1083)*

Thrombocyten (Blutplättchen)

- **sekundär kernlos**
- gebildet aus **Megakaryocyten**
- Aufgaben: **Wundheilung**, **Blutstillung** und **Blutgerinnung**

Blutgerinnung

Thrombus (Thrombocytenpfropf)

- bildet sich bei **Gefäßverletzung** als **erster Wundverschluss** zur **Blutstillung**
- manchmal auch in **heilen Gefäßen** → **Thrombose**

Gerinnungskaskade

- Beteiligung zahlreicher **Gerinnungsfaktoren** (beim Menschen I–XIII)
- werden von **Thrombocyten** freigesetzt oder zirkulieren als **inaktive Vorstufen** im Blut
- **Aktivierungskaskade** der **Gerinnungsfaktoren**
- Grundprinzip: **Prothrombin** bewirkt über **Thrombin** die **Umwandlung** von **Fibrin** in **Fibrinogen**
- viele Schritte benötigen **Ca^{2+}-Ionen** (Faktor V)
- **Aktivierung** der Gerinnungskaskade:
  - **exogenes System** (*extrinsic system*): Blut dringt ins Gewebe ein
  - **endogenes System** (*intrinsic system*): kein Blut im Gewebe, nur Gefäßinnenhaut verletzt

Thrombin

- **Hauptenzym** der Blutgerinnung
- gebildet aus **Prothrombin** (ausgelöst durch andere Gerinnungsfaktoren)
- setzt **Fibrin** aus **Fibrinogen** frei

Fibrin

- wird durch **Thrombin** aus **Fibrinogen** freigesetzt
- durch **Vernetzung der Fibrinmoleküle** entsteht ein **fester Wundverschluss**

Fibrinolyse

- **Auflösung** der Thromben
- erfordert aktiviertes **Plasmin** aus **Plasminogen**
- Aktivierung über **TPA** (*tissue plasminogen activator*) und **Urokinase** oder über **Faktor XII**

Zum Ablauf der Blutgerinnung siehe auch Abbildung 42.16 in Campbells Biologie.

☐ *gelernt (Campbell S. 1061)*

Bluterkrankheit (Hämophilie)
- durch **Mangel an Gerinnungsfaktoren**
- **Verletzungen** können zu **lebensbedrohlichen Blutungen** führen
- Hämophilie A und B **X-chromosomal** vererbt

Zur Synthese einiger **Blutgerinnungsfaktoren** ist Vitamin K als Cofaktor erforderlich. **Vitamin-K-Mangel** kann daher zu verminderter Blutgerinnung führen.

Blutplasma
- **azellulärer Anteil** des Blutes
- **Hauptbestandteile**: Plasmaproteine, Immunglobuline, Lipide, Glucose, Salze, Vitamine, Spurenelemente, Hormone, Wasser und Gerinnungsfaktoren
- **Plasmaproteine**: Serumalbumine, Serumglobuline

Serum
- **Restplasma** nach **Abtrennung von Gerinnungsprodukten**
- Plasma ohne Fibrinogen, Prothrombin und andere **Gerinnungsfaktoren**

11.1.2 Hämoglobin und Gastransport

Gastransport
- **außer** bei **Tracheenatmern** immer über **Körperflüssigkeiten**
- meist gebunden an **respiratorische Pigmente**: Hämoglobine, Hämerythrine und Hämocyanine

Respiratorische Proteine transportieren Atemgase und helfen bei der Pufferung des Blutes

(Campbell S. 1072) ☐

Hämoglobin
- transportiert **Sauerstoff** und **Kohlendioxid** in **Erythrocyten**
- **globuläres tetrameres Protein** aus 4 Polypeptiden (je 2 identische): **2 α-Ketten, 2 b-Ketten**
- jede der 4 Untereinheiten mit **prosthetischer Hämgruppe**
- **Häm-Grundgerüst: Porphyrinringsystem** (Tetrapyrrolsystem) mit zentralem **Eisenion**
- **Eisenion**: über 4 N-Atome gebunden, an 5. Stelle Histidinrest, 6. Stelle frei für **Sauerstoffbindung**
- an jede Untereinheit kann ein **O_2-Molekül** binden

Zur Struktur des Häm-Moleküls siehe Abbildung 6.17 in Campbells Biologie.

gelernt (Campbell S. 118)

Die rote **Farbe des Blutes** rührt vom Eisen im Hämoglobin her. Sauerstoffreiches (**oxygeniertes**) Blut ist hellrot gefärbt, sauerstoffarmes (**desoxygeniertes**) dunkelrot.

Sauerstoffaffinität

- bestimmt vom **Sauerstoffpartialdruck** des umgebenden Gewebes
- bei **hohem Sauerstoffangebot** erhöht: **Beladung** mit O_2 **gefördert** (→ Lunge)
- bei **Sauerstoffarmut** erniedrigt: leichtere **Sauerstoffabgabe** (→ Gewebe)
- **positiv kooperierender Effekt**: Bindung eines **O_2-Moleküls** an eine Hämoglobinkette **erleichtert** die Bindung weiterer
- Affinität auch abhängig vom **pH-Wert** des Gewebes (**Bohr-Effekt**) und **Temperatur** (**Root-Effekt**)
- **Regelung** über **2,3-DPG** (2,3 Diphosphoglycerat)

Bohr-Effekt

- **Erniedrigung des pH-Werts** führt zu **verringerter Sauerstoffaffinität**
- pH-Wert kann durch **Bildung von CO_2** (Kohlensäure) erniedrigt werden
- bei **erhöhter Stoffwechselaktivität**: verminderter pH, höhere CO_2-Konzentration, geringerer Sauerstoffpartialdruck → **Sauerstoffabgabe**

2,3-DPG (2,3-Diphosphoglycerat)

- **Regulator** für Sauerstoffaffinität → **vermindert Affinität** durch Bindung an Hämoglobin
- **allosterischer Effektor**: stabilisiert T-Form des Desoxyhämoglobins
- sorgt für **Freisetzung von O_2** in den Geweben

Hämoglobinvarianten

- neben Hämoglobin A **über 250 Varianten** bekannt
- bekannteste **Punktmutation** führt zu **Sichelzellenanämie**
- unterschiedliche Hämoglobine während der **Embryonalentwicklung**
- **fetales Hämoglobin**: mit α- statt β-Ketten -> hat **höhere Sauerstoffaffinität** (mütterliches Hämoglobin kann Placenta nicht passieren)
- **Chlorocruorin**: extrazelluläre Variante mit **Chlorohäm** (grün) bei einigen Polychaeten

11.1.3 Andere respiratorische Farbstoffe und Sauerstoffspeicherung

Hämocyanin

- respiratorischer Farbstoff im Blut verschiedener **Arthropoden** und **Mollusken**
- mit **Kupfer** als Zentralatom
- sauerstoffarmes Blut **farblos**, sauerstoffreiches **blau**

Hämerythrin
- **respiratorisches Nicht-Hämprotein**
- bei einigen **marinen Wirbellosen** (Sipunculiden, Priapuliden, einige Polychaeten und Brachiopoden)
- sauerstoffarmes Blut **farblos**, sauerstoffreiches **violett**

Myoglobin
- **monomeres Hämprotein** aus 1 Polypeptidkette
- dient der **intrazellulären Sauerstoffspeicherung**, v. a. in **Muskelzellen**
- in sehr **hoher Konzentration** bei lange **tauchenden** Wirbeltieren

Vergleiche hierzu:
Tieftauchende Luftatmer speichern viel Sauerstoff und verbrauchen ihn sehr langsam
(Campbell S. 1074) gelernt ☐

11.2 Kreislauf, Blutgefäß- und Herzsysteme

- zunehmende **Größe** und zelluläre **Differenzierung** machen **Leitungssystem** erforderlich

11.2.1 Blutgefäße

!

Venen	Arterien
transportieren meist **sauerstoffarmes** Blut **Ausnahme**: Lungenvene!	transportieren **sauerstoffhaltiges** Blut **Ausnahme**: Lungenarterie!
Transport von Blut **von Organen weg** zum Herzen hin	Transport von Blut **vom Herzen weg** zu den Organen
vereinigen sich aus **Kapillaren** und **Venolen**	verzweigen sich zu **Arteriolen** und **Kapillaren**
z. B. obere und untere **Hohlvene** (Vena cava superior bzw. inferior)	z. B. **Aorta**

- Trennung von **sauerstoffreichem** und **-armem Blut** in separaten **Lungen-** und **Körperkreislauf** erst bei Vögeln und Säugern
- alle Gefäße mit dreischichtiger Struktur
  - **Tunica interna (intima)**: aus Endothelzellen, Kollagenfasern und Elastin
  - **Tunica media**: aus glatten Muskelzellen und Kollagenfasern
  - **Tunica externa (adventitia)**: aus Bindegewebe mit Kollagen und Elastin
- **Venen** sind **dünnwandiger** und meist **weitlumiger** als Arterien und verfügen über **weniger elastische Elemente**

Arterien, Venen und Kapillaren unterscheiden sich aufgrund ihrer unterschiedlichen Funktion im Bau

☐ *(Campbell S. 1053) gelernt*

Kapillaren

- **kleinste** Blutgefäße
- bilden **netzartige Strukturen**
- Orte des **Gas- und Stoffaustauschs**
- verzweigen sich aus **Arteriolen** und vereinigen sich zu **Venolen**

Siehe hierzu auch:
Ein Stoffaustausch zwischen Blut und interstitieller Flüssigkeit erfolgt durch die dünnen Wände der Kapillaren

☐ *gelernt (Campbell S. 1056)*

11.2.2 Blutgefäßsysteme und Herztypen

Vergleiche hierzu den Abschnitt „Offene und geschlossene Kreislaufsysteme" in Campbells Biologie.

☐ *gelernt (Campbell S. 1047)*

!

offenes Blutgefäßsystem

- **Arterien** und **Venen offen** (z. T. auch fehlend, z. B. Plathelminthes)
- **keine Kapillaren**
- aus ursprünglich **geschlossenem System** entwickelt
- frei zirkulierende **Hämolymphe**
- wird meist von **Pumporgan** (Herz, Kiemenherz) in Leibeshöhle gepumpt
- nur bei **Wirbellosen**, z. B. Mollusken (außer Cephalopoden), Arthropoden

geschlossenes Blutgefäßsystem

- nicht unterbrochenes Gefäßsystem: **Trennung** von **Blut** und **interstitieller Flüssigkeit**
- Entwicklung von verbindenden **Kapillaren** zum Gasaustausch
- meist **Herz** als **Pumporgan** (nicht immer, z. B. Nemertini)
- bei **allen Vertebraten** und **einigen Wirbellosen**, z. B. Cephalopoden, einige Anneliden

Beispiele für Blutgefäßsysteme

Blutgefäßsystem von Mollusken

- bei Cephalopoden **geschlossen**, bei übrigen **offen**
- **Gasaustausch** in Kiemen oder Lungen
- respiratorischer Farbstoff meist **Hämocyanin** (Hämoglobin bei einigen Süßwasserschnecken)

- **Herz** in **Herzbeutel** (**Perikard**)
- z. T. zusätzlich **Lateral-** oder **Kiemenherzen**

Blutgefäßsystem von Anneliden
- teils **offen**, teils **geschlossen** (z. B. Regenwurm) oder auch ganz fehlend (einige Egel)
- beim Regenwurm: 1 **Rücken-** und 2 **Bauchgefäße**, verbunden über **Ringgefäße** und **Kapillaren**, vordere Ringgefäße bilden 5 paarige **Lateralherzen**
- **Rückengefäß** pumpt Blut nach vorne

Blutgefäßsystem von Arthropoden
- **Hämolymphe** umspült Organe im **Mixocoel** (aus primärer und sekundärer Leibeshöhle)
- Dorsalgefäß: **schlauchförmiges Herz** mit seitlichen Öffnungen (**Ostien**)
- umgeben von **Perikardialsinus** (durch Perikardialseptum abgetrennter Teil der Leibeshöhle)
- Herz pumpt Blut über **Arterien** in **Lakunen** (Stoffaustausch), zurück ins Herz über Ostien
- bei Insekten **akzessorische pulsierende Organe** an Antennenbasis (Ampullen, Antennenherzen), z. T. auch an Flügelbasis
- respiratorischer Farbstoff meist **Hämocyanin** (Hämoglobin bei einigen Insektenlarven)

Blutgefäßsystem von Echinodermen
- kein spezielles Gefäßsystem wegen besonderer Coelomverhältnisse
- Hämalsystem aus **Lakunen**, die z. T. mit Metacoel- und Radiärkanälen kommunizieren
- **Axialorgan** (Einfaltung ins Axocoel) als Antriebsorgan

Blutgefäßsystem der Chordaten
- bei **Tunicaten offen**, ansonsten **geschlossen**
- **Acranier** ohne zentrales Herz, aber mit kontraktilen Abschnitten in den Kiemengefäßen (**Kiemenherzen**, **Bulbilli**)
- **Vertebraten** mit **mehrteiligem zentralem Herz** (z. T. gekammert) und unterschiedlicher Anzahl von **Arterienbögen**
  - oft **Pfortaderkreisläufe** zur Versorgung von Leber und Niere

Die Stammesgeschichte der Wirbeltiere spiegelt sich in den Anpassungen des Herz-Kreislaufsystems wider

(Campbell S. 1048) gelernt ☐

ursprüngliches Blutgefäßsystem der Vertebraten
- **ventrales vierteiliges Herz**
- davon abgehend ventrale **Aorta**
- von Aorta gehen im Bereich der Kiemenspalten paarweise **Arterienbögen** ab

Arterienbögen (Abb. 11.2)
- speziell auch **Aortenbögen**
- gehen auf **Kiemenbogenarterien** zurück, die dem **Truncus arteriosus** entspringen
- werden auch bei **lungenatmenden Wirbeltieren embryonal** angelegt (meist 6)
- **verkümmern** teilweise ganz, bleiben **einseitig erhalten** oder gehen in die Bildung anderer großer Gefäße ein z. B. **Carotiden** (Kopfarterien)
- **Reptilien**: noch **2 Aortenbögen**; **Vögel**: nur **rechter**; **Säuger**: nur **linker**

ursprüngliches Wirbeltierherz
- z. B. bei Fischen: Rohr aus **4 hintereinander** angeordneten Räumen
- **Sinus venosus**: der Vorkammer vorgelagerter **dickwandiger Herzabschnitt**; nimmt **venöses Blut** aus Kardinalvenen und Lebervene auf
- **Atrium**: Vorkammer
- **Ventrikel**: dickwandige Herzkammer → Kontraktion
- **Conus arteriosus**: setzt sich in **Bauchaorta** fort; z. T. mit **Klappen**; wird bei Teleostei ersetzt durch **Bulbus arteriosus**

Ductus cuvieri
- entsteht aus Vereinigung von **Jugular-** und **Kardinalvenen**
- führt **venöses Blut** zum **Sinus venosus**
- z. B. bei **Fischen** oder beim **menschlichen Embryo**

Entwicklung des Herzens bei Tetrapoden
- durch Entwicklung von **Lungen** statt Kiemen → zunehmende **Trennung von Lungen- und Körperkreislauf**
- **2 Aortenstämme** für sauerstoffarmes Blut aus Körper, sauerstoffreiches aus Lunge
- zunehmende **Trennung des Atriums** in 2 Räume
- bei Krokodilen, Vögeln und Säugern **Herz** durch **Septen** vollständig in **4 Kammern** unterteilt

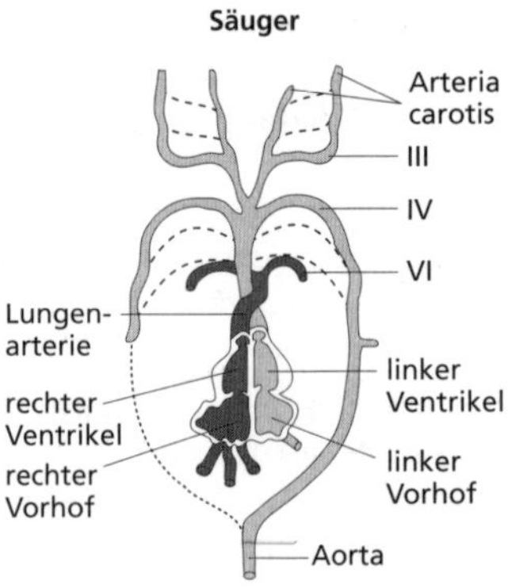

Abb. 11.2: Aus- und Umbildung der Arterienbögen und Herzkammern bei Säugern (gestrichelte Linien: embryonal noch angelegte Arterienbögen; IV: Aortenbogen).

Blutstrom bei Säugern !

- **doppelter Kreislauf**: Blutstrom passiert das Herz zweimal

a) Lungenkreislauf
- **sauerstoffarmes** Blut aus **rechtem Ventrikel** → **Lungenarterie** → **Lunge** (Anreicherung mit Sauerstoff)
- **sauerstoffreiches** Blut aus **Lungen** → **Lungenvene** → **linkes Atrium** → **linker Ventrikel**

b) Körperkreislauf
- **sauerstoffreiches** Blut aus **linken Ventrikel** → **Aorta** → **Körper**
- **sauerstoffarmes** Blut aus **Körper** → **vordere** und **hintere Hohlvene** → **rechtes Atrium** → **rechter Ventrikel**

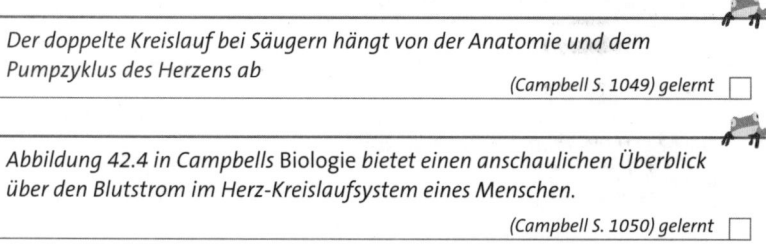

Der doppelte Kreislauf bei Säugern hängt von der Anatomie und dem Pumpzyklus des Herzens ab

(Campbell S. 1049) gelernt ☐

Abbildung 42.4 in Campbells Biologie *bietet einen anschaulichen Überblick über den Blutstrom im Herz-Kreislaufsystem eines Menschen.*

(Campbell S. 1050) gelernt ☐

Bau des Säugetierherzens

Herzwand
- **Schichtung** des Säugetierherzens
- besteht aus **Perikard** (Herzbeutel), **Epikard**, **Myokard** (Muskulatur) und **Endokard**

Atrien (Vorkammern, Vorhöfe)
- **sammeln** das Blut aus Lunge bzw. Körper
- leiten es weiter in **Ventrikel**

Ventrikel (Herzkammern)
- **saugen** das Blut aus Atrien an
- **pumpen** das Blut in Lunge bzw. Körper
- **dickwandiger** als Atrien

Herzklappen
- **verhindern Zurückfließen** des Blutes

a) Segelklappen (Atrioventrikularklappen)
- zwischen **Atrien** und **Ventrikeln**
- links: **Mitralklappe** (**Bicuspidalklappe**) aus 2 Segeln
- rechts: **Tricuspidalklappe** aus 3 Segeln

b) Taschenklappen (Semilunarklappen)
- **Pulmonalklappe** zwischen **rechtem Ventrikel** und **Lungenarterie**
- **Aortenklappe** zwischen **linkem Ventrikel** und **Aorta**

Aorta

- **größte Arterie** des Säugetierkörpers, auch **Hauptschlagader** genannt
- beginnt hinter der Aortenklappe am Herz
- leitet Blut aus **linkem Ventrikel** in Körperkreislauf
- bildet **Aortenbogen**
- abzweigende **Coronararterien** versorgen das Herz

Arterio- oder Atherosklerose

- Ablagerung von **Plaques** (Fettdepots) in Arterien
- **Verengung** und Verlust der Elastizität → **eingeschränkte Blutversorgung**
- **Sauerstoffmangel** führt zu **Thrombenbildung** → Gefäße verstopfen
- **Folgen**: z. B. Herzinfarkt, Schlaganfälle

Vergleiche hierzu auch:
Herz-Kreislauferkrankungen sind in Deutschland und vielen anderen Industrieländern die häufigste Todesursache

☐ *gelernt (Campbell S. 1061)*

zyklische Kontraktion des Herzens

- **Diastole**: **Erschlaffungs-** und **Füllungsphase**
- **Systole**: **Druckanstiegs-** oder **Anspannungs-** und **Austreibungsphase**
- Pulswelle setzt sich über Aorta und Arterien fort (**Windkesselfunktion**)

Blutdruck

- meist gemessen als **arterieller Blutdruck** am Arm in Höhe des Herzens
- Maximalwert: **systolischer Druck**
- Minimalwert: **diastolischer Druck**
- abhängig von **Schlagkraft des Herzens**, **Blutmenge**, **Gefäßdurchmesser**
- treibende Kraft für **Bluttransport** und Austritt von Flüssigkeit in das **Interstitium**

Physikalische Strömungsgesetze für starre Röhrensysteme beeinflussen den Blutstrom und den Blutdruck

☐ *gelernt (Campbell S. 1054)*

Schock

- plötzlicher **starker Abfall** des Blutdrucks
- bedingt durch **Blutverlust** oder **Fehlregulation der Kapillarnetze**

Angiogenese im menschlichen Embryo

Angiogenese
- **Ausbildung von Blutgefäßen** (vorher Versorgung über Placenta)
- im Embryo nach **festgelegtem Programm**
- **fördernde Substanzen**: z. B. VEGF (*vascular endothelial growth factor*)
- **Inhibitoren**: z. B. Angiostatin, Endostatin

Ductus arteriosus (Ductus botalli)
- **Verbindungsstück** zwischen **Aortenwurzel** und **Lungenarterie** (Lungen- und Körperkreislauf)
- leitet **sauerstoffreiches mütterliches Blut** in Körperkreislauf, solange Lungen noch nicht in Funktion sind
- wird bei **Säugerembryos** bei Einsetzen der **Lungenatmung** nach der Geburt **geschlossen**
- bleibt bei **Urodelen** erhalten

Bei etwa 10 % der deutschen Bevölkerung bleibt der **Ductus botalli** rudimentär bestehen.

11.3 Lymphsystem

Das Lymphsystem führt interstitielle Flüssigkeit in das Blut zurück und unterstützt die Abwehrmechanismen des Körpers

(Campbell S. 1057) gelernt ☐

Lymphe
- aus **Kapillaren** ins **Interstitium** austretende **Flüssigkeit**, die nicht gleich wieder von den Kapillaren reabsorbiert wird
- wird im **Lymphsystem** gesammelt und gelangt über **linke Schlüsselbeinvene** ins Blut zurück
- **Zusammensetzung** ähnlich wie **Blutplasma** mit **Lymphocyten**

Beim **Menschen** treten ca. 20 l Blutflüssigkeit ins Interstitium der Gewebe über; davon werden rund 18 l von den Kapillaren wieder reabsorbiert, etwa 2 l werden über das **Lymphsystem** abgeleitet.

Lymphgefäße
- **Lymphkapillaren**: enden blind, bilden dichte Netze
- **Leitgefäße**: großes Lumen; mit Taschenklappen
- **Transportgefäße**: mit Taschenklappen und Muskelschicht

lymphatische Organe
- **Filter-** und **Abwehrsysteme**
- **primäre** lymphatische Organe: **fetale Leber**, **Knochenmark**, **Thymus** → **Produktionsorte von Lymphocyten**
- **sekundäre** lymphatische Organe: **Milz**, **Lymphknoten**

Bursa fabricii
- nur bei **Vögeln**
- Prägung von **Lymphocyten** zu **B-Zellen** (Name!)

Thymus
- **embryonales Organ**, aktiv bis ins Kindesalter
- wird bei Erwachsenen **zurückgebildet**
- beteiligt an **Entwicklung** und **Differenzierung** des **Immunsystems**
- Prägung von **Lymphocyten** zu **T-Zellen** (Name!)

Milz
- im **Säugerembryo**: **Erythrocyten-** und **Lymphocytenbildung**
- bei **Adulten**: **Blutspeicherung** und **Erythrocytenabbau**

Lymphknoten
- nur bei **höheren Wirbeltieren**
- Bildungsort der **Lymphocyten**, Abwehrzentren

Mandeln (Tonsillen)
- **sekundäre** Lymphorgane
- stimulieren **Immunabwehr**

Liquor
- spezielle Form der **Lymphe**
- **Gehirn-** und **Rückenmarksflüssigkeit**
- steht indirekt mit **Lymphsystem** in Verbindung

Einen Überblick über das lymphatische System des Menschen gibt Abbildung 43.4 in Campbells Biologie.

☐ *gelernt (Campbell S. 1084)*

---

12. Immunologie

12.1 Immunsystem und Immunantwort

!

Immunsystem
- komplexes System von **Organen**, **Geweben** und **Zellen**
- Aufgaben:
  - **Abwehr von Infektionen** durch Mikroorganismen und Parasiten
  - **Erkennen** und **Eliminierung** veränderter (**entarteter**) körpereigener Zellen
- bei **Wirbellosen**: nur **Phagocyten-ähnliche** Zellen (**zelluläre Immunantwort**)
- bei **Wirbeltieren**: zusätzlich **komplexes Abwehrsystem** mit Antikörpern aus Lymphocyten (**humorale Immunantwort**)

Immunantwort
- **Reaktion** des Immunsystems oder eines Organismus auf eine **Infektion**
- verläuft in 3 Phasen: **natürliche**, **frühe induzierte** und **spezifische** Immunantwort
- bietet im erfolgreichen Fall **lebenslangen Schutz** vor einem **Pathogen** (**Immunität**)

Pathogene
- **krankheitserregende Mikroorganismen** (Viren, Bakterien, Pilze) oder **Parasiten**

Zellen des Immunsystems im Überblick (s. auch Abb. 11.1, S. 190)

Zellen	wichtigste Funktionen
B-Lymphocyten	– Produktion und Freisetzung von Antikörpern, Antigenpräsentation
T-Lymphocyten	
– T-Helferzellen	– Freisetzung von Cytokinen
– T-Helfer 1	– Aktivierung von Makrophagen (**zellvermittelte Immunität**)
– T-Helfer 2	– B-Zell-Wachstum und -differenzierung (**humorale Immunität**)
– cytotoxische T-Zellen	– Lyse von Zellen mit an MHC-Klasse-I gebundenem Antigen auf der Oberfläche (z. B. virusinfizierte oder Tumorzellen)

Zellen	wichtigste Funktionen
natürliche Killerzellen	– Lyse von virusinfizierten und Tumorzellen
dendritische Zellen	– Antigenpräsentation
Makrophagen	– Phagocytose, Antigenpräsentation, Freisetzung von Cytokinen
Mastzellen	– Abwehr von Parasiteninfektionen, allergische Reaktionen
Granulocyten	
– neutrophile	– Phagocytose, Entzündungsreaktionen
– eosinophile	– Zerstörung von mit Antikörpern (IgE) markierten Parasiten, Entzündungs- und allergische Reaktionen, Granulafreisetzung
– basophile	– Abwehr von Parasiteninfektionen, allergische Reaktionen, Granulafreisetzung

12.1.1 Phasen der Immunantwort

Erste Phase: natürliche Immunität

- auch **angeborene Immunität** → muss **nicht induziert** werden
- **Erkennung** der Pathogene beruht auf **invarianten Strukturen**
- Barrieren der 1. Verteidigungslinie: **Haut**, **Schleimhäute** und ihre **Sekrete**
- außerdem: **phagocytierende Zellen** und **Plasmaproteine**, die Pathogene **lysieren**, z. B. **Komplementsystem** (s. u.)

Haut und Schleimhäute bilden die ersten Barrieren gegen Infektionen

☐ *gelernt (Campbell S. 1082)*

Zweite Phase: frühe induzierte Immunantwort

- eingeleitet nach ca. **4 Stunden**
- **aktiviert** durch **Mediatoren** der natürlichen Immunität
- Ziel: **Eingrenzung der Infektion**
- Rekrutierung weiterer **phagocytierender Leukocyten**
- Unterdrückung der Pathogene durch **erhöhte Körpertemperatur** (**Fieber**)
- Aktivierung von **natürlichen Killerzellen** (**NK-Zellen**) → töten **virusinfizierte Zellen** ab
- führt zu Induktion der **spezifischen Immunantwort**

Phagocytotische Zellen, Entzündungsprozesse und antimikrobielle Proteine kommen bei Infektionen früh ins Spiel

☐ *gelernt (Campbell S. 1083)*

Dritte Phase: spezifische Immunantwort

- setzt nach ca. **96 Stunden** ein
- auch **adaptive Immunantwort**
- **Unterscheidung** von **körpereigen** und **körperfremd**
- vermittelt durch **Lymphocyten**: erkennen **pathogenspezifische** und **körperfremde** (Oberflächen-)Strukturen
- Lymphocyten **proliferieren** und bewirken **Lyse** von **Pathogenen** und **infizierten** körpereigenen Zellen
- **Spezifität**: Immunsystem reagiert **spezifisch** auf individuelle **Pathogene**
- hohe **Diversität**
- führt zur Bildung eines **immunologischen Gedächtnisses**
- **Selbst-Regulation**: Rückkehr in Ruhezustand nach Beseitigung des Antigens
- wenn gegen **körpereigene Strukturen** gerichtet → **Autoimmunerkrankung**

Lymphocyten sind für die Spezifität und Vielfalt der Immunantwort verantwortlich

(Campbell S. 1086) gelernt ☐

---

immunologisches Gedächtnis

- **sekundäre Immunantwort** bei zweiter Konfrontation mit demselben Antigen verläuft **anders** und **schneller** als primäre Immunantwort

Immunität

- beruht auf **spezifischen Gedächtniszellen**
- **zweiter Kontakt** mit einem Pathogen führt **nicht** zu pathologischen Veränderungen

---

Impfungen

- machen sich Entstehung von **immunologischem Gedächtnis** zunutze
- **aktive Immunisierung**: Induktion einer **Immunantwort**
  - bei Kontakt mit **abgeschwächtem** oder **abgetöteten Erreger** → **primäre** Immunantwort → Entstehung von **Gedächtniszellen**
- **passive Immunisierung**: Übertragung von **Antikörpern** oder **Serum** eines Immunisierten

---

Immunität lässt sich auf natürlichem oder künstlichem Wege erreichen

(Campbell S. 1100) gelernt ☐

Komponenten der spezifischen Immunantwort

Vergleiche hierzu die Einleitung des Teilkapitels „Immunantworten" und den Überblick in Abbildung 43.10 von Campbells Biologie.

☐ *gelernt (Campbell S. 1090 und S. 1091)*

!

humorale Immunität	zelluläre (zellvermittelte) Immunität
vermittelt durch **Antikörper** produzierende **B-Zellen**	vermittelt durch **T-Zellen** (T-Helferzellen und cytotoxische T-Zellen)
durch Gabe von Antikörper enthaltendem Serum zwischen Individuen **übertragbar**	**nicht** durch Serumgaben **übertragbar**

T-Zellen

a) *T-Helferzellen (CD4⁺ T-Helferzellen)*
   - mit **CD4** als Oberflächenmolekül (Corezeptor)
   - **regulieren** die Immunantwort durch **Cytokine**, die sie freisetzen
   - **T-Helfer-1-Zellen**: Aktivierung von **Makrophagen**
   - **T-Helfer-2-Zellen**: Aktivierung und Differenzierung von **B-Zellen**

b) *cytotoxische T-Zellen (CD8⁺ T-Zellen)*
   - mit **CD8** als Oberflächenmolekül (Corezeptor)
   - **erkennen** und **lysieren veränderte Körperzellen** (Krebszellen und virusinfizierte Zellen)

T-Helferzellen spielen sowohl bei der humoralen als auch bei der zellvermittelten Immunantwort eine Rolle

☐ *gelernt (Campbell S. 1091)*

Bei der zellvermittelten Immunantwort bekämpfen cytotoxische T-Zellen intrazelluläre Krankheiterreger

☐ *gelernt (Campbell S. 1092)*

klonale Selektion (Abb. 12.1)

- aus **Stammzelle** entstehen zahlreiche **unreife Lymphocyten** mit **Rezeptoren unterschiedlicher Spezifität** (membrangebundene Immunglobuline, T-Zell-Rezeptoren)
- solche, die **körpereigene Strukturen** erkennen, werden eliminiert (**negative Selektion**)
- **reife Lymphocyten**: auch **ohne** körperfremde Antigene vorhandenes **Reservoir**

- Bindung **körperfremder Antigene** durch **antigenspezifische Lymphocyten** → **Aktivierung** und **Proliferation**
- aus Tochterzellen (**Klon**) entstehen **funktionelle Zellen** der spezifischen Immunantwort: **Effektorzellen** und **Gedächtniszellen**

Vergleiche hierzu auch:
Antigene treten mit spezifischen Lymphocyten in Wechselwirkung und induzieren Immunreaktionen sowie ein immunologisches Gedächtnis

(Campbell S. 1087) gelernt ☐

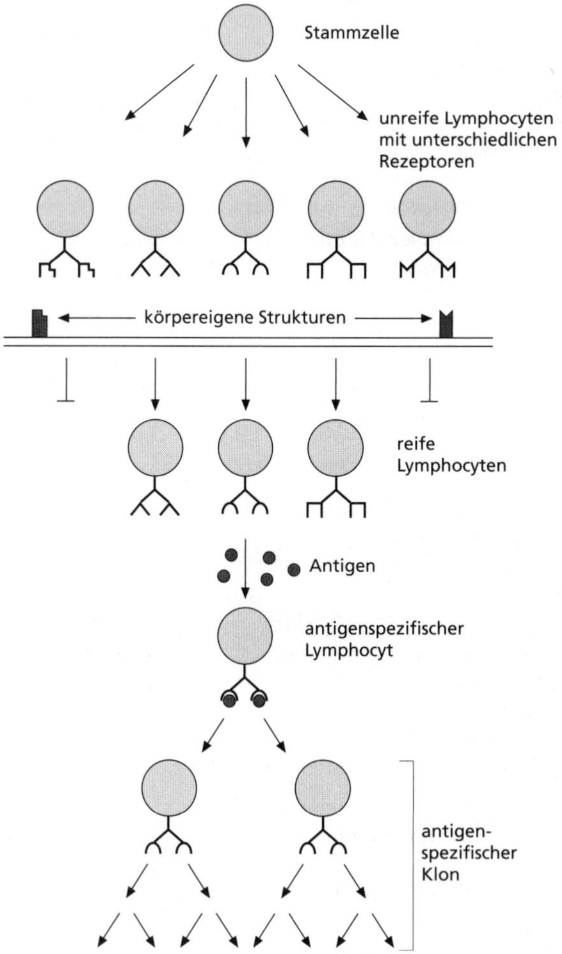

Abb. 12.1: Klonale Selektion.

12.2 Antikörper und Antigene

Bei der humoralen Immunantwort stellen B-Zellen Antikörper gegen extrazelluläre Krankheitserreger her

☐ *gelernt (Campbell S. 1094)*

Antikörper (Immunglobuline, Ig)
- werden als **membranständige Antigenrezeptoren** auf **B-Zellen** exprimiert
- **Y-förmige** Moleküle aus **2 schweren** und **2 leichten Polypeptidketten**, verbunden durch **Disulfidbrücken**
- bestehen aus **konstanten** und **variablen Regionen** (C-Region bzw. V-Region; Fc-Fragmente bzw. Fab-Fragmente nach Papainverdau)
- in V-Regionen bilden **hypervariable Bereiche** (**CDRs**, *comlementary-determinig regions*) **2 Antigen-Bindungsstellen**
- **Effektorfunktionen** im konstanten Teil
- bei Säugern: **5** funktionell verschiedene **Klassen** oder **Isotypen** (IgM, IgG, IgE, IgD, IgA) – unterscheiden sich in **schweren Ketten**
- werden **sezerniert** von **Plasmazellen**

Die Grundstruktur eines Antikörpermoleküls können Sie sich in Abbildung 43.15 in Campbells Biologie *veranschaulichen; in Tabelle 43.1 sind die verschiedenen Antikörperklassen gegenübergestellt.*

☐ *gelernt (Campbell S. 1096 und S. 1097)*

Antigene
- Moleküle, die von **Antikörpern spezifisch gebunden** werden können: fast alle Arten biologischer Moleküle
- können mehrere **antigene Determinanten (Epitope)** besitzen: **Bindungsstellen** für Antikörper
- **Immunogene**: Antigene, die eine **Immunantwort** auslösen
- **Haptene**: kleine Moleküle, an die Antikörper binden, die aber **keine** Immunantwort auslösen; können an große Moleküle (**Carrier**) binden
- **Hapten-Carrier-Komplexe** wirken als **Immunogene**

Reifung der B-Lymphocyten
- **Stammzellen** im Knochenmark → **Vorläufer-B-Lymphocyten** → **unreife B-Zellen** (wandern in Peripherie) → Entwicklung zu **reifen B-Zellen**
- Expression der **Immunglobulin-Gene** → Bindung eines **Antigens** → **Aktivierung** der B-Zellen

- **Differenzierung** der B-Zellen zu
  - **Plasmazellen** (**sezernieren** spezifischen **Antikörper**)
  - **Gedächtniszellen** (verbleiben lang in Blut oder Lymphe)

Differenzierung der Lymphocyten führt zu einem Immunsystem, das zwischen Selbst und Fremd unterscheiden kann

(Campbell S. 1088) gelernt ☐

Das **Immunsystem von Säugern** kann mehr als 10^{11} verschiedene **Antigene** erkennen. Die dafür erforderliche **Antikörpervielfalt** kommt dadurch zustande, dass bei der Entwicklung der Lymphocyten **genetische Rekombinationsmechanismen** die **Gensegmente**, die für unterschiedliche Regionen der Antikörper codieren, in vielfältigen Kombinationen **neu arrangieren**.

12.3 Antigenprozessierung und -präsentation

Erkennung der Antigene
- für Immunantwort muss Antigen von **T-Helferzellen** erkannt werden
- **B-Lymphocyten** können Antigene **direkt** erkennen
- **T-Lymphocyten** brauchen **antigenpräsentierende Zellen**

antigenpräsentierende Zellen (APZ)
- **prozessieren** Antigene und **präsentieren** sie zusammen mit Molekülen des **Haupthistokompatibilitätskomplexes** (**MHC**)
- **dendritische Zellen**, **B-Lymphocyten** und **Makrophagen**

dendritische Zellen (DC)
- können Antigene **prozessieren** und den T-Zellen **präsentieren**
- gelten als **Auslöser** der **primären spezifischen Immunantwort**

Vergleiche hierzu den Abschnitt „Die Bedeutung von Zelloberflächen-Markern für die Funktion und Reifung von T-Zellen" in Campbells Biologie.

(Campbell S. 1089) gelernt ☐

Haupthistokompatibilitätskomplex (MHC)
- **MHC** = *major histocompatibility complex*
- Gruppe **hoch polymorpher Gene**, die für **Membranglykoproteine** codieren
- Aufgabe: **Antigenpräsentation** für T-Lymphocyten
- Genprodukte werden in **2 Molekülklassen** (I und II) unterteilt

MHC-Klasse-I-Moleküle	MHC-Klasse-II-Moleküle
exprimiert von **fast allen kernhaltigen** Zellen	exprimiert v. a. von **antigenpräsentierenden Zellen**
Präsentation von **endogenen Antigenen** für **cytotoxische T-Zellen**	Präsentation von **exogenen Antigenen** für **T-Helferzellen**

MHC-Moleküle sind u. a. für die **Transplantatabstoßung** verantwortlich und wurden in diesem Zusammenhang entdeckt.

Siehe hierzu auch:
Die Fähigkeit des Immunsystems, zwischen Selbst und Fremd zu unterscheiden, ist ein Problem bei Bluttransfusionen und Gewebetransplantationen

☐ *gelernt (Campbell S. 1100)*

Antigenprozessierung
- proteolytische **Fragmentierung** von Antigenen in **Peptide**
- **Voraussetzung** für die **Bindung** von Antigenen an **MHC-Moleküle**
- **exogene (extrazelluläre) Antigene** (MHC-Klasse-II präsentierte Antigene): werden **endosomal** prozessiert
- **endogene (intrazelluläre) Antigene** (MHC-Klasse-I präsentierte Antigene): werden durch **Proteasom** prozessiert

T-Zell-Rezeptoren (TCR)
- werden von **T-Zellen** exprimiert
- **transmembraner Komplex** aus mehreren Untereinheiten
- gehören zur **Immunglobulin-Genfamilie**
- binden an **MHC-Antigenkomplex**
- Bindung löst **Signalkaskade** aus → **Aktivierung**, **Proliferation** und **Differenzierung** der T-Lymphocyten

Reifung der T-Zellen
- im **Thymus**
- **Selektion** stellt sicher, dass nur an MHC-Moleküle gebundene **fremde Peptide** erkannt werden
- **positive Selektion**: Eliminierung von T-Zellen, die mit dem TCR nicht an eigene MHC-Moleküle binden können
- **negative Selektion**: Eliminierung von T-Zellen, die an MHC-Moleküle gebundene körpereigene Peptide erkennen

12.4 Effektormechanismen der Immunantwort

Cytokine

- **Proteine**, die von unterschiedlichen Zellen bei einer Immunantwort gebildet werden
- **beeinflussen** das Verhalten anderer Zellen
- wirken meist **autokrin**, seltener auch **endokrin**
- **regulieren** die **humorale** und **zelluläre Immunantwort**
- **stimulieren** die **Hämatopoese**
- **regulieren** die **Reifung**, **Differenzierung** und **Proliferation** von **Lymphocyten**
- **regulieren Entzündungsreaktion**
- strukturell unterteilt in: **Chemokine**, **Hämatopoetine**, **Interferone** und Vertreter der **TNF-Familie** (Tumornekrosefaktor)

Komplementsystem

- **Enzymkaskade** aus ca. 20 **hitzelabilen Plasmaproteinen**
- **sequenzielle Aktivierung** durch **proteolytische Spaltung**
- Effekte:
  - **Lyse von Pathogenen** (mittels lytischer Komplexe)
  - **Opsonisierung von Pathogenen**: Bindung bestimmter **Komplementproteine** an Oberflächen von Fremdorganismen
  - **Freisetzung entzündlicher Mediatoren**: kleine Spaltprodukte, die bei Entzündungsreaktion eine Rolle spielen

---

Siehe hierzu auch die Abschnitte „Antimikrobielle Proteine" und „Antikörpervermittelte Beseitigung von Antigenen" in Campbells Biologie.

(Campbell S. 1086 und S. 1096) gelernt ☐

Aktivierung des Komplementsystems

- **klassischer Weg**: durch **Bindung von Antikörpern** auf der Oberfläche von Pathogenen
- **alternativer Weg**: **spontan**, ohne spezifische Erkennung an der Oberfläche von Pathogenen (Teil der **angeborenen Immunität**)

Für Einzelheiten zu Immunkrankheiten siehe auch noch:
Fehlfunktionen des Immunsystems führen zu Krankheiten
sowie
Aids ist eine Immunschwäche, die von einem Virus hervorgerufen wird

(Campbell S. 1101 und S. 1103) gelernt ☐

---

13. Temperaturregelung und Atmung

13.1 Energieumwandlungen und ihre Folgen

Stoffwechsel (Metabolismus)

Katabolismus (Energiestoffwechsel)	Anabolismus (Leistungsstoffwechsel)
Energie **liefernde** Prozesse	Energie **verbrauchende** Prozesse
oxidativer **Abbau energiereicher Verbindungen** (Fette, Kohlenhydrate, Proteine) aus der Nahrung	**Energieumwandlung**: Leisten von **Arbeit**: Synthese körpereigener Stoffe, Muskelkontraktionen, Wahrnehmungsprozesse etc.
Konservierung der Energie in Form von **ATP** und anderen energiereichen Verbindungen sowie Ionengradienten	unter **Verbrauch von ATP**; ein Teil der Energie wird als **Wärme** frei

- **Sauerstoff** für **Nährstoffoxidation** wird durch **Atmung** bereit gestellt
- **Abtransport** des entstehenden **CO_2** ebenfalls durch Atmung
- **Stoffwechselrate**: Gesamtenergieverbrauch pro **Zeiteinheit**

Die Stoffwechselrate liefert Hinweise auf die bioenergetische „Strategie" eines Tieres

☐ *gelernt (Campbell S. 1011)*

- **Energieumsatz**: **Umwandlung** der aufgenommenen **Nahrungsenergie** in nutzbare **körpereigene Energieformen**
- **Energiebilanz**: Differenz zwischen **Energiezufuhr** (Nahrung) und **Energieverbrauch**
  - bei **positiver** Bilanz: **Speicherung** der **überschüssigen** Energie (z. B. Fettdepots)
  - bei **negativer** Bilanz: **Abbau** von **Reserven**

Grundumsatz

- Energieverbrauch, der zur **Aufrechterhaltung der Körperfunktionen** notwendig ist
- **Messung** nach streng definierten Bedingungen
- unter weniger strengen Bedingungen auch als **Ruheumsatz** bezeichnet

Tiere passen ihre Stoffwechselraten an veränderte Umweltbedingungen an

(Campbell S. 1012) gelernt ☐

Der Energiehaushalt zeigt, wie Tiere Energie und Nährstoffe verwenden

(Campbell S. 1014) gelernt ☐

nahrungsinduzierte (postprandiale) Thermogenese
- **Steigerung** des Energieumsatzes nach **Nahrungsaufnahme**
- verbunden mit **Temperaturanstieg** des Körpers und **erhöhter Wärmeabgabe**

Leistungsumsatz (Arbeitsumsatz)
- Energieverbrauch für **Grundumsatz** und äußere **Arbeit**
- abhängig von **Arbeitsdauer** und -**intensität**

Messung des Energieumsatzes

a) *direkte Kalorimetrie*
- Messung der **Wärmeabgabe** des Tieres
- geht davon aus, dass **gesamte umgesetzte Energie** als **Wärme** frei wird
- unter bestimmten Bedingungen **direktes Maß** für die **umgesetzte Energie**

b) *indirekte Kalorimetrie (Respirometrie)*
- Messung des **Sauerstoffverbrauchs** unter **festgelegten Bedingungen**
- beruht auf **stöchiometrischer Beziehung** zwischen dem **Verbrauch an Sauerstoff** und der **umgesetzten Energie**
- zur Berechnung muss man **kalorisches Äquivalent** kennen

c) *Bilanzierung der aufgenommenen und ausgeschiedenen Stoffe*
- erfordert länger andauernde Messungen

kalorisches Äquivalent
- umgesetzte **Energie pro Liter** verbrauchtem **Sauerstoff**
- abhängig von der **Zusammensetzung** der abgebauten Nahrung

respiratorischer Quotient
- Verhältnis von **abgegebenem** CO_2 zur **aufgenommenen** Menge an **Sauerstoff**
- beträgt für **Kohlenhydrate** 1,0; für **Fette** 0,7

Höhe des Energieumsatzes (Stoffwechselintensität)
- bezogen auf Körpergewicht **kleinere Tiere** mit **höherem Umsatz** als **größere**
- **höherer Wärmeverlust** über im Verhältnis **größere Oberfläche**
- **doppelt logarithmische** Darstellung des **Grundumsatzes** in Abhängigkeit vom **Körpergewicht** ergibt für Säuger eine **Gerade** (Steigung 0,75)

Die Zellen einer Maus weisen eine ca. 17-mal so hohe **Stoffwechselrate** auf wie die eines Elefanten.

Die Stoffwechselrate in Gramm steht bei ähnlichen Tieren in umgekehrter Beziehung zum Körpergewicht

☐ *gelernt (Campbell S. 1012)*

13.2 Wärmehaushalt und Thermoregulation

Wärme

- von besonderer Bedeutung für **Steigerung der Reaktionsgeschwindigkeit** biochemischer Prozesse
- **RGT-Regel** (**Q_{10}-Effekt**): **Temperaturerhöhung** um 10 °C bewirkt **Reaktionsbeschleunigung** um Faktor 2–4

Siehe hierzu die Einleitung des Teilkapitels „Thermoregulation – die Regulation der Körpertemperatur" in Campbells Biologie.

☐ *gelernt (Campbell S. 1113)*

13.2.1 Regulation der Körpertemperatur

Unterscheidung nach Körpertemperatur:

poikilotherme Tiere	homoiotherme Tiere
auch **wechselwarme** Tiere („Kaltblüter")	auch **gleichwarme** Tiere („Warmblüter")
Körpertemperatur hängt vom **Außenmedium** ab	Körperkerntemperatur weitgehend **konstant**
Vorteil: Energieverbrauch kann an Nahrungsangebot angepasst werden	**Vorteil**: Unabhängigkeit vom Klima
liegt bei weitgehend **ektothermen** Tieren vor: Wirbellose, Fische, Amphibien, Reptilien	liegt bei **endothermen** Tieren vor: Säuger und Vögel

Unterscheidung nach Herkunft der Körperwärme: !

ektotherme Tiere	endotherme Tiere
Körpertemperatur abhängig von **Umgebungstemperatur**	produzieren **Körperwärme selbst**: **alle homoiothermen** Tiere; **manche Poikilotherme** können durch Muskelbewegung Wärme produzieren

- **Heterothermie**: **Wechselwärme** bei **homoiothermen** Tieren – als Anpassung an bestimmte Lebensumstände können verschiedene Niveaus ausgehalten werden (z. B. beim Winterschlaf)

Die Körpertemperatur von Ektothermen ist nahe der Umgebungstemperatur, Endotherme können sie durch Stoffwechselenergie über dieser halten

(Campbell S. 1115) gelernt ☐

Wärmeaustausch
- Austausch von Wärme an der **Körperoberfläche**
- bedingt durch **inneren** und **äußeren Wärmestrom** (vom Bildungsort an die Körperoberfläche bzw. von der Haut an die Umgebung)
- erfolgt über **Konduktion** (Wärmeleitung), **Konvektion** (Wärmeströmung), **Radiation** (Wärmestrahlung) und **Evaporation** (Verdunstung)
- beeinflusst durch **Außenmedium**, die dort herrschenden **Bedingungen** und die **Temperaturdifferenz** zwischen Tier und Umgebung

Vier physikalische Prozesse sind für Gewinn und Verlust von Wärme verantwortlich

(Campbell S. 1114) gelernt ☐

Regelkreis
- **funktionale Einheit**, über die **Werte konstant** gehalten und **Abweichungen ausgeglichen** werden
- **Regelgröße** muss **Sollwert** einnehmen, **Istwert** wird gemessen
- bei Abweichung von Sollwert (**Regelabweichung**) erfolgt **Korrektur** durch Antwort eines **Effektors**
- z. B. **Körpertemperatur**: Ausgleich von Erhöhung z. B. durch Schwitzen

Homöostase beruht auf Regelkreisen

(Campbell S. 1009) gelernt ☐

Thermoregulation bei homoiothermen Tieren (Abb. 13.1)

- **Körperkerntemperatur**: wird in engen Grenzen reguliert (bei Säugern 30–38 °C, bei Vögeln 40–41 °C)
- **Gleichgewicht** zwischen **Wärmeproduktion** im Kern und **Wärmeabgabe** durch Körperschale
- **Warm-** und **Kaltrezeptoren** in Kern (**Gehirn**) und in der Schale (**Haut**)
- **Regler** im **Hypothalamus**
- **Normothermiebereich**: Lebensraum mit Umgebungstemperatur, in der Körperkerntemperatur konstant gehalten werden kann; erweiterbar durch **Verhaltensanpassungen** (z. B. kühles Bad, Schatten oder Sonne suchen)
- **periodische Schwankungen** der Körperkerntemperatur: gesteuert durch **endogene Zeitgeber**, z. B. **circadianer Rhythmus**
  - z. B. Tag-Nacht-Schwankungen, Änderungen während des Menstruationszyklus

Zur Thermoregulation gehören Anpassungen von Physiologie und Verhalten, die Gewinn und Verlust von Wärme ausgleichen

☐ *gelernt (Campbell S. 1116)*

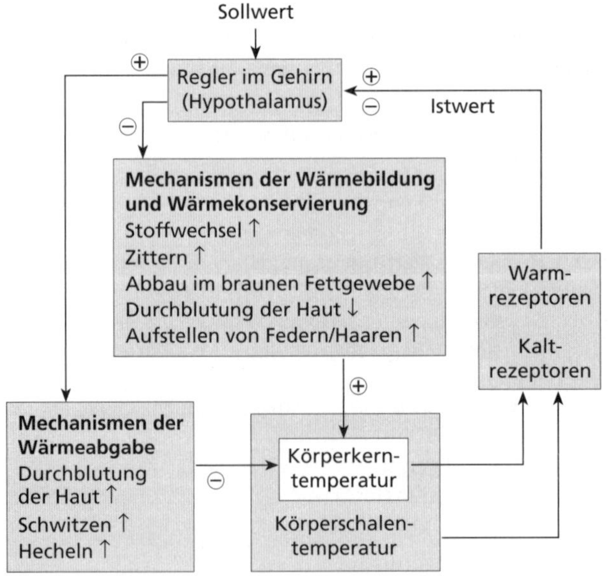

Abb. 13.1: Regulation der Körpertemperatur bei homoiothermen Tieren.

Mechanismen der Thermoregulation (Abb. 13.1)

a) Wärmeproduktion bzw. -konservierung

- **Steigerung des Stoffwechsels**
- **Muskelzittern**
- **Abbau** von **braunem Fettgewebe** → schnelle, **zitterfreie Wärmebildung** (*non-shivering thermogenesis*, z. B. bei Neugeborenen, Winterschläfern)
- **Aufstellen** von **Federn/Haaren**
- **Durchblutung** der Haut: **Vasokonstriktion** (Verengung der Blutgefäße) → **reduzierte** Wärmeabgabe
- **Gegenstrom-Wärmeaustauscher**: besondere Anordnung von **Arterien** und **Venen** in Extremitäten → **reduziert** Wärmeverlust (z. B. in Delphinflossen, in Füßen von Wasservögeln)

b) Wärmeabgabe

- **Senken des Stoffwechsels**
- **Durchblutung** der Haut: **Vasodilatation** (Erweiterung der Blutgefäße) → **erhöhte** Wärmeabgabe
- **Schwitzen** und/oder **Hecheln**

Durch **Schwitzen** (Sekretion von Schweiß) oder **Hecheln** (erhöhte Atemfrequenz) kann die Verdunstung erhöht und damit Wärme abgegeben werden. Manche Tiere können nur schwitzen (Pferd, Mensch), andere nur hecheln (Vögel, Nager), die meisten beides.

Allen-Regel

- Säuger in **kalten Klimazonen** haben **kürzere Körperanhänge** als Verwandte in gemäßigten Zonen: Anpassung zur **Vermeidung von Wärmeverlust**
- Säuger in **warmen Klimazonen** haben **größere Körperanhänge** als Verwandte in gemäßigten Zonen: Anpassung zur **leichteren Wärmeabgabe**
- Beispiel: Ohrengröße von Polarfuchs, Rotfuchs und Wüstenfuchs

---

Die meisten Tiere sind ektotherm, doch Endothermie ist ebenfalls weit verbreitet

(Campbell S. 1117) gelernt ☐

Thermoregulation bei poikilothermen Tieren

- Beeinflussung der Körpertemperatur v. a. durch **Verhaltensweisen** wie Sonnenbaden, Aufsuchen geschützter Orte
- **Heliothermie**: Wärmeaufnahme durch **Sonnenstrahlung**; bei Insekten reguliert durch Flügelstellung
- **Kontrahieren der Flugmuskulatur** vor dem Fliegen (Aufwärmphase) bei fliegenden Insekten

- **Belüftungssysteme** in sozialen Insektenstaaten
- **Gegenstromaustauschersysteme** bei großen Fischen; Blutversorgung der Muskeln über **Arteriennetz** (**Rete mirabile**)

13.2.2 Akklimatisation

- **langfristige Anpassung** an **extreme Klimabedingungen**
- **Strategien**:
  - **Regulation** der Körpertemperatur **unabhängig** von Außenbedingungen
  - Aufbau einer **Toleranz**

Siehe hierzu den Abschnitt „Anpassung an Temperaturbereiche" in Campbells Biologie.

☐ *gelernt (Campbell S. 1121)*

Kältestarre (Winterstarre)
- starke **Herabsetzung** aller **physiologischen Prozesse**
- häufig **Eisbildung** im **extrazellulären Raum** → verhindert **Wasserentzug** aus Zellen
- häufig **Einsatz** von **Gefrierschutzmolekülen** (Glucose, Glycerin)

Fische antarktischer Gewässer verhindern durch Bildung von **Glykoproteinen** ein Gefrieren ihrer Körperflüssigkeiten.

Rete mirabile
- **Arteriennetz** → **Kühlung arteriellen Blutes** vor Erreichen des Gehirns bei vielen Säugetieren warmer Klimazonen
- **Gegenstromaustauscher** mit kühlem venösem Blut aus Nasenraum
- **verringert Hitzebelastung** des Gehirns

Fieber
- **Erhöhung der Körperkerntemperatur** durch Sollwertverstellung → erhöhte Wärmeproduktion, verringerte Wärmeabgabe

13.2.3 Winterschlaf, Winterruhe, Sommerschlaf und Torpor

Winterschlaf, Sommerschlaf und täglicher Torpor sparen bei extremen Umweltbedingungen Energie

☐ *gelernt (Campbell S. 1123)*

Torpor
- **Ruhestarre** bei **ungünstiger Energieversorgung**
- zeitlich **begrenzt**, häufig nachts (keine Nahrungsaufnahme)
- Körpertemperatur **drastisch abgesenkt**
- bei **kleinen Tieren** wie Spitzmäusen und Kolibris

Winterschlaf
- Ruhe über **längeren Zeitraum**
- Körpertemperatur und Stoffwechsel **drastisch reduziert**
- in **Aufwachphase** stark **erhöhter Stoffwechsel** und **Energiebereitstellung** durch **braunes Fettgewebe** (zitterfreie Wärmeproduktion)

Winterruhe
- Ruhe über **längeren Zeitraum**
- Körpertemperatur nur **unwesentlich abgesenkt**
- reduzierte Aktivität, z. B. bei Bären

Sommerschlaf
- **verlangsamter** Stoffwechsel, **Inaktivität**
- meist bedingt durch **Wasserknappheit**

13.2.4 Die Haut (Integument)

!

- **ektodermale Epidermis**: meist **einschichtig**, bei Wirbeltieren **mehrschichtig**
- **mesodermale Unterschichten**

Aufgaben der Haut
- **Isolator-** und **Thermoregulator-Funktion**
- allgemeine **Schutzfunktion** der inneren Organe
- **Reizaufnahme**
- **Hautatmung**
- **Kommunikation**

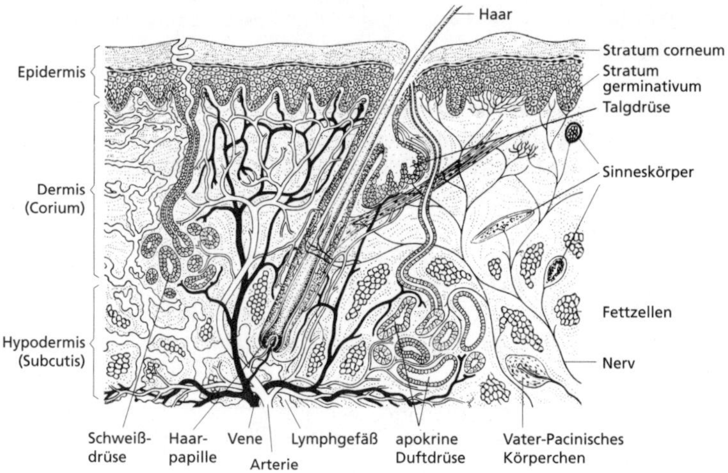

Abb. 13.2: Schnitt durch die Haut eines Säugetiers.

Cuticula
- **zellfreie Schicht**, die der Haut aufliegt und **gehäutet** wird
- bei **Wirbellosen** (z. B. Anneliden: **Kollagen**; Arthropoden: **Chitin**)
- Bestandteile der **Insektencuticula**: **Epicuticula** (Proteine, Wachs), feste **Exo**- und weiche **Endocuticula** (Chitin und eingelagerte Proteine)

! **Haut der Vertebraten** (Abb. 13.2)
- gegliedert in 3 Schichten:
  - **Epidermis**: Oberhaut mit **Stratum corneum** und **Stratum germinativum**
  - **Dermis** (**Corium**): Leder- oder Unterhaut
  - **Hypodermis** (**Subcutis**): Unterhautbindegewebe
- reich an **Drüsen** (außer Vögel und Reptilien): Schleim-, Schweiß- und Duftdrüsen
- reich an **Rezeptoren**: **Schmerzrezeptoren** (freie Nervenendigungen), **Thermorezeptoren** (Kalt- und Warmrezeptoren) und **Mechanorezeptoren**
- wichtiges Organ zur **Wärmeregulation**
- **Regulation der Wärmeabgabe** durch veränderte **Durchblutung** (Vasodilatation, Vasokonstriktion)
- **Isolation** durch **Haare** oder **Federn**, bei Walen und Robben durch **Unterhautfettgewebe**

13.3 Atmung

! **Atmung (Respiration)**
- Gesamtheit des **Gaswechsels**: Prozesse der **Sauerstoffaufnahme** und **Kohlendioxidabgabe**

a) innere Atmung (Zellatmung)
- vollständige **Oxidation der Nährstoffe** zu **CO_2** und **Wasser** (gekoppelt mit Reduktion von Sauerstoff und Synthese von ATP)
- **Diffusion von Sauerstoff** (O_2) von Zellmembran in Mitochondrien
- **Diffusion von Kohlendioxid** (CO_2) aus Mitochondrien zur Zellmembran

b) äußere Atmung
- **Gasaustausch** zwischen **Organismus** und **Umwelt**
- findet an **respiratorischen Oberflächen** statt
- **Gastransport** in **Luftgefäßen** oder über **Körperflüssigkeiten**
- eigentlicher Atemvorgang (Luftholen): **Ventilation**

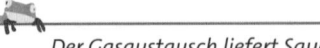

Der Gasaustausch liefert Sauerstoff für die Zellatmung und beseitigt Kohlendioxid

☐ *gelernt (Campbell S. 1063)*

13.3.1 Atemgastransport in den Körperflüssigkeiten

- **Löslichkeit** der Gase abhängig von: **Lösungsmittel**, Gehalt an **gelösten Stoffen**, **Temperatur** und **Gasdruck**
- **Partialdruck** der Gase: **Anteil am Gesamtdruck** in einem **Gasgemisch**
- **Diffusion** erfolgt entlang von **Partialdruckgefälle**
- Löslichkeit von O_2 bei vielen größeren Tieren (Mensch!) **nicht** ausreichend für **Sauerstoffversorgung des Körpers**
- daher Bindung an **Sauerstoffbindungsprotein** (**respiratorisches Protein**)

Gase diffundieren in Lungen und anderen Organen entlang ihres Partialdruckgefälles

(Campbell S. 1072) gelernt ☐

Respiratorische Proteine transportieren Atemgase und helfen bei der Pufferung des Blutes

(Campbell S. 1072) gelernt ☐

Sauerstofftransport durch respiratorische Proteine

- z. B. **Hämoglobin** (s. auch Kap. 11): bindet pro Molekül 4 O_2-Moleküle
  - **Oxyhämoglobin**: mit gebundenem O_2; **Desoxyhämoglobin**: ohne
  - bei Wirbeltieren in **Erythrocyten**
- **O_2-Abgabe** abhängig von **Sauerstoffpartialdruck** in der Umgebung des Blutes
- in **stoffwechselaktiven** Geweben **sinkt** Sauerstoffpartialdruck
- bei **CO_2** umgekehrte Verhältnisse; **diffundiert** schneller als O_2
- **Bohr-Effekt**: mit **sinkendem pH** (steigender CO_2-Konzentration) **sinkt O_2-Abgabe**
- **Root-Effekt**: O_2 bei **niedrigen** Temperaturen (**Lunge**) besser an Hämoglobin gebunden als bei hohen (**Gewebe** → Freisetzung aus Blut)
- **Bindungsproteine** bei **Wirbellosen**: Chlorocruorin, Hämocyanin, Hämerythrin; viele auch ohne

---

Bestimmte **antarktische Fische** besitzen **kein Hämoglobin**. Sie haben einen sehr geringen Umsatz, und die aufgrund der niedrigen Temperatur **hohe Löslichkeit** von O_2 reicht für ihre Versorgung aus.

Kohlendioxidtransport

- v. a. als **Bicarbonat** (HCO_3^-): CO_2 bildet mit Wasser **Kohlensäure** (H_2CO_3), die in **Bicarbonat** und **Protonen** dissoziiert
- **Kohlensäure-Bicarbonat-Puffersystem**: hält **Blut-pH** konstant → bei **steigendem** pH-Wert **Protonenabgabe**, bei **sinkendem** pH **Protonenbindung**

13.3.2 Hautatmung

- **Gaswechsel** über die **Haut**
- bei einigen Tieren **alleinige Atmungsform**: keine weiteren Atmungsorgane
  - z. B. bei einzelligen Eukaryoten, Cnidaria, Plathelminthen
- bei anderen **Zusatzform**: prozentualer **Anteil am Gesamtgaswechsel**
  - z. B. bei Amphibien

13.3.3 Kiemen- oder Wasseratmung

Die Atemorgane der meisten Wassertiere sind Kiemen

☐ *gelernt (Campbell S. 1064)*

!
- Deckung des Sauerstoffbedarfs **aus dem Wasser**
- **Sauerstoffaufnahme erschwert**: Wasser enthält pro Volumenanteil **weniger Sauerstoff** als Luft
- **Kohlendioxidabgabe erleichtert**: löst sich in Wasser besser als Sauerstoff
- Atemorgane: **Kiemen** (dünnhäutige Ausstülpungen der Körperoberfläche)

Vertebratenkiemen
- bei Knorpel- und Knochenfischen, Amphibienlarven
- in **mehreren Paaren** am Kopf ausgebildet
- Anzahl entspricht der **Zahl der Kiemenbögen** (4 bei Knochenfischen)
- bei Knochenfischen nach außen abgedeckt durch **Operculum** (Kiemendeckel)
- pro Bogen **2 Reihen** (Demibranchien) dorsoventral abgeflachter **Kiemenfilamente** mit **Kiemenlamellen**
- **Gasaustausch** über **Lamellen** der Kiemenfilamente
- **Gegenstromsystem** zwischen **Wasser-** und **Blutstromrichtung** → optimaler Gasaustausch
- Erzeugung des Wasserstroms: **Saug-** und **Pumpmechanismus**

Zu Bau und Funktion von Fischkiemen siehe auch Abbildung 42.20 in Campbells Biologie.

☐ *gelernt (Campbell S. 1065)*

Manche **Fische** haben auch **Organe zur Luftatmung** entwickelt: z. B. die Aussackung des Kiemendarms der Lungenfische, die gut durchblutete Schwimmblase bei Flösselhechten oder das Labyrinth (Atemhöhle) von Labyrinthfischen.

Schwimmblase
- **unpaariges Organ** der **rezenten Knochenfische**
- z. T. noch mit **Darm** in Verbindung (**Physostomen**), z. T. losgelöst (**Physoclisten**)

- **Füllung** der Schwimmblase durch **Gasdrüse**, **Entleerung** im **Oval**
- Aufgaben: **Regulierung** des **spezifischen Gewichts**, der **Sauerstoffspeicherung** und **Schallrezeption**

Kiemen bei Invertebraten
- z. B. bei **Polychaeten**, wasserlebenden **Mollusken**, **Crustaceen** (blattförmige Beine), **Insektenlarven** (Tracheenkiemen, Blutkiemen)

13.3.4 Luftatmung

- Deckung des Sauerstoffbedarfs **aus der Umgebungsluft**
- **Abgabe von Kohlendioxid** an Umgebung
- Atemorgane: **Tracheen**, **Fächerlungen** und **Lungen**

Tracheensysteme und Lungen sind respiratorische Anpassungen landlebender Tiere

(Campbell S. 1066) gelernt ☐

Luftatmung bei Wirbellosen

- **Lungen**: **ektodermale Einstülpungen** der äußeren Oberfläche
- bei Landschnecken und landlebenden Krebsen: **Kiemenhöhle** → Lunge
- auch bei vielen **sekundär wasserlebenden** Wirbellosen
- **Plastron**: durch **Härchen** zurückgehaltener **Luftmantel** bei Wasserkäfern und Wasserwanzen

Fächerlungen (Buchlungen)
- Atemorgane von **Spinnen**
- abgeleitet von **Kiemen** an den Hinterbeinen, die in eine nach innen gestülpte **Höhle** verlagert wurden
- **Kiemenblättchen** wurden zu **Lungenblättchen**
- stehen **nicht** mit Tracheensystem in Verbindung

Tracheen
- Atmungssystem von **Spinnentieren**, **Tausendfüßern** und **Insekten**
- **verzweigtes ektodermales Luftkanalsystem**, ausgekleidet von **Cuticula**
- transportieren **Sauerstoff** direkt zu Geweben und Zellen (**Diffusion**)
- Mündung nach außen über meist verschließbare **Stigmen**
- viele Insekten zusätzlich mit **Luftsäcken**

Luftatmung bei Wirbeltieren

Lungen
- **paarige Atmungsorgane** der Wirbeltiere
- entstanden durch **ventrale Ausstülpungen des Vorderdarms**
- von **entodermalem respiratorischem Epithel** ausgekleidet

- im Lauf der **Weiterentwicklung** zunehmende **Vergrößerung** des respiratorischen Epithels durch **Leisten**, **Verästelung** und **Kammerung** mit **Endbläschen**
- **Oberflächenvergrößerung → höherer Gasaustausch**
- bei **Säugern**: verzweigte **Bronchien** und **Alveolen** als Endbläschen
- **Sauerstoff** löst sich in den Lungenbläschen zunächst im oberflächlichen **Feuchtigkeitsfilm**, dann Diffusion über das **respiratorische Epithel** in die **Lungenkapillaren**

Vergleiche hierzu die Abschnitte „Respirationstrakt der Säuger" und „Ventilation der Lunge" in Campbells Biologie.

☐ *gelernt (Campbell S. 1067 und S. 1068)*

Ventilation der Lunge bei Säugern

- **Inspiration** (Einatmen): **Anspannen** des Zwerchfells, **Heben** des Brustkorbs und (aktives) **Senken** des Zwerchfells
- **Exspiration** (Ausatmen): **Entspannen** des Zwerchfells, **Senken** des Brustkorbs und (elastisches, passives) **Heben** des Zwerchfells
- Lunge über **Interpleuralspalt** beweglich mit Thorax verbunden (Lumen einer Coelomhöhle)
- bei **erweitertem Thorax** entsteht hier Unterdruck → Luft wird eingesaugt (**Unterdruckatmung**)

Anpassungen sekundär wasserlebender Wirbeltiere

- haben **Lungenatmung** beibehalten, z. B. Robben, Wale, Meeresschildkröten, Seeschlangen
- **Vergrößerung des Sauerstoffvorrats** durch **erhöhtes Blutvolumen** und **erhöhten Myoglobingehalt** im Blut
- **Herzminutenvolumen** sinkt, **Durchblutung** auf wichtige Organe beschränkt
- **Stoffwechselaktivität gesenkt** (geringere Temperatur)
- **Umschalten** der anderen Organe und Muskeln auf **anaeroben Stoffwechsel**
- **Anstieg der CO_2-Konzentration** im Blut auf höhere Werte
- **reflektorisches Schließen** der Nasenlöcher verhindert Inspiration

Tauchzeiten einiger Wirbeltiere: Robben bis zu 55 Minuten, Wale bis zu 120 Minuten, Seeschlangen bis zu 8 Stunden.

Tieftauchende Luftatmer speichern viel Sauerstoff und verbrauchen ihn sehr langsam

☐ *gelernt (Campbell S. 1074)*

Lunge-Luftsack-System der Vögel

- **Lunge** relativ klein
- statt Alveolen **nicht** blind endende **Parabronchien** (**Lungenpfeifen**, tertiäre Verzweigungen des Hauptbronchus)
- **Lungenpfeifen** durch stärker entwickeltes Bindegewebe **starr** → geringerer Durchmesser als Alveolen → **größere Oberfläche** → **erhöhter Gasaustausch**
- **Kreuzstromsystem**: **Blutstrom** in Lungenkapillaren verläuft **senkrecht zum Luftstrom** → **erhöhter Gasaustausch**
- zusätzlich **Luftsacksystem**: ermöglicht **konstanten Luftstrom** (unabhängig von Atmung)
- **Verzweigungen der Luftsäcke** in Räume der Röhrenknochen

Durch das blasebalgähnliche **Luftsacksystem** wird die Lunge der Vögel sowohl beim Einatmen als auch beim Ausatmen von **sauerstoffreicher Luft** durchströmt.

13.3.5 Regulation der Atmung

Kontrollzentren im Gehirn regeln Frequenz und Tiefe der Atmung

(Campbell S. 1070) gelernt ☐

Quantität des Gasaustausches

- entscheidend: **Verhältnis** zwischen **Ventilation der Atemorgane** sowie **Ausdehnung** und **Durchblutung** der **respiratorischen Oberflächen**
- **Verhältnis** Ventilation/Durchblutung muss bei **Kiemenatmern** wesentlich **höher** sein (10–20:1) als bei **Luftatmern** (ca. 1:1) → Wasser enthält bei **optimaler Sättigung** weniger Sauerstoff

Atemzentrum

- bei Säugern in der **Medulla oblongata**
- reguliert **Ventilation** und **Durchblutung**
- Rezeptoren: periphere und zentrale **Chemorezeptoren** (reagieren auf erhöhten CO_2-Partialdruck), **Dehnungsrezeptoren** der Lunge

Regulation

- körperliche **Arbeit** → **Zunahme des Stoffwechsels** → **Erhöhung** von **CO_2-Partialdruck** und **Körpertemperatur** → **Abnahme** von **O_2-Partialdruck** und **pH-Wert**
- führt über Rezeptoren zu: **Steigerung der Atemfrequenz** und **Atemtiefe**, **verbesserter Sauerstoffbindung**

Säure-Basen-Haushalt und Atmungsfunktion

- **CO_2-Produktion** führt zu **Ansäuerung**
- bei **eingeschränkter** Atemfunktion: **Übersäuerung** (**respiratorische Azidose**)
- bei **Hyperventilation**: verstärkte **CO_2-Ausscheidung**, kann zu **respiratorischer Alkalose** führen

14. Wasserhaushalt, Ionen- und Osmoregulation, Exkretion

14.1 Wasser- und Elektrolythaushalt

Mechanismen der Homöostase regulieren das interne Milieu eines Tieres

☐ *gelernt (Campbell S. 1008)*

!

inneres Milieu
- Gewebe und Organe brauchen für Funktionsfähigkeit **wässriges Milieu** mit gelösten Sustanzen
- richtige **Ionenkonzentration** und **Flüssigkeitsvolumen** müssen vielfach **unabhängig** vom umgebenden Milieu **aufrechterhalten** werden
- geschieht durch Mechanismen der **Homöostase**
- **stenöke Tiere**: können ihr inneres Milieu **nicht unabhängig** von der Umgebung konstant halten → sind auf **bestimmte Lebensbedingungen** angewiesen (Gegensatz: euryöke Tiere)
- **innere Ionenkonzentrationen** von Meeresbewohnern entsprechen weitgehend denen von **Meerwasser** (**isoosmotisch, isotonisch**)
- im **Süßwasser** und an **Land Regulationsmechanismen** erforderlich

Gesamtkörperwasser von Vielzellern
- Vielzeller bestehen zu ca. **70–90 %** aus **Wasser**
- **Intrazellulärflüssigkeit (IZF)**: $^2/_3$ des Gesamtkörperwassers
- **Extrazellulärflüssigkeit (EZF)**: $^1/_3$ des Gesamtkörperwassers
  - zusammengesetzt aus **interstitieller Flüssigkeit** (75 %) und **Blutplasma** (25 %)
  - darüber erfolgt **Regulation von Wasser- und Elektrolythaushalt**
- Flüssigkeitsräume stets durch von **semipermeable Membranen** getrennt

Osmolarität
- Summe der **Konzentrationen** aller **gelösten Teilchen** in einer Lösung
- angegeben in **mol/l**

In Zellen muss ein Gleichgewicht zwischen osmotisch bedingtem Einstrom und Ausstrom von Wasser herrschen

☐ *gelernt (Campbell S. 1127)*

osmotischer Druck
- durch die **Diffusion** von Lösungsmittelmolekülen durch eine **semipermeable** Membran (**Osmose**) verursachte **Druckdifferenz** zwischen **2 unterschiedlich konzentrierten Lösungen** (→ **intrazellulär** und **extrazellulär**)
- bedingt durch das **höhere chemische Potenzial** der Lösungsmittelmoleküle in der **verdünnten** Lösung

Tonizität
- Anteil des **osmotischen Druckes**, der durch die **Undurchlässigkeit der Membran** für eine der **gelösten Substanzen** verursacht wird
- **hypotone Lösung**: mit **geringerer** Tonizität gegenüber einer anderen
- **hypertone Lösung**: mit **höherer** Tonizität gegenüber einer anderen
- **isotone Lösungen**: mit **identischer** Tonizität

Osmoregulation !
- Anpassungen zur **Kontrolle des Wasser- und Elektrolythaushalts** bei Organismen in hypertoner, hypotoner oder terretrischer Umgebung

Siehe hierzu die Einleitung des Abschnitts „Wasserhaushalt und Harnbildung" in Campbells Biologie.

(Campbell S. 1124) gelernt ☐

Ionenzusammensetzung der extrazellulären Flüssigkeit
- je nach Organismus **sehr unterschiedlich**
- je nach **Osmoregulationstyp** relativ konstant oder nicht
- ähnelt bei vielen **marinen Wirbellosen** derjenigen von Meerwasser

Osmoregulationstypen !

Osmokonformer	Osmoregulierer
keine osmoregulatorische Aktivität	zeigen aktive **osmoregulatorische Aktivität**
poikilosmotisch	**homoiosmotisch**
Ionenkonzentration abhängig von Außenmedium (**isotonisch** mit Umgebung)	leben in **hypertoner** oder **hypotoner** Umgebung

Konformer machen Umweltveränderungen mit, Regulierer stemmen sich dagegen

(Campbell S. 1112) gelernt ☐

Osmoregulierer verbrauchen Stoffwechselenergie, um ihre interne Osmolarität zu kontrollieren, Osmokonformer sind mit ihrer Umgebung isoosmotisch

☐ *gelernt (Campbell S. 1128)*

14.2 Der Einfluss des Lebensraums auf die Osmoregulation

osmotischer Austausch

- Gesamtheit des **In-** und **Exflux** von **Wasser** und **Ionen**
- **kontrollierter** Austausch: **aktiv reguliert**
- **obligatorischer** Austausch: **physikalisch bedingt** – beruht auf osmotisch wirksamen **Konzentrationsunterschieden** zwischen **äußerem** und **innerem** Milieu
  - muss durch **kontrollierten Austausch** kompensiert werden

14.2.1 Marine Tiere

Siehe hierzu den Abschnitt „Regulation des Wasserhaushalts bei Meeresbewohnern" in Campbells Biologie.

☐ *gelernt (Campbell S. 1128)*

stenohaline Tiere	euryhaline Tiere
tolerieren **keine Schwankungen** der Osmolarität der Umgebung	tolerieren **erhebliche Schwankungen** der Osmolarität der Umgebung (Salzgehalt im Wasser) → können in Brackwasser vordringen
z. B. viele Cnidarier, Mollusken, Tunicaten	z. B. Seestern *Asterias*, Wattwurm *Arenicola*

marine einzellige Eukaryoten und Wirbellose

- meist **isotonisch** mit Meerwasser (**Osmokonformer**)

- ein wirbelloser mariner **Osmoregulierer** ist z. B. die Strandkrabbe
- einzige **Osmokonformer** unter den marinen Vertebraten sind die Schleimaale oder Inger (Myxini)

marine Knochenfische

- extrazelluläre Flüssigkeit **hypoton** zum Meerwasser
- **trinken Meerwasser**, um Wasserverlust auszugleichen
- **sezernien aktiv Salz** (überschüssige Ionen, Na^+, Cl^-, K^+) über **Chloridzellen** in Kiemen, Haut und Darm oder über die **Nieren**
- **isotoner Harn**

marine Knorpelfische

- extrazelluläre Flüssigkeit **leicht hyperton** zum Meerwasser (wahrscheinlich sekundäre Meeresbewohner)
- dennoch **geringere Salzkonzentration** als Umgebung
- durch **Osmolyte**: Substanzen, welche die **Osmolarität erhöhen**
  - z. B. **Harnstoff**, **Trimethylamin(oxid)** (TMAO)
- trinken **kein** Meerwasser
- geben **NaCl** über **Rektaldrüsen** ab
- **Rektaldrüsen**: zahlreiche **blind endende Säcke** am Rektum (**NaCl-Sekretion** → Aufrechterhaltung des inneren Milieus)

marine Reptilien und Vögel

- **trinken Meerwasser**
- Abgabe von überschüssigem Salz über **Salzdrüsen** (z. B. an Nasenwurzel; **extrarenale NaCl-Ausscheidung** in konzentrierter Lösung)
  - darin **Gegenstromaustauscherprinzip** ähnlich wie in der Niere
- die Salzdrüsen von Meeresreptilien und Seevögeln sind **unabhängig voneinander** entstanden

marine Säuger

- können **kein Meerwasser** trinken (würden **dehydrieren**)
- keine Salzausscheidungsorgane: produzieren **stark hypertonen** Urin
- **wichtige Flüssigkeitsquelle** (wie auch für Wüstentiere): **metabolisches Wasser** (**Oxidationswasser**) – entsteht bei Oxidation **organischer Stoffe** (Glucose, Fett, Protein)

14.2.2 Limnische Tiere

Vergleiche hierzu den Abschnitt „Regulation des Wasserhaushalts bei Süßwassertieren" in Campbells Biologie.

(Campbell S. 1130) gelernt ☐

- **hypertone Körperflüssigkeit** zum Außenmedium
- ohne Regulation: **Wassereinstrom**, **Salzverlust**

Regulationsmechanismen limnischer Tiere

- **einzellige Eukaryoten**: Wasserabgabe über **pulsierende Vakuole**
- **Wirbellose**: z. B. durch **osmoregulatorische Organe** (wie Protonephridien), für Wasser und Salze **undurchlässige Körperoberfläche**, **Chloridzellen**
- **Amphibien**: Salzaufnahme über die **Haut**
- **Süßwasserfische**: sind **hyperton** → **passive** Wasseraufnahme über **Kiemen** und **Körperoberfläche**, kein Trinken
  - **aktive** Salzaufnahme über **Kiemen** (Chloridzellen)
  - produzieren **stark hypotonen** Urin (→ **aktive** Wasserabgabe)

Chloridzellen limnischer Organismen
- **limnische Insekten**: spezialisierte Zellen an unterschiedlichen Körperstrukturen; **Aufnahme von NaCl** aus dem umgebenden Wasser
- **Süßwasserfische**: spezialisierte Zellen auf **Kiemen** und **Haut** sowie im **Darmtrakt**, die aktiv **NaCl** aufnehmen

- die **Chloridzellen** in den Kiemen **mariner Knochenfische** regeln im Gegensatz dazu das innere Milieu durch **Abgabe** überschüssiger Ionen
- bei **Wanderfischen** wie Lachs und Aal erfolgen **Anpassungen** der Kiemen und Chloridzellen von Ionenaufnahme auf -abgabe und umgekehrt

14.2.3 Terrestrische Tiere

Siehe hierzu den Abschnitt „Regulation des Wasserhaushalts bei Landtieren" in Campbells Biologie.

☐ *gelernt (Campbell S. 1128)*

Wasserbilanz von Landtieren
- **Wasseraufnahme**: durch **Trinken** und **Nahrung**; Wüstenbewohner auch durch **Oxidationswasser** aus Stoffwechsel
- **Wasserverlust**: durch **Atmung**, **Verdunstung** (Schwitzen), Ausscheidung von **Urin** und **Kot**
- größtes Problem: **Austrockung** (v. a. bei Wüstenbewohnern – **Verdunstungsschutz** z. B. durch stark verhornte Epidermis, Schuppen, Haare)
- Wasser zudem von Bedeutung für **Temperaturregelung** (s. Kap. 13)

Wasserverlust durch Atmung
- **Gasaustausch** an respiratorischen Oberflächen
- auf dem Weg zur Lunge **angewärmte Luft** nimmt mehr Wasser auf
- Reduktion des Wasserverlusts durch **Gegenstrommechanismus** in der **Nase**:
  - beim **Ausatmen**: Abkühlen angewärmter feuchter Luft → **Wasser kondensiert**
  - beim **Einatmen**: Erwärmen der Luft → **Aufnahme von Feuchtigkeit**

Verhaltensstrategien zur Reduktion des Wasserverlusts
- Aufsuchen von Lebensräumen mit **hoher Luftfeuchtigkeit**
- **Nachtaktivität**
- Einlegen von **Ruhestadien**

Damit **Kamele** nicht durch Schwitzen zu hohen **Wasserverlust** erleiden, kann ihre **Körpertemperatur** auf bis zu 41 °C ansteigen; in der Nacht wird die überschüssige Wärme wieder abgegeben (Körpertemperatur sinkt auf 35 °C). Außerdem entziehen sie dem Kot Wasser und müssen bei Wasserknappheit keinen Urin abgeben, da sie Harnstoff speichern können. Steht Wasser zur Verfügung, können sie bis zu 80 l auf einmal trinken.

14.3 Exkretion stickstoffreicher Abfallprodukte

Exkretion
- **Ausscheidung** nicht weiter verwertbarer, z. T. toxischer (v. a. **stickstoffhaltiger**) **Stoffwechselprodukte** und **körperfremder Stoffe**
- bei allen Metazoa (außer Bilateria, acoelen Turbellaria, Echinodermen und Tunicaten) über spezielle **Exkretionsorgane**
- **renal**: über die Niere
- **extrarenal**: z. B. über Darm, Haut und Kiemen

Exkretspeicherung
- **Zwischenspeicherung** von Exkretstoffen im Körper, z. B. bei Schnecken während der **Winterruhe**
- Deposition in Uratzellen im **Fettkörper** von Insekten
- Abgabe exkretpflichtiger Stoffe in die **Cuticula** bei Arthropoden (→ **Häutung**)

Exkretstoffe
- Stoffe, die vom Körper **ausgeschieden** werden
- **primäre Exkretstoffe** werden **unverändert** ausgeschieden, z. B. Ammoniak (Ammonium)
- **sekundäre Exkretstoffe** werden erst **umgewandelt** und dann ausgeschieden, z. B. Harnsäure, Harnstoff, Hippursäure

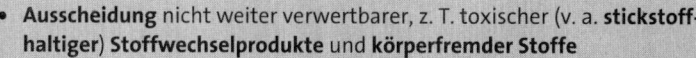

Die Art der stickstoffhaltigen Ausscheidungsprodukte eines Tieres hängt von seiner Stammesgeschichte und seinem Lebensraum ab

(Campbell S. 1125) gelernt ☐

Ammoniak
- **NH_3, wasserlöslicher** N-Exkretstoff
- starkes **Zellgift** → darf nicht in größeren Mengen vorliegen
- fällt beim **Aminosäureabbau** an
- ausgeschieden als **Ammoniak** (z. T. in ionisierter Form als **Ammonium, NH_4^+**), als **Harnstoff** oder **Harnsäure**

Formen der Ammoniakausscheidung

ammoniotelische Tiere	ureotelische Tiere	uricotelische Tiere
v. a. als **NH_3, NH_4^+**	v. a. als **Harnstoff**	v. a. als **Harnsäure**
einzellige Eukaryoten, Anneliden, Echinodermen, Knochenfische, Schwanzlurche, Kaulquappen	Haie, terrestrische Amphibien, Säuger	Insekten, Schlangen, Vögel

Bedeutung des Lebensraums für die Exkretion
- **Wasserbedarf** zur **Ausscheidung** von 1 g Stickstoff:
  - in Form von **Ammoniak**: 500 ml Wasser
  - in Form von **Harnstoff**: 50 ml Wasser
  - in Form von **Harnsäure**: 1 ml Wasser
- wenn **genügend Wasser** zur Verfügung steht, Ausscheidung als **Ammoniak** (z. B. bei aquatischen Tieren)
- muss **Wasser gespart** werden, unter **Energieverbrauch** in anderer Form
- z. B.: **terrestrische Vögel**: zu 90 % als Harnsäure; **wasserlebende Vögel**: zu 50 % als Harnsäure, zu 50 % als Ammoniak

Harnstoff
- **ungiftiger** N-Exkretstoff, gut wasserlöslich
- **Entstehung:**
  - im **Ornithin-** oder **Harnstoffzyklus** in der **Leber** von Wirbeltieren
  - aus Harnsäure durch **Uricolyse** (z. B. Knochenfische)
- wichtige Rolle bei **Konzentrierung des Urins**

Harnsäure
- **ungiftiger** N-Exkretstoff, **schwer wasserlöslich**
- **Entstehung:**
  - als **Endprodukt** des **Purinstoffwechsels**
  - bei der **Harnsäuresynthese**
- z. T. weiterer **Abbau** zu Harnstoff (**Uricolyse**)
- Ausscheidung als **wasserarmer**, kristalliner Brei
- bei zu **hohen Konzentrationen** im Blut Ablagerung in Gefäßen, Gelenken (**Gicht**)

Trimethylamin(oxid) (TMAO)
- **ungiftiger** N-Exkretstoff mariner Fische, **wasserlöslich**
- **osmotisch aktive** Substanz bei marinen Knorpelfischen

14.4 Organe der Ionen- und Osmoregulation und der Exkretion

Mechanismen der Harnbildung
- **Primärharnbildung:** durch Ultrafiltration oder **Sekretion**
- Modifizierung zum **Endharn** durch **Sekretion** und **Resorption**

Die meisten Exkretionssysteme erzeugen Harn, indem sie ein aus Körperflüssigkeiten stammendes Ultrafiltrat weiterverarbeiten

☐ *gelernt (Campbell S. 1131)*

14.4.1 Exkretions- und osmoregulatorische Organe von Wirbellosen

pulsierende Vakuole

- Osmoregulations- und Exkretionsorgan einiger **einzelliger limnischer Eukaryoten,** z. B. *Paramecium*

Protonephridien

- Osmoregulations- und Exkretionsorgan z. B. von **Plathelminthen**, **Nemathelminthen** und den **Larven** von Mollusken, Anneliden und Tentaculaten (d. h. bei allen Formen **ohne echtes Coelom**)
- **blind endende Kanäle** (ektodermal), **Mündung** nach außen direkt oder über Sammelkanal
- **Terminalzellen** (Cyrtocyten, Reußengeißelzellen) mit **Wimpernflamme**
- Harnbildung: **Ultrafiltration** in Reußen der Terminalzelle, **Sekretion** und **Resorption** im Kanal
- Endharn **hypoosmotisch**

Metanephridien

- primäre Osmoregulations- und Exkretionsorgane aller **echten Coelomaten** (aber häufig reduziert)
- Kanal beginnt mit **offenem Wimpertrichter** (**Nephrostom**) im Coelom, mündet (z. T. nach langem Kanal und Blase) in **Exkretionsporus**
- Harnbildung durch **Ultrafiltration**, **Sekretion** und **Resorption**
- Endharn **hypoosmotisch**

Verschiedene Exkretionssysteme sind Spielarten tubulärer Systeme

(Campbell S. 1132) gelernt ☐

Sekretionsniere

- Osmoregulations- und Exkretionsorgan der **Hirudinea**
- abgewandelte Form von **Metanephridien**
- **Primärharnbildung** durch Sekretion
- **Endharn** durch Resorption **hypoosmotisch**

Molluskenniere

- meist **paariges** Osmoregulations- und Exkretionsorgan der Mollusken
- abgeleitet von **Metanephridien**
- beginnt mit **Wimpertrichter** im Perikard → über **Renoperikardialgang** in die Niere (Coelomrest)
- Harnbildung durch **Ultrafiltration, Sekretion** und **Resorption**
- **Endharn hypoosmotisch** bei Muscheln und Schnecken des Süßwassers, **hyperosmotisch** durch **Wasserresorption** bei terrestrischen Schnecken

Exkretionsorgane von Arthropoden

- primär je nach Lage: **Maxillardrüsen**, **Antennendrüsen**, **Labialdrüsen** oder **Coxaldrüsen**
- abgeleitet von **Metanephridien**

- bei **Spinnen** und **Insekten** i. d. R. ersetzt durch **Malpighi-Gefäße**
- **Primärharnbildung** durch **Ultrafiltration**

Malpighi-Gefäße
- **schlauchförmige** unverzweigte **Darmausstülpungen**
- bei **landlebenden Arthropoden** (z. B. Insekten, Cheliceraten)
- **Primärharnbildung** v. a. durch **Sekretion**; Modifizierung durch **Resorption** (v. a. von Wasser)
- z. T. **cryptonephridiale** Anordnung: **Gegenstromanordnung** von Malpighi-Gefäßen und Enddarm bei verschiedenen Schmetterlingslarven und Käfern
  - ermöglicht **bessere Resorption** von Wasser und Ionen → **effektives Exkretionsorgan**

Die **Anzahl der Malpighi-Gefäße** schwankt zwischen 2 bei den meisten Dipteren und bis zu 150 bei Hymenopteren.

14.4.2 Osmoregulation der Vertebraten

- beruht auf Eigenschaften von **Transportepithelien** in den exkretorisch und osmoregulatorisch aktiven Organen (Kiemen, Haut, Nieren, Darm)

Osmoregulation und Exkretion beruhen auf den Eigenschaften von Transportepithelien

☐ *gelernt (Campbell S. 1125)*

Aufgaben der Niere
- Regulation von **Wasserhaushalt** und **Salzkonzentration,**
- **Exkretion** von **Schlackenstoffen** aus dem Stoffwechsel

Wirbeltierniere (Abb. 14.1)
- meist paarig
- gegliedert in **Nierenrinde** (**Cortex**) und **Nierenmark** (**Medulla**)
- funktionelle und anatomische Grundeinheit: **Nephron**
- Unterscheidung je nach **Lage** in der Niere
  - tiefe **juxtamedulläre Nephrone:** Glomeruli im inneren Cortex
  - oberflächliche **corticale Nephrone:** Glomeruli im äußeren Cortex

Nephron (Abb. 14.1)
- **Exkretionskanälchen:** gewundenes, **blind endendes** Rohr
- bildet am Ende **Bowman-Kapsel** (entspricht Coelomraum) mit eingesenktem **Kapillarknäuel** (**Glomerulus**)

- **Malpighi-Körperchen: Funktionseinheit** aus Bowman-Kapsel und Glomerulus
  - zuständig für **Filtration**
- in Kapsel sammelt sich **Ultrafiltrat**

Nierentubulus
- anschließend an Bowman-Kapsel, gegliedert in proximalen und distalen **Tubulus**
- dient **Weiterleitung** und **Reinigung** des **Filtrats**
- dazwischen bei Säugern und Vögeln: **Henle-Schleife** – haarnadelförmiger Kanal mit **absteigendem** und **aufsteigendem Ast** → Bildung von **hyperosmotischem Harn**
- distaler Tubulus geht über in **Sammelrohr** → mündet in **Nierenbecken** → von dort Ableitung des Harns über **Ureter** (**Harnleiter**)

Nephrone und die sie begleitenden Blutgefäße bilden die funktionelle Einheit der Säugerniere

(Campbell S. 1134) gelernt ☐

Die Wirbeltierniere ist an den jeweiligen Lebensraum ihres Besitzers angepasst

(Campbell S. 1142) gelernt ☐

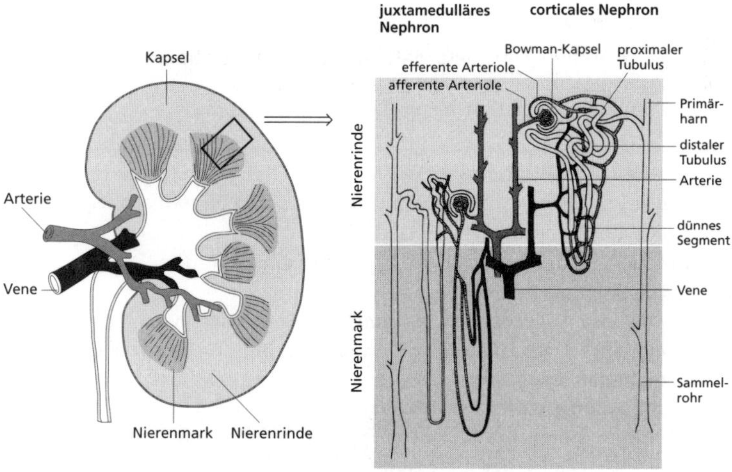

Abb. 14.1: Säugertierniere und ihre Funktionseinheiten, die Nephrone.

Anzahl der Nephrone
- je **höher** die **Stoffwechselaktivität**, desto **größer** die Anzahl
- z. B. Frosch: 400 Nephrone; Huhn: 200 000; Mensch: 2 Mio.

Blutgefäßsystem der Niere
- Versorgung: **Nierenarterie** → **afferente Arteriolen** → versorgen je **1 Nephron** → **Kapillarknäuel** → **efferente Arteriolen** → **Vasa recta**
- Tubuli von zweitem, **venösem Pfortadersystem** umspült (**zurückgebildet** bei Säugern)
- bei **Säugern** bildet **efferente Arteriole** ein **zweites Kapillarnetz** um die Henle-Schleife

Urinproduktion

In 3 Schritten:
- **glomuläre Filtration:** Bildung des **Ultrafiltrats** (**Primärharn**) in Bowman-Kapsel
- **tubuläre Resorption**: bis zu 90 % des **Wassers** und die meisten **Ionen**
- **tubuläre Sekretion**: von Stoffen durch **aktiven Transport**

glomeruläre Filtration (Ultrafiltration)
- **glomeruläre Filtrationsrate** abhängig von:
  - **hydrostatischen Druckverhältnissen** im Lumen der Kapillaren und der Bowman-Kapsel
  - **kolloidosmotischem Druck** durch Proteine im Kapillarplasma
  - **Eigenschaften** des dreischichtigen **Ultrafiltergewebes**
- treibende Kraft für Ultrafiltration: **Blutdruck**
- **uneingeschränkte Filtration**: Stoffe mit Molekülradius < 1,8 nm, z. B. Inulin, Harnstoff, Glucose
- **eingeschränkte Filtration**: bei größerem Molekülradius

Die **glomeruläre Filtrationsrate** des Menschen beträgt 180 l pro Tag (125 ml/min). Der größte Teil des Wassers aus dem **Primärharn** wird also resorbiert (99 %).

Autoregulation der Niere
- **3 Regelkreise** gewährleisten **gleichmäßige Durchblutung** und damit **relativ konstante** glomeruläre **Filtrationsrate** bei **Blutdruckschwankungen**:
  - **myogener Tonus**
  - **tubuloglomeruläres Feedback (TGF)**
  - **Renin-Angiotensin-Aldosteron-System**: unter Beteiligung der Renin bildenden Zellen des **juxtaglomerulären Apparats** (Gewebe in der Nähe der afferenten Arteriole)
- unter Einfluss des **Sympathikus**

Siehe hierzu auch den Abschnitt „Regulation der Nierenfunktion durch negative Rückkopplung" in Campbells Biologie.

(Campbell S. 1140) gelernt ☐

Resorption in Tubulus und Sammelrohr

- **Modifikation** des **Primärharns**
- **Aufnahme von Stoffen** durch verschiedene **Resorptionsmechanismen**
- **isoosmotische Resorption**: **Wasser** und **osmotisch aktive gelöste Teilchen** werden zu **gleichen Teilen** resorbiert, ihr Verhältnis ändert sich **nicht**
- **anisoosmotische Resorption**: nur die **osmotisch aktiven gelösten Teilchen** werden resorbiert, Verhältnis zu Wasser ändert sich
- **renale Clearance**: **Plasmavolumen,** das durch die Nierentätigkeit in der Zeiteinheit (min) von einem **bestimmten Stoff** befreit wurde

a) Resorption im proximalen Tubulus
  - sehr umfangreiche Resorption, v. a. **NaCl** und **Wasser**
  - **aktiver Transport**: ca. 70 % der **Na^+-Ionen, Nährstoffe** (Glucose, Aminosäuren)
  - **passiver Transport**: ca. 80 % des **Bicarbonats** (HCO_3^-), **Cl^-, K^+**
  - **osmotisch** durch permeable Wand: **Wasser**

b) Resorption in der Henle-Schleife
  - dünner **absteigender Ast**: sehr **wasserpermeabel**, kaum aktiver Transport → **Konzentrierung** des Urins
  - dicker **aufsteigender Ast**: 25–30 % der **Na^+**- und **Cl^--Ionen, impermeabel** für Wasser

c) Resorption im distalen Tubulus
  - **Wasserpermeabilität** gesteuert durch **antidiuretisches Hormon** (**ADH**) (wie auch im Sammelrohr)
  - **Na^+-Resorption** gesteuert durch **Aldosteron**
  - Resorption von **Bicarbonat**

d) Resorption im Sammelrohr
  - bei Passage durch hoch osmolares Nierenmark **passiver Austritt** großer **Wassermengen** → endgültiger **hypertoner** Harn

Siehe hierzu den Abschnitt „Vom Ultrafiltrat zum Urin" in Campbells Biologie *sowie Abbildung 44.22, die einen guten Überblick über die Abschnitte der tubulären Resorption vermittelt.*

(Campbell S. 1137 und S. 1136) gelernt ☐

Mechanismus der Urinkonzentrierung

- durch **Wasseraustritt** und **aktive Salzresorption**
- führt zur Produktion eines **hypertonen Endharns**
- **Voraussetzungen:**
  - Vorhandensein einer **Henle-Schleife** (bei **Säugern**, weniger ausgeprägt bei **Vögeln**)

- **Anordnung als Gegenstromsysteme** (absteigendes Tubulussegment, Henle-Schleife, aufsteigendes Tubulussegment, Sammelrohr und Gefäßbündel **Vasa recta**)
- **unterschiedliche Transport- und Wasserpermeabilitätseigenschaften** der beteiligten Segmente

Je länger die **Henle-Schleife** ist, desto **konzentrierter** ist der Urin. Daher ist sie bei Wüstentieren besonders lang, bei Süßwassersäugern relativ kurz.

Die Fähigkeit der Säugerniere zum Konservieren von Wasser ist eine entscheidende Anpassung an die terrestrische Lebensweise

☐ *gelernt (Campbell S. 1138)*

tubuläre Sekretion von organischen Säuren und Basen
- im **proximalen Tubulus**
- **Sekretionscarrier**: **Transportproteine**, die stöchiometrisch an die zu transportierende Substanz binden

Niere und pH-Regulation
- Ausscheidung von **fixen Anionen** und **fixen Säuren**
- **Schaltzellen**: Zellen im corticalen Sammelrohr, die je nach Stoffwechsellage H^+ sezernieren oder aufnehmen
- **Bicarbonat-Puffer**: Rückgewinnung von **filtriertem Bicarbonat** durch **Ansäuerung** der tubulären Flüssigkeit (**Ausgleich** des Bicarbonat-Verhältnisses im Körper)
- **Phosphatpuffer**: bei **Azidose**, Ausscheidung von H^+ in Form von **primärem Phosphat** ($H_2PO_4^-$)
- **Ammoniak-Puffer**: hohe Kapazität bei **Azidose**, Ausscheidung von H^+ in Form von **Ammonium** (NH_4^+)

15. Parasitologie

15.1 Parasitismus als Lebensform

Parasitismus (Schmarotzertum)
- ökologische Beziehung von **2 artverschiedenen** Organismen (**Bisystem**): **Wirt** und **Parasit** (**Schmarotzer**)
- **vorteilhaft** für den **Parasiten**, **nachteilig** für den **Wirt**

Beispiele für andere ökologische Bisysteme
- **Karpose**: nur eine Art **profitiert**, andere wird **nicht beeinflusst**
  - hierzu zählt auch **Kommensalismus**: eine Art erhält **Nahrung** bei der anderen, diese wird dadurch aber **nicht geschädigt**
- **Symbiose** (auch als **Mutualismus** bezeichnet): Vorteile für **beide** Partner
- **Prädation**: **Räuber-Beute Beziehung** – eine Art **profitiert**, andere wird **geschädigt**
  - im engeren Sinn gehört hierzu auch der **Parasitismus**

Im Englischen wird der Begriff **Symbiose** für jede wechselseitige Beziehung verwendet – ohne Aussage, zu wessen Nutzen oder Schaden.

Parasiten im Tierreich
- **ausschließlich** parasitische Gruppen: z. B. **Apicomplexa** (Sporozoen), **Trematoda**, **Cestoda**, **Acanthocephala**
- **viele** parasitische Arten: z. B. bei **Nematoda**, **Acari**, **Insecta**, **Crustacea**, **Kinetoplastida** (Flagellaten)

Parasitentypen
- **fakultative Parasiten**: parasitische Phase ist **möglich**
- **obligate Parasiten**: parasitische Phase ist **notwendig**
- **Ektoparasiten**: schmarotzen auf **Körperoberfläche**
- **Endoparasiten**: schmarotzen im **Körperinneren**

Vektoren
- **übertragen** (aktiv oder passiv) **Krankheitserreger** (Parasiten, Bakterien, Viren) auf den Wirt,
- z. T. können auch **Zwischenwirte** (z. B. Ameisen für *Dicrocoelium dendriticum*) oder **Endwirte** (z. B. *Anopheles*-Mücke für *Plasmodium*) Vektoren sein

Wirtstypen
- **Endwirt**: beherbergt **Geschlechtstiere** des Parasiten → hier findet **geschlechtliche Fortpflanzung** statt
- **Zwischenwirt**: beherbergt **unreife Parasiten** (Larvalstadien) oder **asexuelle Stadien** → **keine** geschlechtliche, nur **ungeschlechtliche Fortpflanzung**

- **paratenischer Wirt** (**Stapelwirt**): Zwischenwirt, in dem **keine Vermehrung** stattfindet (zur Aufbewahrung oder Sammlung)
- **Hauptwirt**: **wichtigster** End- oder Zwischenwirt
- **Nebenwirt**: **seltener befallener** End- oder Zwischenwirt
- **Fehlwirt**: **ungeeigneter** Wirt für die Entwicklung des Parasiten

Der **Mensch** ist z. B. ein **Fehlzwischenwirt** für den **Fuchsbandwurm** (*Echinococcus multilocularis*), weil er nicht in das Beutespektrum des Endwirtes (Fuchs, Hund) passt.

Wirtsspezifität
- Grad der **Beschränkung** des Parasiten auf ein **bestimmtes Wirtsspektrum**
- **enge** Wirtsspezifität bewirkt **Coevolution** von Wirt und Parasit
- **ausgewogenes** (optimiertes) **Parasit-Wirt-Verhältnis** bei evolutiv alten Beziehungen

15.2 Parasit-Wirt-Beziehungen

- i. d. R. werden Wirte **nicht so stark beeinträchtigt**, dass sich Parasiten ihre Lebensgrundlage entziehen

Sonderfälle
- **Raubparasitismus** durch **Parasitoide**: Parasiten, die ihre Wirte letztlich so stark schädigen, dass diese **sterben** (z. B. Schlupfwespen)
- **Brutparasitismus**: Junge werden von anderer Art aufgezogen, z. B. Kuckuck

Prädispositionen für Parasitismus
- manchen Tiergruppen **Anpassungen an bestimmte Umweltfaktoren** des potenziellen Lebensraums, die den **Übergang zum Parasitismus** erleichtern
- z. B. **saprozoische** Lebensweise in Zersetzungsherden (mit wenig O_2), Bildung von **Dauerstadien**
- gut zu beobachten bei verschiedenen **Nematoden**: manche sind frei lebend oder parabiotisch, nahe verwandte Arten fakultativ oder obligat parasitisch

Anpassungen an die parasitische Lebensweise

- Parasiten bewohnen **extreme Lebensräume** → erfordert entsprechende Anpassungen
- wichtig ist, einen **Wirt** zu finden → oft schwierig, daher meist **erhöhte Reproduktionsrate** (**r-Strategen**)
- **evolutives Wettrüsten** zwischen Parasit und Wirt, bei dem sich im Lauf der Zeit ein **Gleichgewicht** einstellte

!

	Anpassungen von Ektoparasiten	Anpassungen von Endoparasiten
Auffinden/ Invasion	guter thermischer, chemischer Sinn	über Körperöffnungen des Wirtes, teilweise durch Vektoren
Verankerung	Klammerorgane (z. B. Tierläuse), Saugnäpfe (z. B. Egel)	Klammerorgane, Hakenkränze (z. B. Bandwürmer)
Nahrungsaufnahme	Stech - oder Saugapparate (z. B. Stechmücken, Zecken), spezielle Kieferapparate (z. B. Egel)	spezialisierter Pharynx (z. B. *Strongyloides*), reduziertes Darmsystem (z. B. Bandwürmer, Acanthocephala)
Fortpflanzung	hohe Vermehrungsrate	oft eingeschlechtliche oder ungeschlechtliche Generationen, stark ausgebildete Gonaden, oft Zwitter

- die **Anpassungen** sind häufig sehr spezifisch: so kann sich die Kopflaus (*Pediculus*) nur im Kopfhaar festklammern, die Filzlaus (*Phthirus*) nur an den Schamhaaren
- bei **Endoparasiten** häufig **völlige Reduktion** nicht mehr benötigter Organe: z. B. optische Sinnesorgane, Darm (Nahrungsaufnahme über die Körperoberfläche)

Abwehr des Wirtes gegen Parasiten

- **Ektoparasitenabwehr**: z. B. Häutungen, Kratzen, Baden, soziale Fellpflege, Symbiose mit Putzerarten
- **Endoparasitenabwehr**
  - **unspezifisch**: Magensäure, Fresszellen, Einkapselung
  - **spezifisch**: zelluläre und/oder humorale **Immunantwort** (s. Kap. 12)

Schutz des Parasiten vor der Immunantwort des Wirtes

- **Encystierung**: Cysten meist **undurchlässig für Antikörper**, z. B. **Cysticercus** (**Finne**) von Bandwürmern, **Muskeltrichinen** des Nematoden *Trichinella*
- **Immunsuppression**: z. B. bei *Plasmodium*, *Toxoplasma*
- **molekulare Maskierung**: Einbau wirtseigener Moleküle in Parasitenoberfläche, z. B. bei *Schistosoma*
- **Antigenvarianz**: Immunsystem des Wirtes muss immer wieder neue Antikörper produzieren, z. B. bei *Trypanosoma*

15.3 Lebenszyklen tierischer Parasiten

!

Entwicklung von Parasiten

- **direkt**: mit **Larvalformen**, aber **ohne Generationswechsel**
- **indirekt**: mit **Generationswechsel** (**Heterogonie** oder **Metagenese**)
- oft verbunden mit **Wirtswechsel** (z. T. mehrere Zwischenwirte)

Beispiele für parasitische Entwicklungszyklen

Entwicklungszyklus von *Plasmodium vivax*

- Erreger der **Malaria tertiana**
- „Endwirt“: ***Anopheles*-Mücke**; „Zwischenwirt“: **Mensch**
- Überträger: ***Anopheles*-Mücke**
- Entwicklungszykus mit **3 Abschnitten**

a) Gamogonie (im Menschen/in der Mücke)

- **sexuelle Fortpflanzung**: Entstehung von **Gamonten** bereits im Menschen → werden beim Blutsaugen von **Mücke** aufgenommen → Umwandlung in **Gameten** → Verschmelzung zur **Zygote**

b) Sporogonie (in der Mücke)

- **asexuelle Vermehrung**: Bildung von **Sporozoiten** im Darmepithel der **Mücke** → wandern in Speicheldrüse → werden durch Stich auf **Menschen** übertragen

c) Schizogonie (im Menschen)

- **asexuelle Vermehrung**: Bildung von **Merozoiten** im Leberparenchym des **Menschen** (**extraerythrocytäre Schizogonie**) → gelangen ins Blut, dort **erythrocytäre Schizogonie** in Erythrocyten
- bei **synchronisierter Freisetzung** der Merozoiten ins Blut **Fieberschübe**
- Differenzierung von Merozoiten zu **Gamonten** → Aufnahme durch **Mücke** beim Stich

---

Anhand von Abbildung 28.13 in Campbells Biologie *können Sie den Entwicklungszyklus des Malaria-Erregers* Plasmodium *nachvollziehen.*

☐ *gelernt (Campbell S. 664)*

Beispiele für weitere parasitische einzellige Eukaryoten

Parasit	Krankheit	Infektionsweg/Vektor
Kinetoplastida (Flagellaten):		
– ***Trypanosoma brucei*** (versch. Unterarten)	Schlafkrankheit bzw. Nagana-Seuche bei Rindern	Tsetsefliege (*Glossina*)
– ***Trypanosoma cruzi***	Chagas-Krankheit	Raubwanzen (Kot)
– ***Leishmania tropica***	Hautleishmaniose (Orientbeule)	Schmetterlingsmücken (*Phlebotomus*)
Amoebozoa (Amöben):		
– ***Entamoeba histolytica***	Amöbenruhr	oral über Cysten in Trinkwasser/Lebensmitteln
Apicomplexa (Sporozoen):		
– ***Toxoplasma gondii***	Toxoplasmose	oral über Cysten (Endwirt: Katze, Zwischenwirte: Nager, Carnivoren, Mensch)
– ***Plasmodium malariae***	Malaria quartana	Stechmücken (*Anopheles*)
– ***Plasmodium falciparum***	Malaria tropica	Stechmücken (*Anopheles*)

!

Entwicklungszyklus von *Dicrocoelium dendriticum* (Abb. 15.1)
- **Kleiner Leberegel**, lebt in **Gallengängen** von **Pflanzenfressern**
- Endwirt: **Schaf** (selten Mensch); 1. Zwischenwirt: **Schnecke** (*Zebrina* oder *Helicella*); 2. Zwischenwirt: **Ameise**
- Entwicklungszyklus mit **3 Generationen**

a) Erste Generation: Muttersporocysten (Larven: Miracidien)
- aus von der **Schnecke** aufgenommenen **Eiern** schlüpfen Larven (**Miracidien**) → entwickeln sich zu **Muttersporocysten**

b) Zweite Generation: Tochtersporocysten
- hervorgebracht von **Muttersporocysten** in der Schnecke
- darin entwickeln sich **Cercarien** (Larven der Adulten)

c) Dritte Generation: Adulte (Larven: Cercarien)
- **Cercarien** wandern in **Lunge** der Schnecke, werden in **Schleimballen** ausgestoßen
- diese werden von **Ameisen** aufgenommen, schlüpfen, encystieren sich und entwickeln sich zu **Metacercarien**

- davon wandert eine („Hirnwurm“) ins **Unterschlundganglion** → meisen klettern auf Grashalme und verbeißen sich (**Mandibelkrampf**) → werden von **Schafen** aufgenommen
- im Schaf Entwicklung der Metacercarien zu **adulten Leberegeln** → **sexuelle Fortpflanzung** → **Eier** gelangen mit **Kot** ins Freie, werden von **Schnecken** aufgenommen

Beispiele für weitere Trematoden

Parasit	Krankheitsbild	Entwicklungsgang/Infektionsweg
Fasciola hepatica (Großer Leberegel)	Schädigung des Gallengangepithels, Leberzirrhose	Endwirt: Wiederkäuer (selten Mensch); Zwischenwirt: Schnecke (*Lymnaea*); Cercarien frei schwimmend
Schistosoma mansoni (Pärchenegel)	Darm- und Leberbilharziose	Endwirt: Mensch, Adulte in Venen, Eier gelangen über Kot ins Freie; Zwischenwirt: Wasserschnecke; Cercarien in verseuchtem Wasser, bohren sich durch die Haut

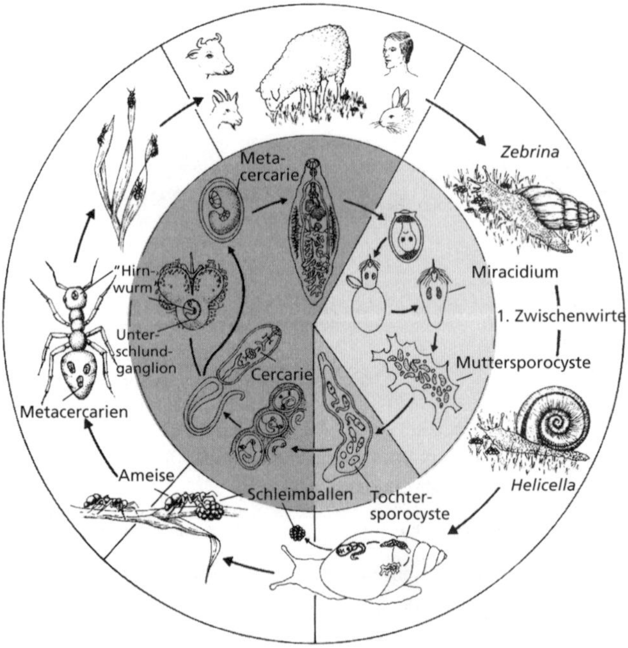

Abb. 15.1: Lebenszyklus des Kleinen Leberegels.

Der Entwicklungszyklus des Pärchenegels ist in Abbildung 33.11 in Campbells Biologie *dargestellt.*

(Campbell S. 776) gelernt ☐

Entwicklungszyklus von *Taenia saginata* (Abb. 15.2)

- **Rinderbandwurm**, lebt im Darm des **Menschen** und anderer Fleischfresser
- Länge: **4–10 m**; bildet an Sprossungszone Glieder (**Proglottiden**) mit zwittrigem Genitalapparat
- Endwirt: **Mensch**; Zwischenwirt: **Rind**
- reife, mit **Eiern** gefüllte **Proglottiden** lösen sich am Hinterende ab → gelangen mit **Kot** ins Freie
- **Eier** werden von **Rind** aufgenommen → im Darm schlüpft Larve (**Oncosphaera**) → gelangt über Blutbahn in **Muskulatur** → entwickelt sich dort zur **Finne** (**Cysticercus**)
- **Cysticerci** gelangen durch Genuss von rohem finnigem Fleisch in Darm des **Menschen** → verankern sich dort mit **Scolex** → wachsen zu **adultem Bandwurm**

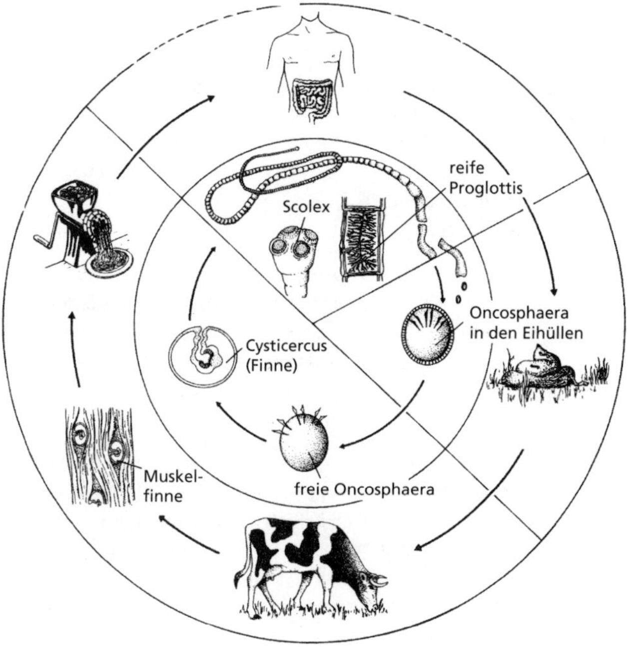

Abb. 15.2: Lebenszyklus des Rinderbandwurms.

Beispiele für weitere Cestoden

Parasit	Krankheitsbild	Entwicklungsgang/Infektionsweg
Taenia solium (Schweinebandwurm)	Darmbeschwerden, Autoinfektion möglich (Finnen im Auge oder Gehirn)	Endwirt: Mensch; Adulte im Darm, Eier mit Larven im Stuhl; Zwischenwirt: Schwein, Entwicklung der **Finnen**; Infektion über finniges Fleisch
Echinococcus multilocularis (Fuchsbandwurm)	beim Menschen: Finne wuchert in Leber, oft tödlich	Endwirte: Hunde, Füchse; Zwischenwirt: Mäuse; Mensch als Fehlzwischenwirt

Entwicklungszyklus von *Ascaris lumbricoides*

- **Spulwurm**, lebt im Dünndarm des **Menschen** von Darminhalt
- **Eier** gelangen durch **Kot** ins Freie → Entwicklung über **4 Larvenstadien** (L_1–L_4)
- L_2 wird im Ei oral aufgenommen → durchdringt Darmwand → wandert als L_3 in Leber → wandert in **Lunge** → Entwicklung zu L_4 → wandert bis in **Luftröhre** → wird **ausgehustet** und **geschluckt** → Entwicklung zum **adulten Wurm** im Darm

Beispiele für weitere parasitische Nematoden

Parasit	Krankheitsbild	Entwicklungsgang/Infektionsweg
Ancylostoma duodenale (Hakenwurm)	Schädigung der Darmschleimhaut, innere Blutungen	Eier gelangen über Kot ins Freie; Larven bohren sich durch die Haut
Wuchereria bancrofti (Haarwurm)	Elephantiasis	Adulte im Lymphsystem; Larven (**Mikrofilarien**) im Blut, werden von Stechmücken aufgenommen; späteres Larvenstadium gelangt durch Stich wieder in den Menschen
Trichinella spiralis (Trichine)	Darmkatarrh, Muskelsteifheit	Adulte im Dünndarm; L_3 eingekapselt in Muskulatur (**Muskeltrichine**); Infektion über Genuss trichinösen Fleisches (→ daher Fleischbeschau)

15.4 Parasiten des Menschen und seiner Nutztiere und -pflanzen

Parasiten des Menschen
- **Endoparasiten**: v. a. einzellige Eukaryoten, Trematoden, Cestoden und Nematoden (s. 15.3)
- **Ektoparasiten**: Milben, Zecken, Flöhe, Läuse, Stechmücken, Bremsen, Wanzen

Schätzungen zufolge leiden über 300 Mio. Menschen an **Malaria** (3 Mio. Tote/Jahr), 20 Mio. an **Chagas-Krankheit** und 12 Mio. an **Leishmaniose**; 200 Mio. sind mit **Bilharziose** infiziert, 1 Mrd. mit ***Ascaris*** und/oder ***Ancylostoma***.

Unter den **Ektoparasiten** finden sich auch zahlreiche **Vektoren von Krankheiten**: z. B. Zecken (**Borreliose**, **FSME**), Flöhe (**Pest**).

Parasiten von Nutztieren
- v. a. bedeutend: *Trypanosoma b. brucei* – Erreger der **Nagana-Seuche** bei Rindern in Afrika

Parasiten von Nutzpflanzen
- **Pflanzenschädlinge** in **Land-** und **Forstwirtschaft**
- **Insekten**: Blattläuse, Käfer (z. B. Kartoffelkäfer, Borkenkäfer), Gallwespen, Gallmücken, Schmetterlingslarven (z. B. Apfelwickler)
  - z. T. auch als **Überträger von Pflanzenviren**
- **Nematoden**: z. B. Rübencystenälchen, Weizenälchen

biologische Schädlingsbekämpfung
- Einsatz von **Hyperparasiten gegen Parasiten**
- **Parasitoide**: meist kleine Insekten, die ihre **Eier** in Wirte ablegen → sich entwickelnde **Larven** ernähren sich von Wirt und **töten** diesen letztlich
- z. B. Einsatz von Schlupfwespen gegen Weiße Fliegen (Gewächshausparasit)

Ähnlich wie Tiere haben auch **Pflanzen Abwehrmechanismen** gegen Parasitenbefall herausgebildet: z. B. Haare, Stacheln, Dornen, giftige Sekundärstoffe, Gallbildung.

Index